除染等業務の
作業指揮者テキスト

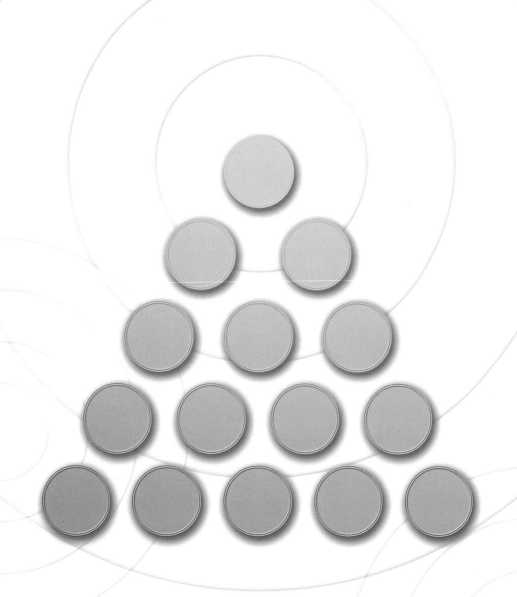

中央労働災害防止協会

はじめに

　平成23年3月11日に発生した東日本大震災に伴う原子力発電所の事故により、放射性物質が大量に放出されました。

　これにより、福島県内の一部に警戒区域及び計画的避難区域が設定されたほか、その他の地域においても、平常時よりも高い放射線量が計測され、当該地域を除染し、被ばく線量を減少させることが急務となっています。

　除染等の業務を行うに当たっては、当該作業に当たる労働者の防護措置が必須であることから、厚生労働省において「東日本大震災により生じた放射性物質により汚染された土壌等を除染するための業務等に係る電離放射線障害防止規則」（除染電離則）が新たに制定され平成24年1月1日から施行されるとともに、関係告示やガイドラインが示されました。

　除染電離則及びガイドラインでは、除染等業務を行うときは、除染等作業を指揮するため必要な能力を有すると認められる者のうちから作業指揮者を定め、その者に作業の指揮をさせることが義務付けられました。

　本書は、ガイドラインに示された教育カリキュラムに基づき、除染等業務の作業指揮者がその職務を適切に行うために知っておくべき知識を網羅して作成したものです。上記のガイドラインが平成26年11月に改正されたこと等から、所要の改訂を行いました。

　本書が作業指揮者をはじめ多くの関係者に広く活用され、除染等の業務による放射線障害防止に役立つものとなれば幸いです。

平成27年5月

中央労働災害防止協会

目次

第1章 除染等業務と作業指揮者
1. 除染等業務 …………………………………………………………… 6
2. 安全衛生管理体制等 ………………………………………………… 8
3. 作業指揮者の役割と要件 …………………………………………… 11
4. 作業指揮者の職務 …………………………………………………… 12

第2章 作業方法の決定と除染等業務従事者の配置
1. 放射線測定機器の構造と取扱方法 ………………………………… 15
2. 事前調査の方法 ……………………………………………………… 26
3. 作業計画の策定 ……………………………………………………… 48

第3章 除染等作業の具体例と留意点
1. 土壌等の除染等の業務に係る作業 ………………………………… 90
2. 特定汚染土壌等取扱業務に係る作業 ……………………………… 135
3. 除去土壌の収集等の業務に係る作業 ……………………………… 143
4. 汚染廃棄物の収集等の業務に係る作業 …………………………… 151

第4章 除染等業務従事者に対する指揮の方法に関すること
1. 作業の指揮及び指示に関すること ………………………………… 165
2. 教育及び指導の方法に関すること ………………………………… 169
3. 保護具の適切な使用に係る指導方法 ……………………………… 174

第5章 異常時における措置に関すること
1. 労働災害が発生した場合の応急の措置 …………………………… 175
2. 応急手当 ……………………………………………………………… 176
3. 一次救命処置 ………………………………………………………… 186

参考資料
1. 電離放射線の生体に与える影響及び被ばく線量の管理の方法に関する知識 … 194
2. 除染電離則など関係法令と解説 …………………………………… 201
   1. 関係法令のあらまし
      (1) 労働安全衛生法 ……………………………………………… 203
      (2) 東日本大震災により生じた放射性物質により汚染された土壌等を除染するための業務等に係る電離放射線障害防止規則（除染電離則）… 205
      (3) 除染電離則条文一覧 ………………………………………… 213
   2. 関係法令
      (1) 労働安全衛生法 ……………………………………………… 214
      (2) 東日本大震災により生じた放射性物質により汚染された土壌等を除染するための業務等に係る電離放射線障害防止規則（除染電離則）と解説 … 218
      (3) 東日本大震災により生じた放射性物質により汚染された土壌等を除染するための業務等に係る電離放射線障害防止規則第2条第7項等の規定に基づく厚生労働大臣が定める方法、基準及び区分（告示）（基準告示）… 256
      (4) 除染等業務特別教育及び特定線量下業務特別教育規程（告示）………… 261
3. 除染等業務に従事する労働者の放射線障害防止のためのガイドライン … 265
4. 特定線量下業務に従事する労働者の放射線障害防止のためのガイドライン … 302
5. 防じんマスクの選択、使用等について ……………………………… 313
   （平成17年2月7日付け基発第0207006号）
6. 職場における熱中症の予防について ………………………………… 320
   （平成21年6月19日付け基発第0619001号）

● 本テキストにおける用語の定義 ●

用語	定義
除染特別地域等	平成23年3月11日に発生した東北地方太平洋沖地震に伴う原子力発電所の事故により放出された放射性物質（事故由来放射性物質）による環境の汚染への対処に関する特別措置法（平成23年法律第110号）第25条第1項に規定する除染特別地域または同法第32条第1項に規定する汚染状況重点調査地域
汚染土壌等	事故由来放射性物質により汚染された土壌、草木、工作物等、落葉及び落枝、水路等に堆積した汚泥等
土壌の除染等の業務	除染特別地域等内における汚染土壌等の除去、当該汚染の拡散の防止その他の措置を講ずる業務
除去土壌	土壌の除染等の業務または特定汚染土壌等取扱業務に伴い生じた土壌（当該土壌に含まれる事故由来放射性物質のうちセシウム137及びセシウム134の放射能濃度の値が1万Bq/kgを超えるもの）
汚染廃棄物	事故由来放射性物質により汚染された廃棄物（当該廃棄物に含まれる事故由来放射性物質のうちセシウム137及びセシウム134の放射能濃度の値が1万Bq/kgを超えるもの）
廃棄物収集等業務	除染特別地域等内における除去土壌または汚染廃棄物の収集、運搬または保管の業務
特定汚染土壌等	汚染土壌等であって、当該汚染土壌等に含まれる事故由来放射性物質のうちセシウム137とセシウム134の放射能濃度の値が1万Bq/kgを超えるもの
汚染土壌等を取り扱う業務	除染特別地域等において、生活基盤の復旧等の作業での土工（準備工、掘削・運搬、盛土・締め固め。整地・整形、法面保護）及び基礎工、仮設工、道路工事、上下水道工事、用水・排水工事、ほ場整備工事における土工関係の作業が含まれるとともに、営農・営林等の作業での耕起、除草、土の掘り起こし等の土壌等を対象とした作業に加え、施肥（土中混和）、田植え、育苗、根菜類の収穫等の作業に付随して土壌等を取り扱う作業。ただし、これら作業を短時間で終了する臨時の作業として行う場合はこの限りではない。
特定汚染土壌等取扱業務	土壌の除染等の業務及び廃棄物収集等業務以外の業務であって、特定汚染土壌等を取り扱う業務
除染等業務	土壌の除染等の業務、廃棄物収集等業務または特定汚染土壌等取扱業務（事故由来廃棄物等の処分の業務を除く）
除染等作業	除染特別地域等内における除染等業務に係る作業
特定線量下業務	除染特別地域等内における平均空間線量率が事故由来放射性物質により2.5μSv/時を超える場所において事業者が行う除染等業務以外の業務

第1章 除染等業務と作業指揮者

1　除染等業務

　除染等業務とは、除染特別地域等内における①土壌等の除染等の業務、②廃棄物収集等業務、又は③特定汚染土壌等取扱業務のことをいいます。

```
            除染電離則の対象業務
        （除染電離則　第2条第7項）
                  ①土壌等の除染等の業務
                                    除染土壌の収集・運搬・保管
   除染等業務   ②廃棄物収集等業務
                                    汚染廃棄物の収集・運搬・保管
                  ③特定汚染土壌等取扱業務

        （除染電離則　第2条第8項）
        特定線量下業務
            （下線の業務は改正により追加：平成24年7月1日施行）
```

　除染電離則(注)の対象業務には、除染等業務の他に、特定線量下業務がありますが、特定線量下業務については作業指揮者の選任の必要はありません。（「除染等業務」、「特定線量下業務」等の定義については、5ページを参照。）

　除染等業務においては、適切な事前調査とそれに基づく作業計画の作成と実行等により、除染等作業を安全にかつ効率よく行うことが重要です。

　除染等業務の従事者の被ばく限度は、除染電離則第3条及び第4条に次のように定められています。

（注）除染電離則：「東日本大震災により生じた放射性物質により汚染された土壌等を除染するための業務等に係る電離放射線障害防止規則」の略称

除染等業務従事者	線量限度
男性及び妊娠する可能性がないと診断された女性	5年間で100mSvかつ 1年間で50mSv（実効線量）
女性（妊娠する可能性がないと診断された女性を除く）	3月間で5mSv（実効線量）
妊娠と診断された女性　　内部被ばく（妊娠中） 　　　　　　　　　　　　腹部表面（妊娠中）	1mSv（実効線量） 2mSv（等価線量）

これらの被ばく限度は、放射線防護に関する専門家で構成される国際放射線防護委員会（ICRP）の勧告や報告に基づいて定められています。

　また、同規則第1条の基本原則には、「事業者は、（中略）除染等業務従事者及び特定線量業務従事者その他の労働者が電離放射線を受けることをできるだけ少なくするように努めなければならない」とあります。この基本原則も、ICRPの「線量を合理的に達成可能な限り低くすること（As Low As Reasonably Achievable：ALARA）」の基本原則に基づいています。

　事前調査や作業計画の策定等に当たっては、被ばく限度を遵守することはもちろん、この基本原則に沿うよう心掛ける必要があります。例えば、手待ち時間が長いなどむやみに長々と被ばくすることがないようにするなどの作業時間の管理、効率的な作業の進行管理に努めなければなりません。

　さらに、夏季における熱中症や墜落・転落災害など労働災害に備えた対策も重要です。

2 安全衛生管理体制等

除染等業務は、国、県、市町村等の発注により元方事業者と関係請負人において行われる場合と単独の事業者によって行われる場合があると考えられます。それぞれ労働安全衛生法令に定められた安全衛生管理体制を基本として、具体的でかつ有効に機能する次のような体制の整備が必要です。

(1) 元方事業者による安全衛生管理体制の確立

① 安全衛生統括者と放射線管理者の選任

元方事業者は、除染等業務に係る安全衛生管理が適切に行われるよう、除染等業務の実施を統括管理する者の中から安全衛生統括者を選任し、同人に以下の②から④の事項を実施させます。また、放射線による被ばく管理などの技術的事項を担当して安全衛生統括者を補佐する放射線管理者を選任します。放射線管理者は、放射線管理に詳しい者、例えば、放射線関係の国家資格保持者又は専門教育機関等による放射線管理に関する講習等の受講者から選任することが望まれます。

② 安全衛生管理の職務を行う者の選任等

関係請負人に対し、安全衛生管理の職務を行う者を選任させ、次に掲げる事項を実施させます。

ア 安全衛生統括者との連絡及び次の③に掲げる事項のうちそれぞれの請負人に係る事項が円滑に行われるようにするための安全衛生統括者との調整

イ 関係請負人がその仕事の一部を他の請負人に請負わせている場合における全ての請負人に対する作業間の連絡及び調整

③ 全ての関係請負人による安全衛生協議組織の開催等

ア 安全衛生統括者を主宰者として全ての関係請負人による安全衛生協議組織を設置し、1月以内ごとに1回、定期に開催します。会議には、放射線管理者も出席します。

イ 安全衛生協議組織において協議すべき事項は、次のとおりとします。

(ア) 新規に除染等業務に従事する者に対する特別教育等の安全衛生教育の実施について、会場、講師、テキストなどを確保しての共同実施あるいは外部の教育研修機関への委託実施などに関すること。また、元方事業者の援助に関すること。

(イ) 除染等業務の作業指揮者に対する教育の実施等その選任に関すること。教育の実施に関しては(ア)と同様。

(ウ) 事前調査の実施、作業計画の作成又は改善に関すること。事前調査の実施については、必要な機器、機材等の調達又は斡旋、専門の測定業者の斡旋などを含みます。

(エ) 汚染検査場所の設置、汚染検査の実施に関すること。汚染検査の実施については、

必要な機器、機材等の調達又は斡旋などを含みます。
（オ）線量の測定、健康診断の実施に関すること。専門の測定業者、健診機関の斡旋などを含みます。
（カ）労働災害の発生等異常な事態が発生した場合の連絡や労働基準監督署への報告、近隣の消防署、医療機関などへの通報、応急措置に関すること。

④ **関係請負人による作業計画の作成等に関する指導又は援助**
ア　関係請負人が実施する事前調査、作成する作業計画について、その内容が適切なものとなるよう、必要に応じて関係請負人を指導又は援助すること。
イ　関係請負人が、関係労働者に、事前調査の結果及び作業計画の内容の周知を適切に実施できるよう、関係請負人を指導又は援助すること。

(2) 元方事業者による被ばく状況の一元管理

元方事業者は、線量の測定とその測定結果の記録による被ばく線量管理が適切に実施されるよう、放射線管理者に、安全衛生統括者の指揮の下、次の事項を含む、関係請負人の労働者の被ばく管理を含めた一元管理を行わせます。
① 発注者と協議の上、汚染検査場所の設置及び汚染検査の適切な実施を図ること。
② 関係請負人による線量の測定とその測定結果の記録等による被ばく線量管理の措置の適切な実施を図ること。
③ ①の汚染検査及び②の措置が適切に図られるよう、関係請負人の放射線管理担当者を指導又は援助すること。
④ その他放射線管理のために必要な事項を実施すること。

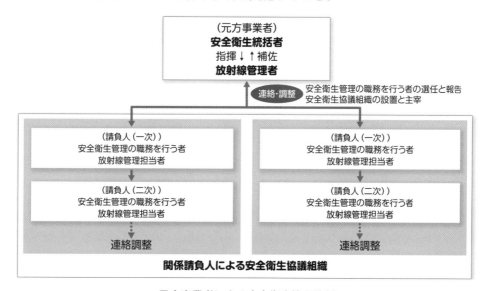

元方事業者による安全衛生管理体制

(3) 除染等事業者における安全衛生管理体制

① 除染等事業者は、労働安全衛生法令の規定に基づき、事業場の規模に応じ衛生管理者又は安全衛生推進者を選任し、次の業務に関する技術的事項を管理させます。

　なお、労働者数が10人未満の事業場にあっても、安全衛生推進者の選任が望まれます。

　ア　線量の測定及びその結果等の記録に関すること。
　イ　汚染検査に関すること。
　ウ　身体、装具又は物品が汚染限度を超えることを防止するための措置及び身体・内部汚染の防止に関すること。
　エ　労働者に対する教育（作業指揮者に対する教育、除染等業務従事者に対する特別教育など）の実施に関すること。
　オ　健康管理のための措置に関すること。

② 除染等事業者は、事業場の規模に関わらず、放射線管理担当者を選任し、上記の①のアからウまでの業務を行わせます。

3 作業指揮者の役割と要件

　作業指揮者は、現場において作業者とともにあって作業者を直接指揮して、業務の目的を達成するための現場のトップ、野球などに例えればコーチであり監督であるといえます。

　除染等業務の作業指揮者は、良好な生活環境を回復するという目的のため、作業計画などに基づいて労働者が電離放射線を受けることをできるだけ少なくするようにして、作業手順や作業者の配置を決定することなどの職務を適切に行い、効果的かつ効率的な除染作業の指揮を行うことがその役割となります。

(1) 作業指揮者の要件

　除染電離則では、作業指揮者は、除染等業務を指揮するために必要な能力を有すると認められる者のうちから事業者が定めるとあります。また、この必要な能力を有する者については、同規則の施行通達（平成23年12月22日付け基発1222第7号）において、次のいずれかの要件を満たすものとされています。

① 除染等作業に類似する作業に従事した経験者であって除染等業務の特別教育を修了し、若しくは特別教育の科目の全部について十分な知識及び技能を有していると認められるもの。

② 次の項目を満たす教育を受講したものであって、特別教育を修了したもの。
　ア　作業の方法の決定及び除染等業務従事者の配置に関すること。
　イ　除染等業務従事者に対する指揮の方法に関すること。
　ウ　異常時における措置に関すること。

　なお、このアからウまでの教育については、「除染等業務に従事する労働者の放射線障害防止のためのガイドライン」（以下「ガイドライン」という。）において、事業者が作業指揮者を定めるときに行う教育として、以下のように具体的に示されています。

作業指揮者教育のカリキュラム

科　目	範　囲	時　間
作業の方法の決定及び除染等業務従事者の配置に関すること	①放射線測定機器の構造及び取扱方法 ②事前調査の方法 ③作業計画の策定 ④作業手順の作成	2時間30分
除染等業務従事者に対する指揮の方法に関すること	①作業前点検、作業前打ち合わせ等の指揮及び教育の方法 ②作業中における指示の方法 ③保護具の適切な使用に係る指導方法	2時間
異常時における措置に関すること	①労働災害が発生した場合の応急の措置 ②病院への搬送等の方法	1時間

4　作業指揮者の職務

　　作業指揮者の職務については、詳細は第4章で触れることになりますので、ここではポイントとなることを概括的に記します。

(1)　作業計画に適応した作業手順及び除染等業務従事者の配置の決定

　　放射線による被ばく線量は「線量×作業時間」で表されることから、放射線源が一定とすると、「遮へいすること」、「放射線源から距離をとること」及び「作業時間を短くすること」がポイントとなります。また、放射性物質を体内に吸入したり身体に付着させて被ばくすることを抑えるためには、「放射性物質を含む粉じんの発散を抑えること」、「防じんマスク等の保護具を適切に使用すること」、「放射性物質による身体への汚染を防止し、汚染場所で飲食・喫煙しないこと」などがあります。このため、作業手順の決定に際しては、散水などで土壌等が流出しないように、適宜水を噴霧することなどにより発じんを抑える程度に湿潤な状態にして、できるだけ風下となる位置を避けて作業する、服装は保護衣等を着用する、防じんマスク等の保護具を漏れのないように装着し必ず使用することなどが基本となります。

　　また、被ばくを抑えるためには、作業時間を短くすることが大切です。作業計画で1日、1週、1月などの単位で被ばく線量をあらかじめ設定しておいて、その時間内で作業が完結するよう作業手順を決めるとよいでしょう。設定する被ばく線量をできるだけ低くするため、作業を線量の高い作業と低い作業に分けて作業者をローテーションさせることなどの工夫も必要です。

　　この他作業手順には、作業場所及びその周辺において安全衛生上留意すべき事項、待機場所及び休憩場所などの位置、使用に際しての留意すべき事項などを盛り込んでおく必要があります。

(2)　作業前に、除染等業務従事者と作業手順に関する打ち合わせの実施

　　放射線により最も被ばくすることになるのは作業者です。作業前に行う当日の作業手順の打ち合わせは、作業手順に沿った作業を徹底させるために行うものであり、作業手順に従うことにより被ばくを最小限に抑えられるということを理解することが、その徹底への近道です。

　　具体的には、現場に近い待機場所や休憩場所などに全員が集まってツール・ボックス・ミーティング（TBM）を行います。TBMは、作業指揮者と作業者及び作業者相互の意思疎通を円滑にして、安全衛生を確保し、作業能率を高めるのに有効な手段となります。

(3)　作業前に、使用する用具・機械等を点検し、不良品を取り除く

　　作業に必要な用具・機械等が不足していたり、不良品があると、作業に支障を及ぼすことになります。例えば、不足した用具・機械等に代替するものを使用したり、不良品の用具・

機械等を良品のものと取り替えたりすると、作業が滞り、工程の変更を余儀なくされ、それに伴って作業時間が長くなり放射線への被ばく線量が増加するおそれがあります。

　作業前に使用する用具・機械等を点検し、不良品を取り除いて良品を用意することは、作業指揮者自ら責任を持って行う職務です。まずは、当日の作業に必要な用具・機械等のリストを作成して不足がないかの点検が必要です。次いで、それぞれの用具・機械等に外形上の損傷や腐食などがないかを、性能・機能面についてはそれぞれの取扱説明書の記載などをもとに点検します。なお、専門的で現場では点検できないものや点検に時間を要するものは、あらかじめ専門の機関などで点検したものを、点検済みとして用意しておくとよいでしょう。特に、防じんマスクや保護衣などの保護具は、作業者全員に必要な数量が準備されているか点検して確認しなければなりません。防じんマスクについては国家検定品であることを合格標章により確認します。

(4) 放射線測定器（個人線量計）及び保護具の使用状況の監視

　外部被ばくによる線量を測定する場合の個人線量計の使用状況、放射性物質を含む粉じんの吸入による内部被ばくを抑えるための防じんマスクや除去土壌等の身体への付着を防止する保護衣等の保護具の使用状況を監視することは、現場での作業者の放射線による被ばく管理を行う上で大変重要なことです。

　個人線量計（電子式線量計、ガラスバッジ、クイクセルバッジが使用されている。）の装着が必要な現場（73ページ参照）では個人線量計が装着されていること、定められた位置に装着されているか、取扱上の注意事項が守られているか監視します。

　また、防じんマスクについても、着用しているか、定められた適切な方法で使用されているかなどを監視します。作業中に作業に支障をきたすような息苦しさを感じたり、著しい型くずれが生じたとの作業者からの報告があった場合や監視中に発見した場合には、直ちに良品との取替えを作業者に指示します。

　保護衣等の保護具の使用については、高濃度粉じん作業か否か、高濃度汚染土壌等か否かで、使用する保護衣、手袋、長靴などの保護具が定められていますので、作業前に点検しておくものですが、作業中においても使用状況を監視します。

　なお、監視する中で異常等が発見された場合には、必要に応じて作業を停止して直ちに是正措置を講じます。

　放射線測定器及び保護具の使用方法については、第2章の1の「放射線測定機器の構造と取扱方法」（15ページ）及び第2章の3の（3）の「④　保護具の装着」（80ページ）によります。

(5) 作業場所には関係者以外の者を立ち入らせないこと
　　作業の関係者以外の者が立ち入ることは、作業に支障をきたすとともに、その者が無防備な状態で無用な放射線への被ばくを受けることになります。関係者以外の者の立ち入り禁止がわかるように目立つ標識などで明示し、その区域もわかるようにカラーコーンや簡易な囲いなどを設けます。また、作業者に対しても、関係者以外の者の立ち入り禁止であることを周知徹底します。

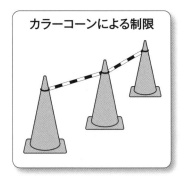
カラーコーンによる制限

ロープによる制限

標識例

第2章 作業方法の決定と除染等業務従事者の配置

1 放射線測定機器の構造と取扱方法

(1) 個人被ばく線量測定器

個人被ばく線量測定器は、各個人が身体上の特定部位(胸部や腹部など)に着用し、放射線にさらされていた期間中の外部被ばく線量を測定するものです。

各個人の被ばく線量を測定することは、

　ア　除染等業務従事者の線量限度を超えていないことを確認するとともに、各個人の健康管理を行ううえでの資料とすること

　イ　個人の被ばくをより低減化するための作業管理・環境管理を行ううえでの資料とすること

等の目的があります。

個人被ばく線量の測定器には種々のものがありますが、個人の被ばく管理のために用いるものには、蛍光ガラス線量計、光刺激ルミネセンス線量計、フィルムバッジ、ポケット線量計等があります。

また、あらかじめ設定した被ばく線量に達するとアラーム音を発するものや、随時にデータを確認できる機能を有する半導体式検出器を用いた電子線量計も使用されています。

① 蛍光ガラス線量計(FGD)

放射線を受けたある種の個体(ガラスなどの非結晶物質の一部)に紫外線を照射すると、入射した放射線の量と比例する量のRPL(Radio Photo Luminescence)と呼ばれる蛍光を発します。蛍光ガラス線量計は、このRPL現象を利用したものです。

蛍光ガラス線量計の例として**図2-1**にガラスバッジを示します。

ガラスバッジは、線量の計測に当たっては窒素ガスパルスレーザーによる蛍光量の読みとりを行っており、フィルムバッジと比較して検出限界が格段に向上し、潜像退行(フェーディング)も無視できるほど少ないなどの特徴があります。

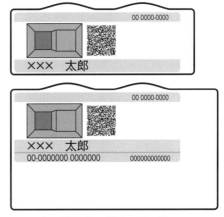

図2-1　ガラスバッジ

市販のガラスバッジは、使用期間を1ヵ月としていますので、その期間ごとの被ばく線量を記録することができます。なお、線量の算定はメーカーのサービス機関に依頼することと

なります。

　蛍光ガラス線量計は、通常取り扱ううえでの衝撃や落下により破損することはありませんが、他の線量計同様に乱暴な扱いをしないようにしなければなりません。

　蛍光ガラス線量計には、体幹部用の他、末端部用のリング（指輪状の形態をしている。）等があり、それぞれ放射線被ばくに応じたものを選択して使用します。

② 光刺激ルミネセンス線量計（OSL）

　ある種の物質に放射線や紫外線を照射すると蛍光を発しますが、その蛍光は短時間の内に減衰して弱くなります。

　この蛍光のほとんど減衰してしまった物質に、蛍光よりも波長の長い光をあてると、ふたたび蛍光を発することがあります。

図2-2　クイクセルバッジ

　この現象は、輝尽発光OSL（Optically Stimulated Luminescence）、又はPSL（Photo—Stimulated Luminescence）と呼ばれ、発光量は初めにあたった放射線などの量に比例します。光刺激ルミネセンス線量計はこの原理を利用しています。

　光刺激ルミネセンス線量計の例としてクイクセルバッジを**図2-2**に示します。

　このクイクセルバッジは、フィルムバッジと比較して検出下限が格段に向上したとともに繰り返し測定も可能であり、検出素子に炭素添加酸化アルミニウムを用いているため、エックス線、ガンマ線に対するエネルギー依存率が小さく、衝撃・湿度などの物理的影響を受けず、常温において潜像退行がほとんどないなどの特徴があります。なお、線量の測定は、測定サービス機関に依頼することとなります。

③ フィルムバッジ（FB）

　フィルムバッジは、放射線によりフィルムが感光する原理を利用しており、感光したフィルムを現像処理した際の黒化度を測定することにより、被ばく線量を求めます。

　フィルムの容器に各種のフィルターを装着することで、様々な線質の放射線を測定することができます。

　フィルムバッジの形状を**図2-3**に示します。

　フィルムバッジを着用する際は、表裏に注意するとともに、フィルムバッジの表面を遮るものがないようにしなければなりません。

　フィルムの潜像は、高温多湿に弱く、潜像退行により像が薄れることを防止するため、保管場所に注意することが必要です。

　市販のフィルムバッジは、ほぼ着用期間を1ヵ月としていますの

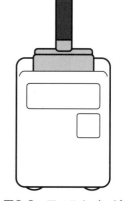

図2-3　フィルムバッジ

で、1ヵ月ごとの被ばく線量を記録することができます。

　フィルムの現像及び被ばく線量の算定は、フィルムバッジメーカーのサービス機関に依頼します。

④ 熱ルミネセンス線量計（TLD）

　放射線に照射されたある種の固体結晶を加熱すると、吸収したエネルギーを光として放出します（熱蛍光現象）。この発光量から、被ばく線量を求めることができます。

　熱ルミネセンス線量計も、種々のフィルターを用いることにより、種々の放射線を測定することができます。

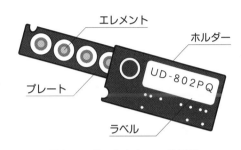

図2-4　熱ルミネセンス線量計

　熱ルミネセンス線量計（**図2-4**）は、繰り返して使用することができますが、熱ルミネセンス線量計を線量読み取り装置（リーダー）で加熱（アニール）すると、その線量計の情報は失われてしまいます。

　熱ルミネセンス線量計の素子間には、同一の放射線量であっても、その指示値にばらつきが生じるので、そのばらつきの程度を把握しておかなければなりません。また、線量読み取り装置（リーダー）を定期的に校正しておくことが必要です。

　熱ルミネセンス線量計は、身体の局部（手指、頭部等）に装着できるもの（リングバッジ等）も市販されています。

⑤ ポケット線量計（PD）

　電離箱方式のポケット線量計の構造を**図2-5**に示します。

　充電器により、水晶線を充電すると、水晶線に電荷がたまり、水晶線は互いにクーロン力により反発します。そのため、水晶線はクーロン力と弾性力のつり合う位置まで間隔が開きます。

　電離箱に放射線が入射すると、水晶線にたまっていた電荷が失われていき、水晶線の間隔が徐々に狭くなります。水晶線の間隔を対物レンズを通して観察すると、放射線量を知ることができます。

　ポケット線量計は衝撃に弱いので、落としたりしないように注意する必要があります。

　線量読み取りの際は、水平にするとともに目盛も傾かないようにしなければなりません。

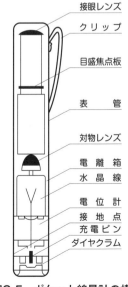

図2-5　ポケット線量計の構造

ポケット線量計は、水晶線にたまっている微小な電荷を利用しているので、高温、多湿な場所に放置すると、たまっていた電荷が漏洩（リーク）して失われていくので注意する必要があります。

　ポケット線量計には上記のような欠点はありますが、他の線量計のような読み取り装置を必要とせず、放射線量を直読できること、充電を行い、繰り返して使用できることなどの利点があります。

　ポケット線量計は、電離箱方式のもののほか、放射線検出部に半導体を用いたものも普及していましたが、現在は、取扱いが簡便で測定精度の高い電子線量計の普及等により、その使用は減っています。

⑥　電子線量計（EPD）

　最近の電子技術によりポケット線量計の弱点であった対衝撃性、読み取りやすさなどの使い勝手を改良した積算型線量計が電子線量計です。検出器の方式としては、GM管式、電離箱方式又は半導体方式のものがあり、表示部にはデジタル液晶表示式が採用されています。小型、軽量であるため、最近普及してきています。

　特に、1日における外部被ばく線量が1mSvを超えるおそれのある場合は線量を毎日確認することが義務づけられていますので、ポケット線量計又は電子線量計を用いる必要があります。

　電子線量計には、ガンマ線・エックス線用、中性子線用があり、1cm線量当量対応になっています。

　現在市販されているガンマ線・エックス線用線量計の測定範囲は、線量計の組合せにより、約1μSvから100mSvまで測定が可能です。

　電子線量計に警報（アラーム）機能を付加したものがアラームメータです。アラームメータを図2-6に示します。

　放射線量率の高い作業場では、作業に際して管理目標とする被ばく線量を超えるおそれがあるため、アラームメータを使用することが必要です。

　アラームメータは、あらかじめ設定しておいた線量あるいは線量率を超えると警報音等を発して作業者に知らせる機能を持つもので、適切な被ばく管理を行うための有効な手段となります。

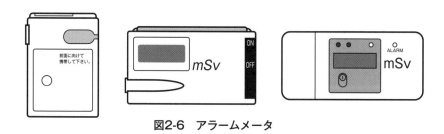

図2-6　アラームメータ

アラームメータを取り扱う際には、電池切れや衝撃に注意する必要があります。

また、アラームメータには、騒音のある場所で使用する際に警報を適切に着用者に知らせるためのイヤホン等の付属したものや、着用者が線量計の数値を直接確認できない場合等に他の場所にいる監視者が数値を確認する無線式のものなどもあります。

(2) 空間線量率等の測定器

空間線量率等の測定器は、個人被ばく線量測定器と異なり、測定点における線量率等を表示できるものです。

空間線量率等の測定器の使用目的には、

ア　除染等作業場所の空間線量率の測定

イ　身体、衣服等の放射性物質による汚染の有無あるいはその汚染の程度の検査

ウ　漏えい放射線の測定及び遮へい状況の検査

等があります。

① 空間線量率等の測定器の種類

空間線量率等の測定器としては、小型で携帯に便利なサーベイメータがよく使用されます。

サーベイメータは、放射線検出器の原理の違いから、電離箱式サーベイメータ（**図2-7**）、シンチレーション式サーベイメータ（**図2-8**）、GM管式サーベイメータ（**図2-9**）等に分けられます。それぞれのサーベイメータの特徴を**表**に示します。実際に放射線を測定する場合には、測定すべき放射線の種類、エネルギー、強度に応じたサーベイメータを選ばなければなりません。また、サーベイメータは、定期的に校正しなければなりません。

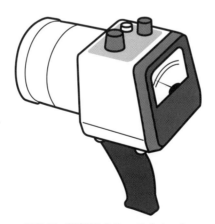

図2-7　電離箱式サーベイメータ

各種サーベイメータの特徴

特徴＼放射線測定器	シンチレーション式サーベイメータ	GM管式サーベイメータ	電離箱式サーベイメータ
エネルギー特性	GM管式より劣る（エネルギー補償されたものは良好）	電離箱式より劣る	良好
感度	非常に高い	シンチレーション式より劣る	GM管より劣る
（最低検出線量率）	約0.05μSv/h程度	約0.1μSv/h程度	約1μSv/h程度
方向依存性	電離箱式より劣る	同左	良好
線量率特性	GM管式よりもさらに悪い	高線量率は不向き	良好
特記事項	・低エネルギーのX線・γ線（100keV以下）には不向き	・高線量率では、放射線の数え落としがあり不正確となる ・β線の測定も可	・X線・γ線の線量率測定には、もっとも有効な特性を示す ・β線やその他の放射線には不向き

② サーベイメータの取扱方法

　サーベイメータの大部分は電源として、電池を用いています。電池切れなどによる電圧低下をおこすと、正確な測定ができませんので、注意します。機種によっては、電池電圧のチェック機構を備えているものもあります。ゼロ調整機構のあるサーベイメータは、使用前にゼロ調整を行うことが必要です。

　サーベイメータが放射性物質により汚染されている場合、空間線量率の正確な測定を行うことができません。放射性物質に汚染された場所においてサーベイメータを使用する際は、薄いビニール袋などで検出器とサーベイメータ本体をおおい、汚染を避けることが望まれます。使用後のサーベイメータの汚染検査は低いバックグラウンドの場所における線量率測定により行うことができます。バックグラウンドの低い場所でも高い線量率が検出された場合、サーベイメータの汚染が疑われます。

　次に、除染等作業で空間線量率等の測定に用いるサーベイメータの一般的な取扱方法を示します。

ア　シンチレーション式サーベイメータの取扱方法

　ここでは参考として、一般的なシンチレーション式サーベイメータの取扱方法を紹介します。実際の測定に当たっては、使用する測定器の取扱説明書に従ってください。

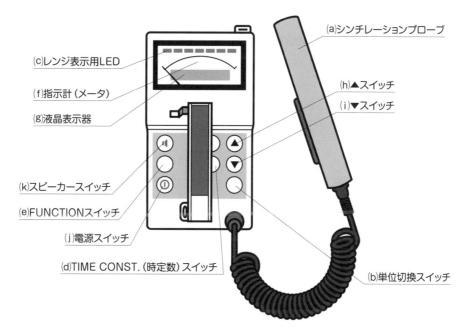

図2-8 シンチレーション式サーベイメータ

(ア) 各部の名称と働き

(a) シンチレーションプローブ

　シンチレーション計数管が収納されておりγ線を検出します。

(b) 単位切換スイッチ

　測定値の単位（μSvとs^{-1}）を切り換えます。s^{-1}は1秒あたりのカウント数です。

(c) レンジ表示用LED

　現在設定されている測定レンジを示します。

(d) TIME CONST.（時定数）スイッチ

　メータの時定数を3秒、10秒、30秒のいずれかに切り換えます（メータ指示値の読み取りには時定数の3倍の時間が必要です）。放射線量率が低い場合は、時定数を長く設定します。

(e) FUNCTIONスイッチ

　測定状態でFUNCTION状態（項目の選択）への切り換え、解除を行います。

(f) 指示計（メータ）

　下側の目盛は計数率〔ks^{-1}〕が示され、上側の目盛は線量率（μSv/h）が示されています。

(g) 液晶表示器

　メータで示す線量率あるいは計数率をデジタル表示します。

(h) ▲スイッチ

測定状態：線量率あるいは計数率測定レンジを1つ上げます。

FUNCTION状態：設定選択スイッチになります。

(i) ▼スイッチ

測定状態：線量率あるいは計数率測定レンジを1つ下げます。

FUNCTION状態：設定選択スイッチになります。

(j) 電源スイッチ

Power ON/OFFスイッチです。

(k) スピーカースイッチ

ONにするとγ線を検出するたびにクリック音がスピーカーから出ます。

（イ） 操作方法

電源スイッチを約2秒間押すと電源が入り、バッテリーと電圧が自動チェックされたのち、測定状態になります。

なお、起動時に電池残量が BATT.=■□□□⇔BATT=□□□□と点滅していた場合は、バッテリー切れ予告ですので、電池を早めに交換してください。

また、□□□□□□□HV□.=ERROR：HV異常で測定不能と表示された場合は、高圧不具合のため、メーカーに調整を依頼します。

（ウ） 空間線量率の測定方法

作業場の空間線量率及び土壌放射能濃度は、シンチレーション式サーベイメータを用いて測定します。

検出器は水平に　　汚染土壌の入った容器

a　シンチレーションプローブと本体を薄手のビニール袋で包みます。

b　空間線量率を測定する場合は、地上1mの高さで、プローブは地面と水平にし、身体からなるべく離します。

c　(d) TIME CONST.（時定数）は、線量率が小さい場合には10秒又は30秒に設定すれば、針の振れが小さくなって読み取りやすくなります。読み取る際はレンジを必ず確認します。

（エ）乾電池の交換

a　電源が切れていることを確認します。

b　サーベイメータの底の蓋を外し、＋−に気をつけて、乾電池をすべて交換します。

c　蓋をして、電源を入れ、バッテリーの状態を確認します。

イ　GM管式サーベイメータの取扱方法

ここでは参考として、一般的なGM管式サーベイメータの取扱方法を紹介します。実際の測定に当たっては、使用する測定器の取扱説明書に従ってください。

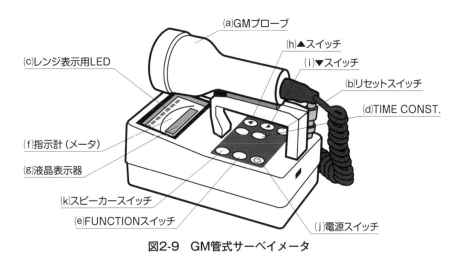

図2-9　GM管式サーベイメータ

（ア）各部の名称と働き

(a)　GMプローブ

　GM計数管が収納されておりβ（γ）線を検出します。

(b)　リセットスイッチ

　メータを初期状態にリセットします（指針がゼロに戻ります）。

(c)　レンジ表示用LED

　現在設定されている測定レンジを示します。

(d)　TIME CONST.（時定数）スイッチ

　メータの時定数を3秒、10秒、30秒のいずれかに切り換えます（メータ指示値の読

み取りには時定数の3倍の時間が必要です）。放射線量率が低い場合は、時定数を長く設定します。

(e) FUNCTION スイッチ

測定状態でFUNCTION状態（項目の選択）への切り換え、解除を行います。

(f) 指示計（メータ）

計数率を示すメータで、下側の目盛では0～100の単位で計数率〔min^{-1}〕が示され、上側の目盛では0～300の単位で計数率〔min^{-1}〕が示されています。(h)、(i)で選択した最大スケールに対応しています。

(g) 液晶表示器

メータで示す計数あるいは計数率をデジタル表示にします。

(h) ▲スイッチ

測定状態：計数率測定レンジを1つ上げます。
FUNCTION状態：設定選択スイッチになります。

(i) ▼スイッチ

測定状態：計数率測定レンジを1つ下げます。
FUNCTION状態：設定選択スイッチになります。

(j) 電源スイッチ

Power ON/OFFスイッチです。

(k) スピーカースイッチ

ONにするとβ（γ）線を検出するたびにクリック音がスピーカーから出ます。

(イ) 操作方法

電源スイッチを約2秒間押すと電源が入り、バッテリーと電圧が自動チェックされたのち、測定状態になります。

なお、起動時に電池残量が BATT.=■□□□⇔BATT=□□□□と点滅していた場合は、バッテリー切れ予告ですので、電池を早めに交換してください。

また、□□□□□□□HV□.=ERROR：HV異常で測定不能と表示された場合は、高圧不具合のため、メーカーに調整を依頼します。

(ウ) 表面汚染の測定方法

除染作業で使用した作業服や器具の表面汚染は、GM管式サーベイメータを用いて測定します。

 a GMプローブと本体を薄手のビニール袋で包みます。
 b GMプローブの汚染防止のため、測定物の表面から検出器の表面を1cm程度離し、1～6cm/秒のゆっくりとした速さでプローブを動かします。
 c 身体表面汚染は、頭髪、顔、肩、手の平、手の甲、衣服の順に行います。
 d 汚染が検出された部位は、GMプローブを一定の時間保持（時定数の3倍）してから指示値を読み取り、記録します。指示値を読み取る際はレンジを確認します。

（エ）乾電池の交換
 a 電源が切れていることを確認します。
 b サーベイメータの底の蓋を外し、＋－に気をつけて、乾電池をすべて交換します。
 c 蓋をして、電源を入れ、バッテリーの状態を確認します。

2　事前調査の方法

　事前調査は、良好な生活環境の回復のために効果的な除染を行うこと及び除染電離則第1条にある基本原則「事業者は、（中略）除染等業務従事者（中略）その他の労働者が電離放射線を受けることをできるだけ少なくするように努めなければならない。」ことを目的として行うものです。その結果を受けて作業計画が作成され、計画に沿って作業が行われることになります。その意味では、事前調査は最も重要な調査です。

　除染電離則及びガイドラインでは、事前調査として次の事項を調査し、その結果を記録しなければならないとしています。また、労働者には、事前調査が終了した年月日並びに調査の方法及び結果の概要を書面により明示しなければならないとされています。

　（1）　除染等作業の場所の状況
　（2）　除染等作業の場所の平均空間線量率
　（3）　除染等作業の対象となる汚染土壌又は除去土壌若しくは汚染廃棄物に含まれる事故由来放射性物質のうち厚生労働大臣が定める方法によって求めるセシウム134及びセシウム137の放射能濃度

(1)　除染等作業の場所の状況

　この調査項目は、作業の目的に照らして見れば具体的な項目は次に掲げるものとなります。

①　除染等の効果を上げるために優先的に除染等を行う地点の特定

　放射性物質は、雨などによって地表、草木、建築物・工作物の表面などに降下し、雨水が傾斜にそって流れることで、窪地、樹木の下や近く、草地、建築物・工作物からの雨跡・側溝・水溜り、建築物・工作物の近く、石塀の近くなどの雨水が滞留する地点に集積されます。また、地表などが乾いているときも、風によって粉じんとなって飛散し窪地などに集積されます。

　これらの地点は、地図上にプロットしておくとともに、放射線の測定を行っておきます。測定には、GM管式サーベイメータやシンチレーション式サーベイメータを用いるとよいでしょう。除染の効果を確認するための測定方法は、「放射線測定に関するガイドライン」（文部科学省　平成23年10月21日）を参照してください。

②　作業を行う方法を決定するための調査

　作業方法は、作業を行う場所の特徴及び除染等の対象によって決まります。作業を行う場所の特徴としては、公園など平坦な平地か、森林などの傾斜地がある場所か、建物の屋根上での作業や樹木の剪定など高所などです。この特徴によって、重機類が使えるか、高所作業車が必要か、足場を設置するのか、また、転倒、転落・墜落防止の対策が必要かなど作業方

法が決まってきます。また、除染等の対象が、土壌か、道路の舗装面か未舗装面か、草か、汚泥か、落葉などで、用いる用具、機械などが決まってきます。さらに、用いる機械などが決まると作業者として必要な職種・資格が、除染土壌等の数量などで必要な要員と配置そして工期が決まります。したがって、事前調査では、どのような除染方法を採用するかの観点からの調査が必要となります。除染の対象と主な除染方法は次のとおりです。

除染等の対象と主な除染方法

除染等の対象		主な除染方法
建築物・工作物	屋根等	落葉等の除去、洗浄
	雨樋・側溝等	落葉等の除去、洗浄
	外壁	洗浄
	庭等	草刈り、下草等の除去、土壌により覆うこと、表土の削り取り
	柵・塀、ベンチ、遊具等	洗浄
道路	道脇・側溝	草刈り、汚泥又は落葉の除去
	舗装面等	洗浄
	未舗装の道路等	草取り、汚泥等の除去、土壌により覆うこと、表土の削り取り
土壌	校庭、園庭、公園	土壌により覆うこと、表土の削り取り
	農用地	深耕、土壌により覆うこと、表土の削り取り
草木	芝地	草刈り、表土の削り取り
	街路樹など生活圏の樹木	落葉の除去、立木の刈り込み
	森林	落葉・枝葉等の除去、立木の刈り込み

③ 除去土壌等の保管場所と運搬経路

除去土壌等の保管には次の3つの方法があります。

ア 除染等した現場又はその近くの場所で保管する。
イ 市町村又はコミュニティ単位で設置した仮置場で保管する。
ウ 中間貯蔵施設で保管する。

現場から離れた場所に保管する場合の運搬経路の設定に当たっては、可能な限り、住宅街、商店街、通学路、狭い道路を避けること、道路が混雑する時間帯を避けることなど地域住民への影響を少なくするよう、経路について事前の調査を行います。

現場か現場近くに保管する場合には、居住地域からの離隔距離を確保でき、雨水により除去土壌等が流れ出ることのない場所を選定します。運搬経路はできるだけ、作業場所を避けて設定し、頻繁な運搬が想定される場合には、作業者との接触事故などがないよう誘導員の配置と表土の覆いなどにより粉じんの飛散の防止を検討する必要があります。

④ 飲食・喫煙が可能な休憩場所及び退去者、持ち出し物品の汚染検査場所の選定

飲食が可能な休憩場所は車内等外気から遮断された環境が原則ですが、そのような環境が確保できない場合には、次の要件を満たす場所を選定します。喫煙が可能な休憩場所についても、屋外であって、次の要件を満たす場所を選定します。

ア 高濃度の土壌等が近傍にないこと。
イ 休憩は一斉にとることとされていることから、作業者など全員を収容できるスペースが確保できること。
ウ 作業場所の風上であること。少なくとも風下でないこと。

また、汚染検査場所は、除染等業務を請け負った場所とそれ以外の場所の境界に設置することが原則です。地形等により、それが困難な場合には、境界の近傍とされているので、設置場所を事前に選定しておきます。ただし、密閉された車両で移動する等汚染拡大を防ぐ措置が講じられている場合、複数の作業場所を担当する集約汚染検査場所を使用することもできます。また、汚染検査場所には、汚染検査のための放射線測定器を備え付けるほか、洗浄設備等除染のための設備、使用済みの防じんマスク等の汚染廃棄物の一時保管のための設備などが収容できるスペースを確保できる場所を選定しておきます。

(2) 除染等作業の場所の平均空間線量率

除染等作業の場所の平均空間線量率は、作業者の被ばく管理を行う場合の目安となるもので、次のように用いられるので、事前の調査が必要となります。

ア 平均空間線量率が2.5μSv／h（週40時間、52週換算で、5mSv／年）を超えるか否かで、被ばく線量の測定方法が異なってきます。
イ 平均空間線量率が2.5μSv／hを超える場所において土壌等の除染等の業務又は特定汚染土壌等取扱業務を実施する場合には、所轄労働基準監督署長へ「土壌等の除染等の業務・特定汚染土壌等取扱業務」の提出が必要となります。

なお、作業届は、発注単位で提出することが原則とされていますが、発注された作業が複数の離れた場所で行われる場合は、作業場所ごとに提出することとされています。

作業届には、以下の項目が含まれます。
・作業件名（発注件名）、作業の場所
・元方事業者の名称及び所在地
・発注者の名称及び所在地
・作業の実施期間、作業指揮者の氏名
・作業を行う場所の平均空間線量率
・関係請負人の一覧及び除染業務従事者数の概数

平均空間線量率の測定・評価の方法は、以下のとおりです。（ガイドラインの別紙5参照）

平均空間線量率の測定・評価の方法

事業者が、除染等業務に労働者を従事させるにあたって、実施する線量管理の内容を判断するため、作業場所の平均空間線量が2.5μSv/hを超えるかどうかを、下記により測定します。なお、この測定は労働者の被ばく線量管理の方法を選択するための測定であり、除染作業の効果を測定する方法とは異なりますので注意してください。

① **基本的な考え方**

- ■ 作業の開始前に、あらかじめ測定すること。
- ■ 特定汚染土壌等取扱業務を同じ場所で継続する場合は、2週間につき1度、測定を実施すること。なお、測定値が2.5μSv/hを下回った場合でも、天候等による測定値の変動がありえるため、測定値が2.5μSv/hのおよそ9割（2.2μSv/h）を下回るまで、測定を継続する必要がある。

  また、台風や洪水、地滑り等、周辺環境に大きな変化があった場合は、測定を実施すること。

- ■ 事前調査は、作業場所が2.5μSv/hを超えて被ばく線量管理が必要か否かを判断するために行われるものであるため、文部科学省が公表している航空機モニタリング等の結果を踏まえ、事業者が、作業場所が明らかに2.5μSv/hを超えていると判断する場合、個別の作業場所での航空機モニタリング等の結果をもって平均空間線量率の測定に代えることができる。

② **測定方法**

- ■ 測定は、地上1mの高さで行うこと。
- ■ 労働者の被ばく実態を反映できる結果を得られる測定をすること。

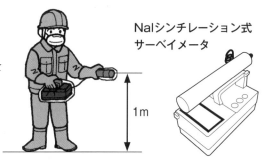

※測定器等については、作業環境測定基準第8条に従い、次のようなサーベイメータを用います。

※サーベイメータ等の取扱方法について

測定にあたって、サーベイメータを取り扱う際には、特に次の点に留意して下さい。

- ・校正済みの測定器を使用すること。
- ・時定数（正しい応答が得られるまでの時間の目安）に留意すること。
- ・測定器が汚染されないようにビニール袋をかぶせるなど注意すること。

その他、環境省作成の「除染等の措置に係るガイドライン」等も参考としてください。

③ 測定位置及び平均空間線量率の求め方

■ 空間線量率のばらつきが少ないことが見込まれる場合（特定汚染土壌等取扱業務を除く。）

・除染等作業を行う作業場の区域（当該作業場の面積が1000m^{2}を超えるときは、当該作業場を1000m^{2}以下の区域に区分したそれぞれの区域をいう。）の形状が、四角形である場合は、区域の四隅と2つの対角線の交点の計5点の空間線量率を測定し、その平均値を平均空間線量率とします。

・作業場所が四角形でない場合は、区域の外周をほぼ4等分した点及びこれらの点により構成される四角形の2つの対角線の交点の計5点を測定し、その平均値を平均空間線量とします。

測定点の取り方

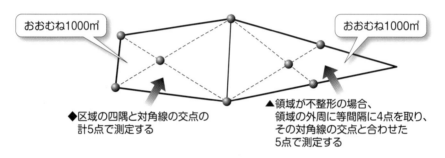

■ 空間線量率のばらつきが少ないことが見込まれる場合（特定汚染土壌等取扱業務に限る。）

特定汚染土壌等取扱業務を行う作業場の区域（当該作業場の面積が1000m^{2}を超えるときは、当該作業場を1000m^{2}以下の区域に区分したそれぞれの区域をいう。）中で、最も線量が高いと見込まれる点の空間線量率を少なくとも3点測定し、測定結果の平均値を平均空間線量率とします。

※特定汚染土壌等取扱業務であっても、あらかじめ除染等作業を実施し、放射性物質の濃度が高い汚染土壌等を除去してある場合は、基本的に、空間線量のばらつきが少ないと見なすことができます。

■ 空間線量率のばらつきが大きいことが見込まれる場合

作業場の特定の場所に放射性物質が集中している場合その他作業場における空間線量率に著しい差が生じていると見込まれる場合にあっては、次の式で平均空間線量率を計算します。

計算にあたっては、次の事項に留意します。

※空間線量率が高いと見込まれる場所の付近の地点（以下「特定測定点」という。）1000m^{2}ごとに数点測定すること

※最も被ばく線量が大きいと見込まれる代表的個人について計算すること

※同一場所での作業が複数日にわたる場合は、最も被ばく線量が大きい作業を実施する日を想定して算定すること

$$R = \left(\sum_{i=1}^{n} (B^i \times WH^i) + A \times \left(WH - \sum_{i=1}^{n} (WH^i) \right) \right) \div WH$$

R：平均空間線量率（μSv/h）
n：特定測定点の数
A：計算される平均空間線量率（μSv/h）
B^i：各特定測定点における空間線量率の値とし、当該値を代入してRを計算するもの（μSv/h）
WH^i：各特定測定点の近隣の場所において除染等業務を行う除染等業務従事者のうち最も被ばく線量が多いと見込まれる者の当該場所における1日あたりの労働時間（h）
WH：当該除染等業務従事者の1日の労働時間（h）

(3) 汚染土壌等の放射能濃度

除染等作業の対象となる汚染土壌等、除去土壌又は汚染廃棄物の放射能濃度の測定は、事業者が、除染等業務に労働者を従事させる際に、汚染土壌等が基準値（1万Bq/kg又は50万Bq/kg）を超えるかどうかを判定し、必要となる放射線防護措置を決定するために実施するものです。

このため、文部科学省が公表している航空機モニタリング等の結果を踏まえ、事業者が、取扱う汚染土壌等の放射性物質濃度が明らかに1万Bq/kgを超えていると判断する場合は、航空機モニタリング等の空間線量率からの測定結果をもって放射能濃度測定の結果に代えることができます。

汚染土壌等の放射能濃度の測定方法について

① 基本的な考え方

- 作業の開始前にあらかじめ測定を実施します。
- 特定汚染土壌等取扱業務を同一の場所で継続して行う場合は、当該場所について、2週間につき一度測定を実施してください。なお、放射性物質の濃度測定は、測定値の変動に備え、放射性物質濃度が1万Bq/kgを下回った場合でも、測定値が1万Bq/kgを明らかに下回る場合を除き、測定値が低位安定するまでの間（概ね10週間）は、測定を継続する必要があります。

  また、台風や洪水、地滑り等、周辺環境に大きな変化があった場合も、測定を実施します。
- 測定は、専門の測定業者に委託して実施することが望まれます。
- 作業において実際に取り扱う土壌等を測定します。
- 放射性物質の濃度はばらつきが激しいため、測定された最も高い濃度を代表値とします。
- P36及びP37の早見表その他の知見に基づき、土壌の掘削深さ及び作業場所の平均空

間線量率等から、事業者において作業の対象となる汚染土壌等の放射能濃度が1万Bq/kgを明らかに下回り、特定汚染土壌等取扱業務に該当しないことを明確に判断できる場合にまで、放射能濃度測定を求める趣旨ではないとされています。

② **試料採取**
- ■ 試料採取の原則
  - ・ 試料は、以下のいずれかを採取します。
    - ・ 作業場所の空間線量率の測定点のうち最も高い空間線量率が測定された地点における汚染土壌等、除去土壌又は汚染廃棄物（以下「除染等対象物」という。）
    - ・ 除染等対象物のうち、最も放射能濃度が高いと見込まれるもの
  - ・ 試料は、作業場所ごとに（1000m^{2}を上回る場合は1000m^{2}ごとに）数点採取します。なお、作業場所が1000m^{2}を大きく上回る場合で、農地等、除染等対象物の濃度が比較的均一であると見込まれる場合は、試料採取の数は1000m^{2}ごとに少なくとも1点とすることで差し支えありません。
  - ・ 地表から一定の深さまでの土壌等を採取する場合は、採取した土壌等の平均濃度を測定可能な試料として採取します。
- ■ 試料採取の箇所（特定汚染土壌等取扱業務を除く。）
  放射性物質濃度が高いと見込まれる除染等対象物は以下のとおりです。
  - ・ 農地：深さ5cm程度の土壌
  - ・ 森林：樹木の葉、表皮、落葉、落枝の代表的な部分
    落葉層（腐葉土）の場合は、深さ3cm程度の腐葉土
  - ・ 生活圏（建物など工作物、道路の周辺）：雨水が集まるところ及びその出口、植物及びその根元、雨水・泥・土がたまりやすいところ、微粒子が付着しやすい構造物の近くにある汚泥等除去対象物
- ■ 試料採取の箇所（特定汚染土壌等取扱業務に限る。）
  放射性物質濃度が高いと見込まれる除染等対象物は以下のとおりです。
  - ・ 農地：深さ15cm程度の土壌
  - ・ 森林：樹木の葉、表皮、落葉、落枝のうち、最も濃度が高いと見込まれるもの（落葉層（腐葉土）を測定する場合、その下の土壌を含めた地表から深さ15cm程度までの土壌等）
  - ・ 生活圏（建物など工作物、道路の周辺）
    作業により取り扱う土壌等のうち、雨水が集まるところ及びその出口、植物及びその根元、雨水・泥・土がたまりやすいところ、微粒子が付着しやすい構造物の近傍にある土壌等（地表面から実際に取り扱う土壌等の深さまでの土壌等。深さは、作業で実際に掘削等を行う深さに応じるものとします。）

③ 分析方法

■ 分析方法は、以下のいずれかによります。

(1) 作業環境測定基準第9条第1項第2号に定める、全ガンマ放射能計測方法又はガンマ線スペクトル分析方法

(2) 簡易な方法

ア 試料の表面の線量率とセシウムの放射能濃度の合計の相関関係が明らかになっている場合は、次の方法で放射能濃度を算定することができます。（詳細については、35ページを参照）
- 採取した試料を容器等に入れ、その重量を測定すること
- 容器等の表面の線量率の最大値を測定すること
- 測定した重量及び線量率から、容器内の試料のセシウムの濃度を算定すること

イ 一般のNaIシンチレーターによるサーベイメータの測定上限値は30μSv/h程度であるため、簡易測定では、V5容器を使用しても、30万Bq/kg以上の測定は困難です。このため、サーベイメータの指示値が30μSv/hを振り切った場合には、測定対象物の濃度が50万Bq/kgを超えるとして関連規定を適用するか、(1)の定める方法のいずれかによります。

ウ 1万Bq/kg前後と見込まれる試料を測定する場合は、測定される表面線量率が周囲の空間線量率を下回る可能性があるため、土のう袋を使用した測定を行うとともに、空間線量率が十分に低い場所で表面線量率の測定を行うこと。

(3) 空間線量率と放射性物質濃度の関係に基づく簡易測定

ア 平均空間線量率が2.5μSv/hを下回る地域において、地表から1mにおける空間線量率と土壌中のセシウム134とセシウム137の放射能濃度（地表から15cmまでの平均）の合計との間に相関関係が明らかになっている場合は、次の方法で放射能濃度を算定することができること。（詳細については、35ページを参照）

ただし、地表1cmまでの範囲に放射性物質の約5割（耕起していない農地土壌）、又は約6割（学校の運動場）が集中し、森林についても落葉層に放射性物質が集中しているというデータがあることから、耕起されていない農地の地表近くの土壌のみを取り扱う作業又は、落葉層もしくは地表近くの土壌のみを取り扱う作業には、この簡易測定は適用しないこと。

イ 生活圏（建築物、工作物、道路等の周辺）の汚染土壌等については、建築物、工作物、道路、河川等、土壌等の態様が多様であることから、農地土壌のよう

に、一律の推定結果を適用することは実態に即していないため、作業において実際に取り扱う土壌等について、（2）の簡易測定を実施すること。

ウ　測定方法

（ア）農地土壌について

- 地表から1mの平均空間線量率を測定する。（36ページによる）
- 農地の種類及び土の種類により、推定式を選択し、換算係数を選択する。
- 推定式により、土壌中のセシウム134とセシウム137の放射能濃度の合計を推定。

（イ）森林の落葉層等について

- 地表から1mの平均空間線量率を測定する。（37ページによる）
- 推定式により、土壌中のセシウム134とセシウム137の放射能濃度の合計を推定。

■ 放射能濃度の簡易測定手順

丸型 V 式容器（128mm φ × 56mmH のプラスチック容器。）、土のう袋、フレキシブルコンテナ、200L ドラム缶、2L ポリビン（以下「容器等」という。）で 1 万 Bq/kg 又は 50 万 Bq/kg を下回っていることの判別方法

事故由来廃棄物等を収納した容器等の放射能濃度が 1 万 Bq/kg 又は 50 万 Bq/kg を下回っているかどうかの判別方法は、次のとおり。

1) 事故由来廃棄物等を収納した容器等の表面の放射線量率を測定し、最も大きい値を A（μSv/h）とする。
2) 事故由来廃棄物等を収納した容器等の放射能量 B（Bq）を、下記式に測定日に応じた係数 X と測定した放射線量率 A（μSv/h）を代入し求める。測定日に応じた係数 X を下表に示す。

$$A \times 係数X = B$$

3) 事故由来廃棄物等を収納した容器等の重量を測定する。これを C（kg）とする。
4) 事故由来廃棄物等を収納した容器等の放射能濃度 D（Bq/kg）を、下記式に事故由来廃棄物等を収納した袋等の放射能量 B（Bq）と重量 C（kg）とを代入して求める。

$$B \div C = D$$

これより、事故由来廃棄物等を収納した容器等の放射能濃度 D が 1 万 Bq/kg 又は 50 万 Bq/kg を下回っているかどうかが確認できる。

測定日	係数X					
	V5容器	土のう袋	フレキシブルコンテナ	200Lドラム缶	2Lポリビン
平成26年10月以内	3.7×10^4	8.3×10^5	1.1×10^7	2.9×10^6	1.1×10^5
平成27年01月以内	3.8×10^4	8.5×10^5	1.1×10^7	2.9×10^6	1.1×10^5
平成27年04月以内	3.8×10^4	8.6×10^5	1.1×10^7	3.0×10^6	1.1×10^5
平成27年07月以内	3.9×10^4	8.8×10^5	1.2×10^7	3.0×10^6	1.1×10^5
平成27年10月以内	3.9×10^4	8.9×10^5	1.2×10^7	3.1×10^6	1.1×10^5
平成28年01月以内	4.0×10^4	9.0×10^5	1.2×10^7	3.1×10^6	1.2×10^5
平成28年04月以内	4.0×10^4	9.1×10^5	1.2×10^7	3.2×10^6	1.2×10^5
平成28年07月以内	4.1×10^4	9.3×10^5	1.2×10^7	3.2×10^6	1.2×10^5
平成28年10月以内	4.2×10^4	9.4×10^5	1.2×10^7	3.3×10^6	1.2×10^5
平成29年01月以内	4.2×10^4	9.5×10^5	1.3×10^7	3.3×10^6	1.2×10^5
平成29年04月以内	4.3×10^4	9.6×10^5	1.3×10^7	3.3×10^6	1.2×10^5
平成29年07月以内	4.3×10^4	9.7×10^5	1.3×10^7	3.4×10^6	1.2×10^5
平成29年10月以内	4.3×10^4	9.8×10^5	1.3×10^7	3.4×10^6	1.3×10^5
平成30年01月以内	4.4×10^4	9.9×10^5	1.3×10^7	3.5×10^6	1.3×10^5

■ 農地土壌の放射能濃度の簡易測定手順

地表面から1mの高さの平均空間線量率から、農地土壌におけるセシウム134及びセシウム137の放射能濃度の合計が1万Bq/kgを下回っていることの判別方法

1) 作業の開始前にあらかじめ作業場所の平均空間線量率 A（μSv/h）を測定する。
   （測定方法はP29による。）
2) 農地の種類、土の種類（※1）から、以下の表により推定式を選択する。
3) 測定された値 A（μSv/h）を2)で選択した推定式に代入して農地土壌（15cm深）における放射性セシウム濃度を推定する。

平均空間線量率 A（μSv/h）× 係数 X － 係数 Y
　　＝Cs-137及びCs-134の放射能濃度の合計（Bq/kg）

（例）「その他の地域」の「田（黒ボク土）」で平均空間線量率0.2μSv/hの場合の放射性セシウム濃度（推定式Cを使用）（※2）

0.2 × 6,260 － 327 ＝ 925Bq/kg（推定値）

推定式の選択表

地域	農地の種類	土の種類	推定式	係数X	係数Y
避難指示区域	未除染農地		A	4,010	0
	除染農地（※3）		B	3,590	0
その他の地域	田	黒ボク土	C	6,260	327
	田	非黒ボク土	D	5,040	148
	畑	黒ボク土	E	4,720	185
	畑	非黒ボク土	F	3,960	135
	樹園地・牧草地		G	3,060	0

（※1）農地の土壌が黒ボク土かどうかは(独)農業環境技術研究所の土壌情報閲覧システムHP中の土壌図で確認できる。【URL:http://agrimesh.dc.affrc.go.jp/soil_db/】
（※2）時間の経過に伴い、減衰による換算係数の変動が生じるため、今後この変動が無視できないほど大きくなる前に推定式を見直す予定。
（※3）深耕、表土はぎ取りを行った農地

避難指示区域の未除染農地における放射性セシウム濃度と平均空間線量率の早見表

平均空間線量率（μSV/h）	セシウム濃度（Bq/kg）	平均空間線量率（μSV/h）	セシウム濃度（Bq/kg）	平均空間線量率（μSV/h）	セシウム濃度（Bq/kg）
0.1	401	1.1	4,411	2.1	8,421
0.2	802	1.2	4,812	2.2	8,822
0.3	1,203	1.3	5,213	2.3	9,223
0.4	1,604	1.4	5,614	2.4	9,624
0.5	2,005	1.5	6,015	2.5	10,025
0.6	2,406	1.6	6,416	2.6	10,426
0.7	2,807	1.7	6,817	2.7	10,827
0.8	3,208	1.8	7,218	2.8	11,228
0.9	3,609	1.9	7,619	2.9	11,629
1.0	4,010	2.0	8,020	3.0	12,030

■ 森林土壌の放射能濃度の簡易測定手順

地表面から1mの高さの平均空間線量率から、森林土壌におけるセシウム134及びセシウム137の放射能濃度の合計が1万Bq/kgを下回っていることの判別方法

1) 作業の開始前にあらかじめ作業場所の平均空間線量率 $\boxed{A}$ （μSv/h）を測定する。（測定方法はP29による。）
2) 測定された値 $\boxed{A}$ （μSv/h）を代入して森林土壌（15cm深）における放射性セシウム濃度を推定する。

平均空間線量率 $\boxed{A}$ （μSv/h）× 3,380 − 190＝
セシウム134及びセシウム137の放射能濃度の合計（Bq/kg）

（例）平均空間線量率2.5μSv/hにおける放射性セシウム濃度

2.5μSv/h × 3,380 − 190＝8,260 ≒ 8250（Bq/kg）

早見表

平均空間線量率 (μSv/h)	セシウム濃度 (Bq/kg)	平均空間線量率 (μSv/h)	セシウム濃度 (Bq/kg)	平均空間線量率 (μSv/h)	セシウム濃度 (Bq/kg)
0.1	150	1.1	3,500	2.1	6,900
0.2	500	1.2	3,900	2.2	7,250
0.3	800	1.3	4,200	2.3	7,600
0.4	1,200	1.4	4,550	2.4	7,900
0.5	1,500	1.5	4,900	2.5	8,250
0.6	1,800	1.6	5,200	2.6	8,600
0.7	2,200	1.7	5,550	2.7	8,950
0.8	2,500	1.8	5,900	2.8	9,250
0.9	2,850	1.9	6,250	2.9	9,600
1.0	3,200	2.0	6,550	3.0	9,950

（※）時間の経過に伴い、減衰による換算係数の変動が生じるため、今後この変動が無視できないほど大きくなる前に推定式を見直す予定。

(4) 除染効果の確認

　除染作業による除染の効果を確認するために、除染作業開始前と除染作業終了後における空間線量率や除染対象の表面汚染密度（空間線量率と表面汚染密度をあわせて「空間線量率等」という）を測定します。具体的には、生活空間としての代表的な場所や、生活空間への放射線量への寄与が大きいと考えられる比較的高い濃度で汚染された場所等について、除染作業開始前（事前測定）と除染作業終了後（事後測定）において、同じ場所・方法で空間線量率等を測定し、その結果を記録します。ここでは、除染作業開始前に行う空間線量率等の測定の方法について示します（除染関係ガイドライン平成25年5月第2版）。

　なお、除染作業中に除染対象の汚染の程度の減少具合を把握する際にも、対象物の表面近くの空間線量率等を適宜測定することがあります。

① 測定点の決定

　除染作業前に、空間線量率等を測定する場所（以下「測定点」）を決め、測定対象の範囲、測定点、目印になる構築物等を描き入れた略図（図2-10）を作成します。

　測定点は、除染対象となる建物等の工作物の生活空間における平均的な空間線量率を把握するためのもの（測定点①）と、除染対象の汚染の程度を確認するためのもの（測定点②）があります。

　測定点①については、居住者等が多くの時間を過ごす生活空間を中心に決定します。この際、生活空間の放射線量への寄与が比較的小さいいわゆるホットスポット（放射性物質を含む雨水等によって土壌等が高濃度に汚染され、周囲と比べて放射性セシウムが濃集している蓋然性が高い地点）やその近傍については、その場所で居住者等が比較的多くの時間を過ごすことが想定されない場合は、測定点から外します。

　ホットスポットとしては、雨水等によって放射性物質が濃集しやすいくぼみや水たまり、側溝、雨樋下、雨水枡、樹木の下や近く、建物からの雨だれの跡といった場所が挙げられます。

　測定点②については、基本的に除染対象の表面の汚染の程度を測定するためのもので、生活空間における放射線量への寄与が大きいと考えられる比較的高い濃度で汚染された場所等を考慮して決定します。雨樋下等のホットスポットを除染対象とする場合には、測定点②として測定します。

　具体的な方法は、表2-1のとおりとします。

表2-1 建物等の工作物の除染における空間線量率等の測定点の考え方

測定点	測定点①	測定点②
測定対象	生活空間における空間線量率	除染対象の表面汚染密度等
測定点の考え方	・戸建住宅については、庭等の屋外で、人が比較的多くの時間を過ごすことが想定される場所等2～5点程度を測定点として設定します。 ・集合住宅、公共施設等については、庭等の屋外で、人が比較的多くの時間を過ごすことが想定される場所等5点程度を測定点として設定します。	・屋根や屋上、建物の側面については、各面の中心付近に測定点を設定します。 ・庭等の敷地については、中心付近に測定点を設定します（細長い形等、四角形でない場合は、中央に沿った場所を選びます） ・柵・塀については、空間線量率等の分布が把握できるような間隔で測定点を設定します。 【例】ピッチ5m～10m ・ベンチ、遊具等については、人が接する場所に測定点を設定します。

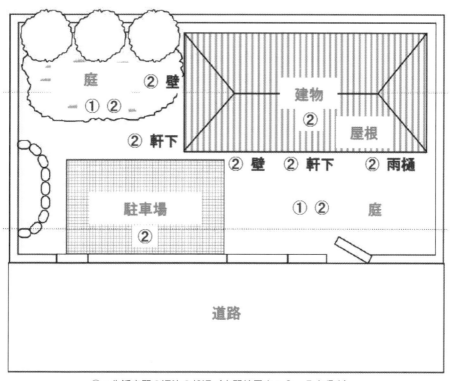

①：生活空間の汚染の状況（空間線量率：2～5点程度）
②：除染対象の汚染の状況（表面汚染密度、表面線量率）

図2-10 建物等の工作物の除染等の措置における測定点の記録略図の例

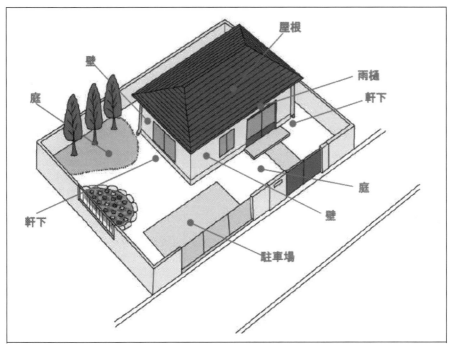

図2-11 測定点②の例

② 測定の方法

　測定点①において空間線量率を測定する場合は、シンチレーション式サーベイメータ等のガンマ線を測定できる測定機器を使用します。

　一方、測定点②において表面または表面近くの汚染の程度を測定する場合は、バックグラウンドの放射線の影響を受けないようにするため、ベータ線を測定できるガイガーミューラー計数管式サーベイメータ（以下「GMサーベイメータ」）を使用することが推奨されますが、ガンマ線を測定できる線量計を用いて測定することも可能です。例えば、対象地点の汚染の程度により特化して確認するため、コリメータを使用して外部からのガンマ線を遮へいした条件で測定する方法があります。これ以外にも、例えば、測定点の表面、50cm、1mの高さの位置で測定した空間線量率から除染対象の汚染の程度を把握するとともに、除染終了後に同じ位置で測定した結果と比較することにより、除染の効果を確認することが可能です。除染作業前後における同一の測定点での測定には、基本的に同一の測定機器を用います。

ア　シンチレーション式サーベイメータ（空間線量率の測定）

（ア）除染実施区域を決定するための調査測定では、その区域の平均的な空間線量率に基づいて判断するため、雨水排水によって放射性物質が濃集しやすいくぼみや水たまり、側溝、雨樋下、集水枡、樹木の下や近く、建物からの雨だれの跡の地点での測定は避けます。

（イ）本体及びプローブ（検出部）をなるべく薄手のビニール等で覆い、測定対象からの汚染を避けます。
（ウ）原則として地表から1mの高さを計測します（幼児・低学年児童等の生活空間を配慮し、小学校等においては50cmの高さで計測しても構いません）。
（エ）時定数を設定できる測定機器は、時定数の3倍以上の時間が経過してから測定します。
（オ）プローブ（検出部）は地表面に平行にし、体からなるべく離します。除染前と除染後の測定等で同一箇所を測定する場合は、プローブと体を常に同じ位置と向きにして測定します。
（カ）指示値が安定するのを待って測定値を読み取ります（1点での計測回数は1回）。安定後も指示値は変動するため、その中心を測定値とします。

イ　シンチレーション式サーベイメータ（表面線量率の測定）

（ア）除染対象の汚染の程度を把握するための調査測定では、測定地点をマーキングするなどにより除染前と除染後において同じ地点で測定を行う必要があります。
（イ）本体及びプローブ（検出部）をなるべく薄手のビニール等で覆い、測定対象からの汚染を避けます。
（ウ）原則として測定対象物からおよそ1cmの高さを計測します。
（エ）プローブ（検出部）は測定対象面に平行にし、体からなるべく離します。除染前と除染後の測定等で同一箇所を測定する場合は、プローブと体を常に同じ位置と向きにして測定します。
（オ）時定数を設定できる測定機器は、時定数の3倍以上の時間が経過してから測定します。
（カ）指示値が安定するのを待って測定値を読み取ります（1点での計測回数は1回）。安定後も指示値は変動するため、その中心を測定値とします。
（キ）記録紙に記入します。

【注意事項】
　バックグラウンドの放射線を一緒に測定してしまうことにより除染の効果が実際よりも低く評価されてしまう可能性があることから、バックグラウンドの影響が大きい場合にはコリメータを使用して測定する方法もあります。

提供：(独)日本原子力研究開発機構（JAEA）

※コリメータはプローブ（検出部）を中に入れて使用するため筒状の形状をしているものが多く、プローブを包む遮へい材が厚いほど外側から入射するガンマ線を減らすことができます。NaIシンチレーションサーベイメータの場合、コリメータを使用して測定する際にプローブの先端が下向きとなりますが、計測上、特に問題はありません。

図2-12 コリメータの例（左）とコリメータを使用した測定の例（右）

ウ　GMサーベイメータ（表面汚染密度の測定）

（ア）除染対象の汚染の程度を把握するための調査測定では、除染前と除染後において全く同じ地点で測定を行う必要があるため、測定地点をマーキングします。GMサーベイメータの場合は測定点のずれの影響を受けやすいため、特に注意が必要です。

（イ）本体及びプローブ（検出部）をなるべく薄手のビニール等で覆い、測定対象からの汚染を避けます。

（ウ）原則として測定対象物からおよそ1cmの高さを計測します。

（エ）プローブ（検出部）は入射窓の面（窓面）を測定対象面に向けます。除染前と除染後の測定等で同一箇所を測定する場合は、プローブと体を常に同じ位置と向きにして測定します。

（オ）時定数を設定できる測定機器は、時定数の3倍以上の時間が経過してから測定します。

（カ）指示値が安定するのを待って測定値を読み取ります（1点での計測回数は1回）。安定後も指示値は変動するため、その中心を測定値とします。

（キ）記録紙に記入します。

区　分	測定点①	測定点②	
測定の目的	生活空間の汚染状況	除染対象物の汚染状況	
測定対象	ガンマ線	ガンマ線	ベータ線
測定機器の例	・NaI シンチレーションサーベイメータ ・CsI シンチレーションサーベイメータ		・GM サーベイメータ
校　正	・年に1回以上、JIS に準じた測定機器の校正を行います。 （校正業務の実施主体） ・計量法に基づき登録された事業者 ・測定機器メーカー		
日常点検	・電池残量、ケーブル・コネクタの破損、高電圧の印加状態の確認、スイッチの動作等の点検を行います。 ・バックグラウンドが大きく変化しない同一の場所で測定を行い、過去の値と比較して大きな変化が無いことを確認します。 ・前項の年1回以上の校正が困難な場合、校正確認済みの別の測定機器を用いてある場所を測定した結果と比較する方法（調整）により代替します（GM サーベイメータを除く）。		
汚染防止	・測定機器本体と検出部をなるべく薄手のビニール等で覆います。 ・ビニール等は、汚れたり破損したりした場合は新しいものと取り替えます。		
測　定	・地表から1m の高さの位置での空間線量率を測定します。 ・学校の近くの道路や歩道橋については、幼児・低学年児童等の生活空間を配慮し、小学校以下及び特別支援学校では地表から50cm の高さの位置で測定しても構いません。	[コリメータ使用] ・コリメータを使用して、外部からのガンマ線を遮へいし、測定点の表面からおよそ1cm（検出器部分と測定点の間に指が1本入る程度の高さ）の空間線量率を測定します。 [距離を変えて測定] ・表面、50cm、1mの高さの位置で空間線量率を測定し、測定値を比較します。	・表面からおよそ1cmのみの測定を行います。

測　定 （つづき）	・測定前に、測定機器のバックグラウンド値が異常を示していないか（指示が出ない、通常よりも指示が高い・低い）を確認します。 ・空間線量率を測定する際には検出部は地表面に平行にし、身体からなるべく離して使用します。 ・測定機器の電源を入れ、指示値が安定するまで待ってから指示値（測定値）を読み取ります。その際、時定数を設定できる測定機器は、時定数の３倍以上の時間が経過してから測定します。 ・測定機器の指示値が振り切れる場合はレンジを切り替えて測定し、最大レンジでも振り切れた場合には、そのレンジの最大値以上と読み取るか、他の機種の測定機器を用いて測定します。 ・指示値が振れている場合は平均値を読み取ります。
記　録	・測定者は、略図等に記載した各測定点での空間線量率等、測定日時、用いた測定機器を記録します（図2-13～2-15 参照）。

空間線量率　記録シート

測定場所	〇〇市　〇〇町　〇〇地区
測定機器	〇〇社　〇〇型

測定状況記入欄

	除染前	除染後
測定日	年　月　日（　）	年　月　日（　）
測定時間	：　～　：	：　～　：
測定者		
天候		

空間線量率　測定結果記入欄

	除染前		測定高さ	除染後		測定高さ
測定点①-1		μSv/h	1m　50cm		μSv/h	1m　50cm
測定点①-2		μSv/h	1m　50cm		μSv/h	1m　50cm
測定点①-3		μSv/h	1m　50cm		μSv/h	1m　50cm
測定点①-4		μSv/h	1m　50cm		μSv/h	1m　50cm
測定点①-5		μSv/h	1m　50cm		μSv/h	1m　50cm
測定点①-6		μSv/h	1m　50cm		μSv/h	1m　50cm
測定点①-7		μSv/h	1m　50cm		μSv/h	1m　50cm
測定点①-8		μSv/h	1m　50cm		μSv/h	1m　50cm
測定点①-9		μSv/h	1m　50cm		μSv/h	1m　50cm
測定点①-10		μSv/h	1m　50cm		μSv/h	1m　50cm
備考						

空間線量率　測定点略図

※記録用紙の例ですので、測定対象や測定方法等によって適宜工夫してください。

図2-13　空間線量率の記録シートの例

表面汚染密度 記録シート

測定場所	○○市 ○○町 ○○地区
測定機器	○○社 ○○型

測定状況記入欄		
	除染前	除染後
測定日時	年　月　日（　）	年　月　日（　）
測定時間	：　～　：	：　～　：
測定者		
天候		

表面汚染密度　測定結果記入欄					
	除染前	コリメート	除染後	コリメート	
測定点②-1	cpm	有　無	cpm	有　無	
測定点②-2	cpm	有　無	cpm	有　無	
測定点②-3	cpm	有　無	cpm	有　無	
測定点②-4	cpm	有　無	cpm	有　無	
測定点②-5	cpm	有　無	cpm	有　無	
測定点②-6	cpm	有　無	cpm	有　無	
測定点②-7	cpm	有　無	cpm	有　無	
測定点②-8	cpm	有　無	cpm	有　無	
測定点②-9	cpm	有　無	cpm	有　無	
測定点②-10	cpm	有　無	cpm	有　無	
備考					

表面汚染密度　測定点略図

※記録用紙の例ですので、測定対象や測定方法等によって適宜工夫してください。

図2-14　表面汚染密度の記録シートの例

表面線量率 記録シート

測定場所	〇〇市 〇〇町 〇〇地区
測定機器	〇〇社 〇〇型

測定状況記入欄		
	除染前	除染後
測定日時	年 月 日( )	年 月 日( )
測定時間	: ~ :	: ~ :
測定者		
天候		

表面線量率 測定結果記入欄					
	除染前	測定高さ	除染後	測定高さ	
測定点②-1		μSv/h	1cm		μSv/h	1cm
測定点②-2		μSv/h	1cm		μSv/h	1cm
測定点②-3		μSv/h	1cm		μSv/h	1cm
測定点②-4		μSv/h	1cm		μSv/h	1cm
測定点②-5		μSv/h	1cm		μSv/h	1cm
測定点②-6		μSv/h	1cm		μSv/h	1cm
測定点②-7		μSv/h	1cm		μSv/h	1cm
測定点②-8		μSv/h	1cm		μSv/h	1cm
測定点②-9		μSv/h	1cm		μSv/h	1cm
測定点②-10		μSv/h	1cm		μSv/h	1cm
備考					

表面線量率 測定点略図

※コリメータを使用してバックグラウンドのガンマ線の影響を低減させて測定してください
※記録用紙の例ですので、測定対象や測定方法等によって適宜工夫してください。

図2-14 表明衣汚染密度の記録シートの例

3 作業計画の策定

　除染等作業を行うに際しては、事前調査の結果などをもとにして、次に掲げる事項を含む作業計画をあらかじめ定め、作業はその作業計画により行わなければなりません。また、作業計画を定めたときは、関係労働者に周知しなければなりません。
　（1）　除染等作業の場所及び作業の方法
　（2）　除染等業務従事者の被ばく線量の測定方法
　（3）　除染等業務従事者の被ばくを低減するための措置
　（4）　除染等作業に使用する機械、器具その他の設備（以下「機械等」という。）の種類及び能力
　（5）　労働災害が発生した場合の応急措置

　作業計画は、前記2の事前調査の結果に基づくとともに、第3章の「除染等作業の具体例と留意点」などを参考として策定します。策定に際してのポイントは、次のとおりです。なお、上記（5）については、第5章の「異常時における措置に関すること」に示すところによります。

　作業計画の策定には以下に示した項目を参考にして策定します。

作業計画の項目	
①除染等作業の場所及び作業の方法	除染対象作業場所名、休憩場所、汚染検査場所の設定、作業者の構成、機械等の使用方法、作業手順、作業環境等
②除染等業務従事者の被ばく線量の測定方法	被ばく線量限度、外部被ばく線量測定、内部被ばく線量測定
③除染等業務従事者の被ばくを低減するためのための措置	平均空間線量の測定方法、作業時間短縮等被ばくを低減するための方法、平均空間線量率と労働時間による被ばく線量の推定、被ばく線量の推定に基づく被ばく線量目標値の設定、呼吸保護具、保護衣類等の選定
④除染等作業に使用する機械、器具などの種類及び能力	
⑤労働災害が発生した場合の応急措置	

　これらの項目のうち、除染等業務従事者の被ばく線量の測定方法や除染等業務従事者の被ばくを低減するための措置の呼吸用保護具、保護衣類等の選定などは、事前調査の結果によって決まります。休憩場所や汚染検査場所は決められた基準に基づいて設定します。除染等作業の方法や除染等作業に使用する機械、器具などの種類は、第3章の「除染等作業の具体例と留意点」を、除染等作業の方法の作業手順については第2章の3（1）⑤「作業手順の作成」を、また、労働災害が発生した場合の応急措置は第5章の「異常時における措置に関すること」を参考として策定します。

（1） 除染等作業の場所及び作業の方法

① 飲食・喫煙が可能な休憩場所の設置基準

飲食場所は、原則として、車内等、外気から遮断された環境とします。

これが確保できない場合、以下の要件を満たす場所で飲食を行います。喫煙については、屋外であって、以下の要件を満たす場所で行います。

- 高濃度の土壌等が近くにないこと
- 粉じんの吸引を防止するため休憩は一斉にとることとし、作業中断後、発生した粉じんが下降するまでの20分間程度、飲食・喫煙をしないこと
- 作業場所の風上であること。風上方向に移動できない場合、少なくとも風下方向に移動しないこと

飲食・喫煙を行う前に、手袋、防じんマスク等、汚染された装具を外した上で、手を洗う等の除染措置を講じます。高濃度土壌等を取り扱った場合は、飲食前に身体等の汚染検査を行います。

作業中に使用したマスクは、飲食・喫煙中に汚染土壌が内面に付着しないように保管するか、廃棄（廃棄する前に、スクリーニングのために、マスクの表面の表面密度を測定する）します。

作業中の水分補給については、熱中症予防等のためやむをえない場合に限るものとし、作業場所の風上に移動した上で、手袋を脱ぐ等の汚染防止措置を行った上で行います。

② 汚染検査場所の設置基準

除染等事業者は、除染等業務の作業場所又はその近隣の場所に汚染検査場所を設けることとされてます。

この場合、汚染検査場所は、除染等事業者が除染等業務を請け負った場所とそれ以外の場所の境界に設置することを原則としますが、地形等などのため、これが困難な場合は、境界の近くに設置します。

上記に関わらず、一つの除染等事業者が複数の作業場所での除染等業務を請け負った場合、密閉された車両で移動する等、作業場所から汚染検査場所に移動する間に汚染された労働者や物品による汚染拡大を防ぐ措置が講じられている場合は、複数の作業場所を担当する集約汚染検査所を任意の場所に設けることができます。

複数の除染事業者が共同で集約汚染検査場所を設ける場合、発注者が設置した汚染検査場所を利用する場合も同様とします。

汚染検査場所には、汚染検査のための放射線測定機器を備え付けるほか、洗浄設備等除染のための設備、除去土壌や汚染廃棄物の一時保管のための設備を設けます。汚染検査場所は屋外であっても差し支えありませんが、汚染拡大防止のためテント等により覆われていることが必要です。

③ 身体及び装具の汚染の状態の検査並びに汚染の除去の方法
　ア　作業場所から退出する場合の汚染検査
■　作業場所から退出する場合には、必ず、作業場かその近隣の場所に設けられた汚染検査場所で、汚染検査を行ってください。
　汚染検査場所は、複数の事業者が共同で設ける場合もあります。

■　汚染検査の対象となるのは、次のとおりです。
・　身体
・　衣服や履物、作業衣や保護具等の装具

　イ　作業場所から持ち出す物品の汚染検査
■　除染等事業者は、汚染検査場所において、作業場所から持ち出す物品について、持ち出しの際に、その汚染の状況を検査します。ただし、容器に入れる等除去土壌等が飛散、流出することを防止するため必要な措置を講じた上で、他の除染等作業を行う作業場所に運搬する場合は、その限りではありません。

■　除染等事業者は、この検査において、当該物品が汚染限度を超えて汚染されていると認められるときは、その物品を持ち出してはなりません。ただし、容器に入れる等除去土壌等が飛散、流出することを防止するため必要な措置を講じた上で、汚染除去施設、廃棄施設又は他の除染等業務の作業場所まで運搬する場合はその限りではありません。

■　車両については、タイヤ等地面に直接触れる部分について、汚染検査所で除染を行ってスクリーニング基準を下回っても、その後の運行経路で再度汚染される可能性があるため、タイヤ等地面に直接触れる部分については、汚染検査を行う必要はありません。なお、車内、荷台等、タイヤ等以外の部分については、汚染検査の結果、汚染限度を超えている部分について、除染を行う必要があります。

■　除去土壌等を運搬したトラック等については、除去土壌等を荷下ろしした場所において、荷台等の除染及び汚染検査を行うことが望まれますが、それが困難な場合、ビニールシートで包む等、荷台等から除去土壌等が飛散・流出することを防止した上で再度汚染検査場所に戻り、そこで汚染検査及び除染を行います。

ウ　汚染の測定方法

　表面線量率（cpm）を測定できるGM計数管式サーベイメータを用いて測定し、13,000cpm（40Bq/cm^{2}相当）を超えていないかを確認します。

■　汚染検査の結果、40Bq/cm^2（GM計数管式サーベイメータのカウント値としては13,000cpm程度）を超える汚染が見つかった場合には、次の措置を講じます。
　・身体の汚染については、40Bq/cm^2（GM計数管式サーベイメータのカウント値としては13,000cpm程度）以下になるまで良く水で洗浄してください。
　・装具の汚染については、すぐに脱ぎ、又は取り外してください。
　※　所定の措置を講じても汚染がなくならない場合には、作業指揮者の指示にしたがってください。
　※　cpmとは、GM計数管式サーベイメータで1分間に計測された放射線のカウント値を表します。

④　作業の方法

ア　事前調査により、除染等の効果を上げるために優先的に除染等を行うべきとして特定された地点について、放射線量の測定結果をもとに具体的な除染等の優先度を決めます。

イ　除染等の作業方法は、除染等の対象ごとの主な除染方法（第3章参照）の中から、除染等の効果が上がるものを選定します。

ウ　除染等の作業方法は、次のことを併せて考慮して決定します。
　・作業場所の特徴に応じた作業者の安全対策。例えば、高所での作業となれば、墜落・転落など、傾斜地であれば転倒などの防止のための安全対策。
　・除染に用いる用具、機械等と想定される除去土壌等の数量をもとに、必要な作業者の要員と配置を検討します。

・作業者に対する安全衛生教育の実施計画、特に重機などを用いる場合は、労働安全衛生法令に定められた資格者の配置を検討します。
エ　除去土壌等の保管場所と運搬経路については、多くの場合には、現場又は現場近くの保管場所に運搬することになると考えられるので、頻繁な運搬が想定されるときは、作業者との接触防止などのための誘導員の配置、運搬経路での表土からの粉じんの発散防止対策を検討します。
オ　夏期の熱中症予防対策を考慮に入れて検討しておきます。具体的には参考資料5を参照して下さい。

⑤　作業手順の作成
ア　作業手順の必要性

　安全に作業を進めるためには、機械設備や作業環境を危険の少ないものにすることが大切ですが、作業者は、機械にはない記憶や判断のような高度な能力を持つ反面、感情や疲労のようなマイナスの面も持っています。そのために作業の流れと内容を安全の立場から検討し、あらかじめ安全な作業手順を作成しておくことが重要です。

　除染等作業では、さまざまな作業が行われることになりますが、それぞれの作業については原則として作業手順が作成され、その手順にしたがって作業が行われることになります。ここでは、標準的な例を通じて作業手順の作成方法とそのポイントなどを紹介するので参考にしてください。

　通常、作業は、「人」と機械・原材料のような「物」との関係によって行われます。

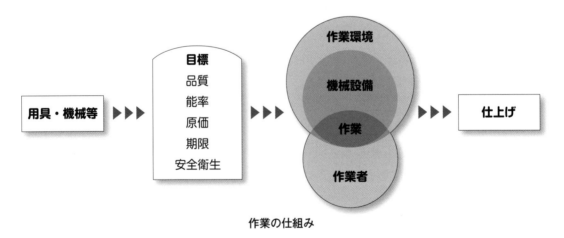

作業の仕組み

　製品やサービスを目標どおりにつくり上げるためには、「品質」、「能率」、「原価」、「期限」及び「安全衛生」を作業の中に織り込んで進めていく必要があります。そのために「技術標準」、「作業標準」などの標準類がつくられています。

技術標準	品質に影響を及ぼすと考えられる技術的要因について、工程仕様書、製造規格としてその要求条件を規定するもので、作業標準のもとになるもの。
作業標準	技術標準の要求条件を満足させると同時に、作業の安全、品質、環境能率、原価の見地から、まとまり作業又は単位作業ごとに使用材料、使用設備、作業者、作業条件、作業方法、作業の管理、異常時の措置等を規定したもの。

イ 作業手順書とは

作業手順書は、技術標準や作業標準を実際の作業の中で現実するための道しるべとなるものです。したがって、その要件を述べますと、

① 技術標準や作業標準と矛盾しない
② 作業上の急所、注意事項、禁止事項などが盛り込まれている
③ 具体的な作業の順序が示されている
④ 手順に従って作業すれば、事故や災害は発生しない
⑤ 安全に、正しく、速く、疲れない、いわゆる「ムダ・ムラ・ムリ」がなく、作業能率の向上や品質の安定にも役立つものである

ことです。

そのためには、

① 見やすく、読みやすく、わかりやすいこと。イラスト、写真、図式化などの活用もよい。
② 実際に現場で、その作業をする人全員が実行できるものであること
③ 品質や能率も含めて、事故や災害など過去の失敗の反省が組み込まれていて、作業指揮者や関係作業者の意見が十分に反映された内容であること

が必要です。

このような要素を持った作業手順書も、作業指揮者が作成しただけでは役に立ちません。作業者全員が納得して実行することが必要であり、そのためには、作成の段階で関係者の参画を求めます。他の人にもよく説明して納得を得たら全員に配布して、いつでも必要なときに見ることができるようにします。また、そのため、①確実に現場で実施されるように教育・指導するとともに、時々作業状況を調べて、②手順書どおりの作業が行われていることを確認することも必要です。

ウ 作業手順書作成のポイント

作業手順書をつくる基本的な流れを次に示します。

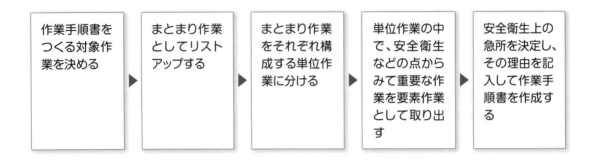

では、対象となる要素作業はどのようにして決めたらよいのでしょうか。下の図のように、作業指揮の範囲にあるすべての作業を「まとまり作業」としてリストアップし、その「まとまり作業」を構成する「単位作業」に分け、さらに、「単位作業」の中で、品質、環境、能率、原価、安全衛生の点からみて重要な作業のひとまとめを「要素作業」として取り出します。要素作業をもとに作業手順書を作成する一例を次に示します。

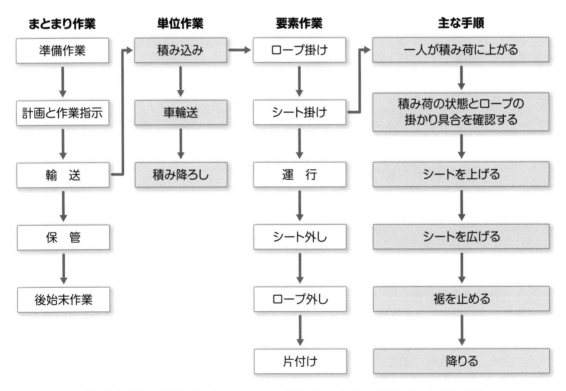

(例)除去土壌の運搬作業の場合(シートを掛けるときなどに転落事故のおそれあり)

(ア) 作成の進め方
 (a) まず、要素作業のうち、作業手順書をつくる対象作業を決める。
　　要素作業の中、災害又は災害になりそうだった事故や経験を参考にして、危険な状態や災害になるおそれのある要素作業を優先して作業手順書をつくります。この場合、安全衛生上の観点とともに品質などに重要な影響を及ぼす作業についても考える必要があります。

 (b) 対象とした要素作業を主な手順に分解する。
　　作業を主な手順に分解します。このときの要点は次のとおりです。
　　1) 作業分解は実際に作業をやりながら進める。作業現場の騒音が高かったり、観察することが危険だったりする場合は、ビデオ録画などを利用するとよい。
　　2) 作業をやってみて、ひと区切りと思われるところで「作業は進んだか」、「何をしたか」と自問して、「主な手順」として記入する。
　　3) 検査、点検、測定などの動作も「主な手順」に入れる。
　　4) 「主な手順」は、できるだけ簡単に、現場の言葉で具体的に表現する。

 (c) 分解した主な手順を、最もよい順序に並べる。
　　作業分解が終わったら、次のような検討を行って決定します。
　　1) 危険なことをしていないか。
　　2) ムダな動作はないか。
　　3) 順序はこれでよいか。
　　4) 作業姿勢にムリはないか。

 (d) 安全衛生上の急所を決定し、その理由を記入して作業手順書を作成する（作業手順の例参照）。
　　急所とは、一つひとつの「主な手順」を「どのようにやるか」を示したもので、次の3つのポイントがあります。
　　1) 安全衛生＝それを守らないと余計な被ばくやケガをしたり、疾病になるおそれがあること。
　　2) 成否＝そのことを守らないとやったことがムダになってしまう大切なこと。
　　3) やりやすさ＝カンやコツなどと言われるもので、仕事がやりやすく、能率が上がる大切な押さえどころ。
　　「なぜそれが急所か」を「理由」の欄に記入します。とくに安全の急所は、「これを守らないとこんな危険がある」ことを具体的に書くとわかりやすいでしょう。
　　この「急所の理由」は、作業のやり方を教えるときによく説明することで、正しい

作業の実行が期待できます。

（イ） 作業手順書をつくるときに気を付けること

（a）「主な手順」と「急所」をつなぐと1つの文になるように心がける。

（b） 1つの手順書には、手順の数が10個以下になるように、要素作業の範囲を区切ったほうが使いやすいものとなる。

（ウ） 作業手順書の定期的なチェック

手順書をつくったら、まず、関係者の納得と上司の承認を受けておくことが必要です。

また、作業手順書は一度つくれば終わりというものではなく、その後の変化、たとえば設備、原材料や技術標準の変化などに応じて、見直し、改善が必要です。さらに、重要な作業については、期間を決めて定期的なチェックをすることも必要です。

作業手順の例

整理番号	作業名 除去土壌の運搬時のシート掛け作業		作成者	
			作成日時	
No.	手　順	急　所	急所の理由	
1	一人が積み荷に上がる	運転席後タラップを利用して	転落防止 除去土壌による汚染	
2	積み荷とロープの掛具合を確認する	ゆるみはないか 積み荷に確実に掛かっているか	荷崩れする 除去土壌による汚染	
3	シートを上げる	一人が下から支えて 安全帯に掛けて	作業しやすい 転落防止	
4	長手の方向に伸ばす	荷のセンターに合わせて	作業しやすい	
5	片側に広げる	中心から押して	転落防止	
6	裾をゴム輪で止める	中程から先に	風であおられる	
7	もう一方を広げる	中心から押して	転落防止	
8	積み荷から降りる	タラップを利用して	転落防止	
事故災害発生状況	対策		筆者	
風にあおられてシートが巻き上がり、積み荷上から転落	風速が10m/sを超えるときは中止 垂らしたシートの裾をすぐに止める			
			課長	係長	職長

⑥ 除染等作業における安全衛生対策

ア 保護具の使用

除染等業務における作業に当たって、81ページで述べる内部被ばくや放射性物質による汚染防止のための保護具以外にも、適切な保護具を用いることが安全衛生対策上必要となる場合があります。その主なものを以下に示します。

作業／機械	保護具	備考
高所作業	安全帯	安全帯は足場等の墜落防止措置がない場合に必須
	保護帽（ヘルメット）	墜落時の衝撃から頭を保護
高圧洗浄機	保護メガネ（ゴーグル）	高圧水の直撃から眼を保護
	防水服	汚染水による汚染や高圧水の直撃から保護
刈払機	保護メガネ（ゴーグル）	刈刃により跳ね飛ばされた小石等の直撃から眼を保護
	保護帽（ヘルメット）	刈刃により跳ね飛ばされた小石等の直撃や転落時の衝撃から頭を保護
ブラスト作業（研磨剤の吹き付けによる研磨作業）	防じんマスク	内部被ばく防止のみならず、粉じん障害の防止（じん肺の予防）の観点からも必要
振動工具	防振手袋	振動障害の防止

イ 機械の近くへの立入り禁止

移動式クレーン、ブルドーザー等の車両系建設機械などに接触するおそれのある場所には、運転者・操作者以外の者は立ち入ってはいけません。

また、刈払機についても、キックバックのおそれや小石等を跳ね飛ばすおそれがありますので、半径5メートル以内には立ち入ってはいけません。どうしても近寄る必要がある場合は、作業者にブザー等で合図し、エンジンが止まったことを確認した上で近寄ります。

さらに、高圧洗浄作業においても、高圧水の直撃による災害が発生していることから、作業者以外の者はむやみに近づかないことが必要です。

ウ 機械の転倒・はさまれ、巻き込まれ防止

柔らかい土壌や勾配のある場所、路肩近くでの農業機械、林業機械、車両系建設機械の運転においては、機械の転倒に注意します。特にトラクターなどの農業機械は、重心が高いため転倒には十分注意する必要があります。

また、エンジンを止めずに詰まったものを取り除こうとして、はさまれ・巻き込まれによる災害も多く発生していますので、点検等の際は、必ずエンジンを止めるようにします。

エ　振動工具の取扱い

　　チェーンソー、刈払機などの振動工具の取扱いについては、振動ばく露時間等を管理する必要があります。

オ　機器や道具類の洗浄・清掃

　■　除染作業に使用した機器や道具、衣類は、早い時期に洗浄・清掃しておいてください。

　　　※　泥は、乾燥すると落ちにくくなります。

　■　泥・草などを洗い落とす区画を決めておくと、再汚染や汚染拡大の抑制に有効です。

　　　※　特に、大量の泥・土が付着する建設機械や車両の洗浄。
　　　※　油汚れがあると、そこに汚染が残りやすいので注意してください。
　　　※　効果的なのはスチーム洗浄ですが、ブラシと洗剤によるこすり洗いでも十分です。

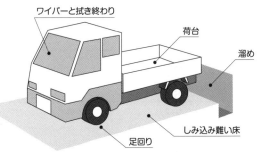

　■　衣類の洗濯は、普通の方法でかまいません。

　　　※　汚れがひどい場合には、別にして洗ってください。

　■　十分にすすぎ、洗剤を良く落としてください。

　　　※　汚れを落とす洗剤が残っていると、汚れも残っている場合があります。

カ　その他の労働災害防止対策

　　厚生労働省の通達（平成24年3月2日付け基発0302第2号の別紙）により、除染等業務における主な安全確保対象として次の事項が示されていますので、これらに留意して作業を行うようにします。

1 墜落・転落災害の防止

屋根等に登って洗浄等の作業を行う場合は、次の措置を講ずること。

（1）高さが2m以上の箇所で作業を行う場合は、足場等の作業床を設置すること。（安衛則第518条第1項）

（2）作業床の設置が困難なときは、防網、安全帯の使用等墜落による危険防止措置を講ずること。（安衛則第518条第2項）

（3）高さが2m以上の作業床の端、開口部等には囲い、手すり、覆い等（以下「囲い等」という。）を設置すること。（安衛則第519条第1項）

（4）囲い等の設置が著しく困難なとき又は作業の必要上臨時に囲い等を取り外すときは、防網、安全帯の使用等墜落による危険防止措置を講ずること。（安衛則第519条第2項）

（5）高さが2m以上の箇所で安全帯等を使用して作業を行う場合は、安全帯等を安全に取り付けるための設備を設けること。（安衛則第521条第1項）

（6）高さ又は深さが1.5mを超える箇所で作業を行う場合は、安全に昇降できる設備を設けること。（安衛則第526条第1項）

（7）物体の飛来・落下による危険を防止するため、労働者に保護帽を着用させること。（安衛則第539条）

（8）作業に当たっては、滑落等を防止するため滑り止め機能を有する安全靴及び手袋を労働者に使用させること。

2 車両系建設機械による災害の防止

車両系建設機械を使用して放射性物質により汚染された表土を除去する作業等を行う場合は、次の措置を講ずること。

（1）あらかじめ作業場所の地形、地質の状態等を調査し、その結果を踏まえ次の事項を含む作業計画を定め、これに基づき作業を行うこと。（安衛則第154条及び第155条）

　　ア 使用する車両系建設機械の種類及び能力
　　イ 車両系建設機械の運行経路
　　ウ 車両系建設機械による作業の方法

（2）路肩、傾斜地等で作業を行う場合は、路肩の崩壊防止、地盤の不動沈下の防止等転倒、転落の防止措置を講ずること。（安衛則第157条第1項）

（3）車両系建設機械と労働者が接触するおそれのある箇所に立入禁止措置を講ずるか、誘導員を配置して誘導させること。（安衛則第158条）

(4) ドラグショベルによる荷のつり上げ等車両系建設機械の主たる用途以外の用途に使用しないこと。この場合には、移動式クレーンやクレーン機能付きドラグショベルを用いること。（安衛則第164条）

(5) 車両系建設機械の運転については、その種類に応じ、技能講習を修了した者等必要な資格を有する者に運転させること。（安衛則第41条）

3 刈払機による災害の防止

刈払機を使用して放射性物質により汚染された草等を刈り払う場合は、次の措置を講ずること。

(1) あらかじめ作業手順を定め、作業員に徹底しておくこと。

(2) 作業に適した構造、強度を有する刈払機を選択すること。

(3) 作業開始前には、刈刃の損傷、変形の有無、緊急離脱装置、飛散防護装置の機能等の事項について刈払機を点検すること。

(4) 刈払機を使用して作業を行う場合は、保護帽、防じん眼鏡、防じんマスク、耳栓、袖の締まった長袖の上着、裾の締まった長ズボン、防振手袋、滑りにくい丈夫な履物を着用すること。

(5) 刈払機の操作者から5m以内を危険区域とし、この区域には他の者が立ち入らないようにすること。

(6) 刈払い場所を変えるため等で移動する場合は、原則としてエンジンを停止すること。

4 高圧洗浄作業に伴う災害の防止

高圧洗浄作業においては、高圧水の直撃による裂傷、出血性ショック等による災害発生の危険性があるため、作業に当たっては、次の措置を講ずること。

(1) 噴射ガン、高圧ホース等高圧洗浄機器の使用上の情報を確実に入手の上、安全装置の作動状況を確認すること。

(2) 作業中に部外者を立ち入らせないよう、作業中の表示を行うこと。

(3) 感電防止のため、絶縁状態の点検等安全措置を講ずること。

(4) 高圧水の噴射中、噴射ガンのレバーを針金、ひも、金具などで固定しないこと。

(5) 高圧水の噴射停止中であっても、噴射ガンの先を人の方向に向けないこと。

5 危険性又は有害性等の調査等の実施

除染対象設備、機器等の危険性又は有害性に関する情報提供を受けた上で、建設物、設備、原材料、ガス、蒸気、粉じん等による、又は作業行動その他業務に起因する危険性又は有害性等を調査し、その結果に基づいて、労働者の危険又は健康障害を防止するため必要な措置を講ずること。

⑦ 除染等作業の留意点
ア 土壌等の除染等の業務に係る作業の留意点

　本項目では、作業の方法及び順序について、その流れを記載します。器具を用いる作業のより具体的な内容は、第3章に記載します。

　なお、本項目の記載内容については、環境省作成の「除染関係ガイドライン」（平成23年12月14日公表。http://www.env.go.jp/）第2編「除染等の措置に係るガイドライン」に準拠しているので、そちらもご覧ください。

　土壌等の除染等の業務とは、東電福島第一原発事故由来の放射性物質により汚染された土壌、草木、道路、工作物等について講ずる、当該汚染に係る土壌、落葉及び落枝、水路等に堆積した汚泥等の除去、当該汚染の拡散の防止その他の業務をいいます。

　土壌には、校庭や庭園や公園の土壌、農地等が含まれます。
　草木には、芝地や街路樹などの生活圏の樹木、森林などがあります。
　道路には、舗装された道路の舗装面、道脇や側溝などがあり、未舗装の道路もあります。
　工作物には、建物の屋根、雨樋・側溝、外壁、庭、柵・塀、ベンチや遊具などがあります。

　除染は、土壌や草木、工作物の表面に付着した放射性物質（主としてセシウム）を除去することにより行います。具体的には、土壌であれば表面を削り取って覆土する、建築物であれば、洗浄したり拭き取りをする、草木であれば、葉や枝を切り取って除去します。
　このように対象となるものによって、除染の方法や使用する器具等が異なります。

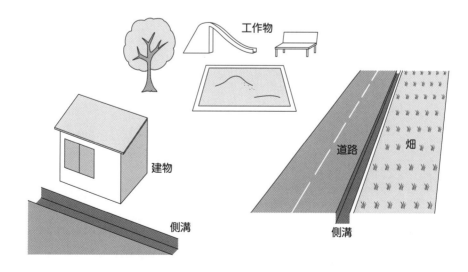

■**作業を行うにあたって注意すべき点**

　東電福島第一原発の事故に伴い放出された放射性物質による汚染の生じた地域では、放射線による人の被ばく線量を低減するために除染を進めていく必要があります。
　除染を行うにあたっては、以下の観点が重要です。

1)　飛散・流出防止や悪臭・騒音・振動の防止等の措置をとり、除去土壌の量の記録をする等、周辺住民の健康の保護及び生活環境の保全への配慮に関し、必要な措置をとるものとします。

2)　除染によって放射線量を効果的に低減するためには、放射線量への寄与の大きい比較的高い濃度で汚染された場所を特定するとともに、汚染の特徴に応じた適切な方法で除染することが重要です。
　また、除染の前後の測定により効果を確認し、人の生活環境における放射線量を効果的に低くすることが必要です。

3)　除去土壌等がその他の物と混合するおそれのないように、他の物と区分します。また可能な限り除去土壌と廃棄物も区分することが必要です。

4)　除染によって発生する除去土壌等を少なくするよう努めることが重要です。
　また、除染作業によって汚染を広げないようにすることも重要です。
　例えば、水を用いて洗浄を行った場合は、放射性物質を含む排水が発生します。
　除染等の措置を実施する者は、洗浄等による流出先への影響を極力避けるため、水による洗浄以外の方法で除去できる放射性物質は可能な限り水による洗浄によらないで除去する等、工夫を行うものとします。

■除染作業の具体的な流れ
 1) 準備
   ■ 作業に伴う公衆の被ばく低減のため、次のとおり措置します。
    ・不特定多数の人が立ち入ることが想定される場合には、作業場所にみだりに近づかないように、カラーコーンあるいはロープ等で囲いをして、人や車両の進入を制限する。
    ・除染作業に伴って放射性物質が飛散する可能性がある場合には、除染範囲の周りをシート等で囲うか飛散防止のための水を撒くなどして、そのエリアにロープ等で囲いをする。
    ・不特定多数の人が立ち入ることが想定される場合には、除染作業中であることがわかるように、看板等を立てる。
   ■ 必要な機械や工具類を準備します。特に、作業者の装備については、作業に応じた要件があります。

 2) 事前測定
   ■ 除染作業による除染の効果を確認するために、除染作業開始前と除染作業終了後における空間線量率や除染対象の表面の汚染密度（以下「空間線量率等」）を測定します。具体的には、線量への寄与が大きい高濃度で汚染された場所等について、除染作業開始前と除染作業終了後において、同じ場所・方法で空間線量率等を測定し、その結果を記録します。

 3) 除染等作業
   ■ 除染対象別に、除染の方法や、使用する器具等が異なります。（詳細については、第3章参照）
   ■ 除染作業中の放射線防護と線量管理については、本章の3（2）及び（3）以降で説明します。

 4) 事後測定と記録
   ■ 除染作業後の空間線量率等を測定し、作業前の空間線量率等と比較します。
   ■ 空間線量率等に加えて、作業の情報についても、記録して保存します。

イ　特定汚染土壌等取扱業務の留意点

本項目では、作業の方法及び順序について、その流れを記載します。

特定汚染土壌等取扱業務とは、汚染対処特措法の除染特別地域又は汚染状況重点調査地域（以下「除染特別地域等」という。）において、放射性物質の濃度が1万Bq/kgを超える汚染土壌等を取り扱う業務（土壌等の除染等の業務及び廃棄物収集等業務を除く。）をいいます。

なお、「汚染土壌等を取り扱う業務」には、除染特別地域等において、生活基盤の復旧等の作業での土工（準備工、掘削・運搬、盛土・締め固め、整地・整形、法面保護）及び基礎工、仮設工、道路工事、上下水道工事、用水・排水工事、ほ場整備工事における土工関連の作業が含まれるとともに、営農・営林等の作業での耕起、除草、土の掘り起こし等の土壌等を対象とした作業に加え、施肥（土中混和）、田植え、育苗、根菜類の収穫等の作業に付随して土壌等を取り扱う作業が含まれます。ただし、これら作業を短時間で終了する臨時の作業として行う場合はこの限りではありません。

主な特定汚染土壌等取扱業務としては、以下のものが考えられます。
1)　生活基盤等の復旧作業のうち主に土壌を取り扱うもの
2)　営農、営林作業のうち主に土壌を取り扱うもの
3)　1)、2)に付帯する保守修繕作業等で、土壌を取り扱うもの

生活基盤等の復旧作業で土壌を取り扱うものは、基礎工事、地盤改良工事、仮設工事、砂防工事、道路工事、鉄道工事、河川・海岸工事、上下水道工事、港湾工事、トンネル工事、ほ場整備工事、水路工事等たくさんの種類がありますが、その中で、主に土壌等そのものを工事の対象とする作業は、土工と称されることが通常です。

主な土工は以下のとおりです。
1)　基礎地盤調査・試験
2)　切土・切り取り
3)　法面保護
4)　盛土
5)　地盤改良

土工以外で、作業に付随して大量の土壌を取り扱う作業としては以下のものがあります。
1)　基礎工
2)　仮設工（土留め関係）
3)　道路工事（路盤、舗装）

4) 上下水道工事（掘削・埋め戻し）
5) 水路工事

　営農、営林作業は稲作、露地野菜、果樹等たくさんの種類がありますが、主に土壌等そのものを対象とする作業としては、以下のものがあります。
1) 耕起（土作り、うね立て、耕うん、代かき等）
2) 除草
　また、作業に付随して土壌等を取り扱う作業には、以下のものがあります。
3) 施肥（土中に混和）
4) 田植え、苗の移植等
5) 根菜類等の収穫

■特定汚染土壌等取扱いに該当する可能性のある作業
1) 土工について
　(i) 基礎地盤調査・試験
　　　土工の計画・設計のためには、工事箇所の地質と土質についての調査を実施する必要があります。調査結果に基づき、地質図、土質柱状図を作成します。
　(ii) 土工の計画
　　　調査結果に基づき、施工基面、工事の安全性、土量の配分といった計画を立案します。その計画に基づき、工事計画を策定します。
　(iii) 機械施工の計画
　　　土工用機械の選定を行います。選定にあたっては、施工法、作業能力、作業条件、土の性質などに適した最も効率の良い機械を選定します。
　　　a) 掘削・積み込み機械
　　　b) 整地・運搬機械
　　　c) 締め固め機械
　(iv) 準備工
　　　本施工までの準備として、測量、立木の伐採、準備排水作業等を実施します。
　(v) 掘削と運搬
　　　工事計画に基づき、掘削と運搬を実施します。
　(vi) 盛土と締め固め
　　　盛土の安定性等を考慮して施工方法と使用する機械の選定を行い、基礎処理、土のまき出し、締め固めを行います。
　(vii) 整地・整形

　　　　土工の仕上げの段階で、地ならし、側溝の掘削、法面の整形等を行います。
　（viii）　法面防護
　　　　法面を防護するために、植生、セメント、コンクリートによる法面防護を行います。

2)　土工以外の特定汚染土壌等取扱業務の流れは、工事の種類により異なりますが、概ね土工と同様です。

3)　営農作業
　該当する可能性のある作業は以下のとおりです。
　（i）　米
　　　　育苗時の箱並べ、耕うん、あぜ塗り、代かき、田植え、土を起こして行う土中施肥、収穫（粉じんを発生するもの）作業。
　（ii）　露地野菜
　　　　耕起、うね立て、苗の移植、間引き、根菜類の収穫作業。
　（iii）　果樹
　　　　苗木の定植、土づくり、土を起こして行う土中施肥、除草作業。
　（iv）　その他
　　　　ほ場の均平作業、排水のための明きょ、暗きょ掘り作業、水路等の堆積土砂上げ。

4)　営林作業
　該当する可能性のある作業は以下のとおりです。
　（i）　苗木生産作業
　　　　苗畑作業における耕うんや苗の掘り起こし作業。
　（ii）　植栽作業
　　　　苗木の植栽における苗木の輸送や土の掘り起こし作業。
　（iii）　保育作業
　　　　保育作業においては、苗木の補植作業が該当します。
　（iv）　伐採作業
　　　　伐採作業は落葉層や土壌を直接扱いませんが、常緑樹の葉は汚染程度が高いので、空間線量率2.5μSv/hを超えるような高汚染地域での伐採木の葉や枝は対象となります。
　（v）　林道開設
　　　　林道や作業道を開設における切土や盛土の作業。

(vi) 災害復旧作業
崩壊した斜面の復旧作業。特に表土の移動を伴うもの。

ウ 除去土壌等の収集等の業務に係る作業の留意点

本項目では、作業の方法及び順序について、その流れを記載します。器具を用いる作業のより具体的な内容は、第3章に記載します。

■収集・運搬に係る作業を行うにあたって注意すべき点

除染によって発生した除去土壌は、一時的に現場で保管された後収集され、運搬車などによって保管施設に運搬されます。

除去土壌を収集・運搬する際には、除去土壌に含まれる放射性物質が人の健康や生活環境に被害を及ぼすことを防ぐため、安全対策が求められます。

具体的には、(i) 除去土壌の積み卸し、運搬の際に、放射性物質が飛散したり流出したりしないようにすること、(ii) 収集・運搬している除去土壌からの放射線による公衆の被ばくを抑えることが必要です。

1) (i)の放射性物質の飛散や流出は、除去土壌を容器に入れることなどによって防ぐことができます。
2) (ii)の放射線量については、収集・運搬する除去土壌の量を減らすことや、遮へいを行うことによって低減することができます。

また、運搬中の除去土壌に近づくほど、また、近づいている間の時間が長いほど放射線による被ばくは大きくなりますので、運搬中に人がむやみに長時間近づかないための措置も必要です。

■保管に係る作業を行うにあたって注意すべき点

原子力発電所の事故に伴い放出された放射性物質の除染作業によって除去された土壌は、最終処分するまでの間、適切に保管しておく必要があります。

保管の形態としては、
1) 除染した現場等で保管する形態
2) 市町村又はコミュニティ単位で設置した仮置場で保管する形態
3) 中間貯蔵施設で保管する形態（大量の除去土壌等が発生すると見込まれる福島県にのみ設置）

の三形態が考えられます。

除去土壌の搬入開始から、保管期間が終了して除去土壌が撤去されるまでの間、管理要件に沿った安全管理を行うことによって、放射線や放射性物質が人の健康や生活環境に影響を及ぼさないことを監視します。そして、何らかの問題が確認された場合は施設

の補修を行うなどの措置をとり、速やかに安全を確保します。
　また、現場保管や仮置場において一時的に保管した後は、撤去した施設の跡地に汚染が残っていないことを確認することも重要な安全管理の一つです。

　なお、本項目の記載内容については、環境省作成の「除染関係ガイドライン」第3編「除去土壌の収集・運搬に係るガイドライン」、第4編「除去土壌の保管に係るガイドライン」に準拠しているので、そちらも参照ください。

エ　汚染廃棄物等の収集等の業務に係る作業の留意点
　本項目では、作業の方法及び順序について、その流れを記載します。器具を用いる作業のより具体的な内容は、第3章に記載します。

■　収集・運搬に係る作業、保管に係る作業を行うにあたって注意すべき点
　汚染廃棄物を収集・運搬する際には、汚染廃棄物に含まれる放射性物質が人の健康や生活環境に被害を及ぼすことを防ぐため、安全対策が求められます。
　具体的には、（i）汚染廃棄物の積み卸し、運搬の際に、放射性物質が飛散したり流出したりしないようにすること、（ii）収集・運搬している汚染廃棄物からの放射線による公衆の被ばくを抑えることが必要です。
1) （i）の放射性物質の飛散や流出は、汚染廃棄物を所定の容器に入れることなどによって防ぐことができます。
2) （ii）の放射線量については、収集・運搬する汚染廃棄物の適切な遮へいを行うことによって低減することができます。
　　また、運搬中の汚染廃棄物に近づくほど、また、近づいている間の時間が長いほど放射線による被ばくは大きくなりますので、運搬中に人がむやみに長時間近づかないための措置も必要です。

　また、汚染廃棄物は、最終処分するまでの間、適切な方法で保管しておく必要があります。

　なお、本項目の記載内容については、環境省作成の「廃棄物関係ガイドライン」（平成23年12月27日公表）が公表されているので、そちらも参照ください。

(2) 除染等業務従事者の被ばく線量の測定方法

① 被ばく線量限度

除染電離則では、除染等業務従事者が受ける電離放射線を可能な限り少なくするよう努めなければならないと規定しており、がんなどの障害の発生のおそれのない（確率が十分に小さい）レベル以下とするための線量限度を以下のとおり定めています。

なお、実効線量（人体の各組織・臓器が受けた等価線量に組織荷重係数〔組織・臓器の違いによる影響度の係数〕を乗じて加えたもの）とは確率的影響を評価するための量であり、等価線量（人体の特定の組織が受けた線量）は確定的影響を評価するための量です。

除染等業務従事者	線量限度
●男性及び妊娠する可能性がないと診断された女性………	5年間で100mSvかつ1年間で50mSv（実効線量）
※女性（妊娠する可能性がないと診断された女性を除く）… ※妊娠中と診断された女性	3月間で5mSv（実効線量）
・内部被ばく……… ・腹部表面………	1mSv（実効線量） 2mSv（等価線量）

※1　除染等事業者は、電離放射線障害防止規則（電離則）第3条で定める管理区域内において放射線業務に従事した労働者又は特定線量下業務に従事した労働者を除染等業務に就かせるときは、当該労働者が放射線業務又は特定線量下業務で受けた実効線量、除染等業務で受けた実効線量の合計が、上記の限度を超えないようにしなければならないこととされています。

※2　上記の「5年間」については、異なる複数の事業場において除染等業務に従事する労働者の被ばく線量管理を適切に行うため、全ての除染等業務を事業として行う事業場において統一的に平成24年1月1日を始期とし、「平成24年1月1日から平成28年12月31日まで」とします。平成24年1月1日から平成28年12月31日までの間に新たに除染等業務を事業として実施する事業者についても同様とし、この場合、事業を開始した日から平成28年12月31日までの残り年数に20mSvを乗じた値を、平成28年12月31日までの第1項の被ばく線量限度とみなして関係規定を適用します。

また、上記の「1年間」については、「5年間」の始期の日を始期とする1年間であり、「平成24年1月1日から平成24年12月31日まで」とします。ただし、平成23年3月11日以降に受けた線量は、平成24年1月1日に受けた線量とみなして合算します。

※3　なお、特定汚染土壌等取扱業務については、平成24年1月1日以降、平成24年6月30日までに受けた線量を把握している場合は、それを平成24年7月1日以降に被ばくした線量に合算します。

※4　除染等事業者は、「1年間又は5年間」の途中に新たに自らの事業場において除染等業務に従事することとなった労働者について、雇入れ時の特殊健康診断において当該「1年間又は5年間」の始期より当該除染等業務に従事するまでの被ばく線量を当該労働者が前の事業者から交付された線量の記録（労働者がこれを有していない場合は前の事業場から再交付を受けさせること。）により確認します（なお「除染等業務従事者等被ばく線量登録管理制度」についてはp.78参照）。

※5　※2の始期については、除染等業務従事者に周知することとされています。

※6　※2の規定に関わらず、放射線業務を主として行う事業者については、事業場で統一された始期により被ばく線量管理を行っても差し支えないこととされています。

② 被ばく線量測定の方法
 ア　作業場所の平均空間線量率が、2.5μSv/h（週40時間、年52週換算で、年間5mSv）を超える区域（地域）において作業する場合

（ア）　外部被ばく線量は、個人線量計により測定します。
　　　ガラスバッジやクイクセルバッジなどの線量計は1ヶ月や3ヶ月ごとに集積した線量の測定に用いられ、電子式線量計は、直読式で作業終了時に数値を読み取ることができ、作業中の被ばく線量を確認することができます。
　　　なお、外部被ばくによる線量が1日において1mSvを超えるおそれのある除染等業務従事者については、外部被ばく線量の測定結果を毎日確認しなければなりません。

（イ）　内部被ばく線量は、作業内容に応じて、表に示した分類に従って測定します。

	高濃度汚染土壌等 （50万Bq/kgを超える）	高濃度汚染土壌等以外 （50万Bq/kg以下）
高濃度粉じん作業（※2） （10mg/㎥を超える）	3月に1回の 内部被ばく測定を行う	スクリーニングを 実施する
上記以外の作業 （10mg/㎥以下）	スクリーニングを 実施する	スクリーニングを 実施する（※1）

※1　突発的に高い粉じんにばく露された場合に実施
※2　粉じん濃度の測定は74ページ参照

　高濃度汚染土壌等（セシウムの濃度が50万Bq/kgを超えるもの）を取り扱う作業であって、粉じんの濃度が10mg/㎥を超える作業を行う場合等は、体内の放射性物質の量を評価するために、ホールボディカウンタ（体内に摂取され沈着した放射性物質の量を体外から測定する装置）（WBC）による測定、排泄物中（尿、糞）の放射性物質の濃度測定（バイオアッセイ）、空気中の放射性物質濃度測定による評価等の方法により行います。

ホールボディカウンタ

【スクリーニング検査について】
■ スクリーニングは、次のいずれかの方法によります。
・1日の作業の終了時において、防じんマスクに付着した放射性物質の表面密度を放射線測定器を用いて測定すること
・1日の作業の終了時において、鼻腔内に付着した放射性物質を測定すること（鼻スミアテスト）
■ スクリーニング検査の基準値は、防じんマスク又は鼻腔内に付着した放射性物質の表面密度について、除染等業務従事者が除染等作業により受ける内部被ばくによる線量の合計が、3月間につき1mSvを十分下回るものとなることを確認するに足る数値としてください。目安としては以下のものがあります。
・スクリーニング検査基準値の設定のための目安として、マスク表面については10,000cpm（通常、防護係数は3を期待できるところ2と厳しい仮定を置き、マスク表面に50％の放射性物質が付着して残りの50％を吸入すると仮定して試算した場合で、内部被ばく実効線量約0.01mSv相当）があること
・鼻スミアテストは2次スクリーニング検査とすることを想定し、スクリーニング検査基準値設定の目安としては、1,000cpm（内部被ばく実効線量約0.03mSv相当）、10,000cpm（内部被ばく実効線量約0.3mSv相当）があること

鼻スミアテスト

■ 測定後の措置
防じんマスクによる検査結果が基準値を超えた場合は、鼻スミアテストを実施します。
・鼻スミアテストにより10,000cpmを超えた場合は、3月以内ごとに1回、内部被ばく測定を実施してください。なお、医学的に妊娠可能な女性にあっては、鼻スミアテストの基準値を超えた場合は、直ちに内部被ばく測定を実施します。
・鼻スミアテストにより、1,000cpmを超えて10,000cpm以下の場合は、その結果を記録し、1,000cpmを超えることが数回以上あった場合は、3月以内ごとに1回内部被ばく測定を実施します。
■ 防じんマスクの表面密度の検査にあたっては、防じんマスクの装着が悪い場合は表面密度が低くでる傾向があるため、同様の作業を行っていた労働者の中で特定の労働者の表面密度が他の労働者と比較して大幅に低い場合は、当該労働者に対し、マスクの装着方法を再指導します。

イ 作業場所の平均空間線量率が、2.5μSv/h（週40時間、年52週換算で、年間5mSv）以下で、0.23μSv/h（8時間屋外、16時間屋内換算で、年間1mSv）を超える区域（地域）において作業する場合（※）

（※）特定汚染土壌等取扱業務従事者については、生活基盤の復旧作業等、事業の性質上、作業場所を限定することが困難であり空間線量率が2.5μSv/hを超える場所において業務を行うことが見込まれるものに限ります。

逆に2.5μSV/h以下の場合でのみ従事する特定汚染土壌取扱業務従事者は外部被ばく測定不要。

外部被ばく線量は、個人線量計により測定するほか、空間線量から評価したり、線量が平均的な数値であると見込まれる代表者による測定のいずれかとします。

> （ア）平均空間線量率（μSv/h）× 1日の労働時間（h）
> 　　＝ 1日の評価被ばく線量（μSv）
> 　　※ 平均空間線量率の測定は、29ページ参照。
> （イ）代表者による測定を行う場合は、男女一人ずつとする。（測定器を付ける場所が異なるため。）

ウ　除染等事業者以外の事業者は、自らの敷地や施設などに対して除染等の作業を行う場合、作業による実効線量が1mSv/年を超えることのないよう、作業場所の平均空間線量率が2.5μSv/h（週40時間、52週換算で、5mSv/年）以下の場所であって、かつ、年間数十回（日）の範囲内で除染等業務に労働者を就かせることとします。

　除染等の作業を行う自営業者、住民、ボランティアについても、次の事項に留意の上、作業による実効線量が1mSv/年を超えることのないよう、作業場所での平均空間線量率が2.5μSv/h以下の場所であって、かつ、年間数十回（日）の範囲内で作業を行うことが望ましいです。

（ア）　住民、自営業者については、自らの住居、事業所、農地等の除染を実施するために必要がある場合は、2.5μSv/hを超える地域で、コミュニティ単位による除染等の作業を実施することは想定されるが、この場合、作業による実効線量が1mSv/年を超えることのないよう、作業頻度は年間数十回（日）よりも少なくすること

（イ）　除染実施区域外からボランティアを募集する場合、ボランティア組織者は、ICRPによる計画被ばく状況において放射線源が一般公衆に与える被ばくの限度が1mSv/年であることに留意すること

エ　農業従事者等自営業者、個人事業者については、被ばく線量管理等を実施することが困難であることから、あらかじめ除染等の措置を適切に実施する等により、特定汚染土壌等取扱業務に該当する作業に就かないことが望まれます。

第2章　作業方法の決定と除染等業務従事者の配置

被ばく線量管理の対象及び方法について

① 除染等業務を行う労働者は、以下の（A）及び（B）を合算し、職業被ばく限度（注2）を超えない管理をする。
② ボランティア等は、旧計画的避難・警戒区域の外側で、年数十回程度を上回らない回数（実効線量が年1mSvを十分に下回る範囲内。これ以上は、業として作業を行うと見なせるレベル）の作業とする。

縦軸：平均空間線量率（μSv/h）
- 2.5μSv/h（週40時間、52週換算で、5mSv/年）
- 0.23μSv/h（24時間換算で、年1mSv）

横軸：作業頻度
- 年数十回（日）程度
- ボランティア等は、この回数を上回らない範囲で作業する（回数（日数））
- （これ以上は、業として除染等作業を行う頻度と見なせるレベル）

個人線量管理の義務付け（A）
（作業による実効線量が年5mSv-50mSv）
① 個人線量計による外部被ばく測定
② 粉じんの発生度合い、土壌の放射性物質濃度に応じて、内部被ばく測定

線量管理不要
（作業による実効線量が年1mSvを十分下回る）

簡易な線量管理（B）
（作業による実効線量 年約1-5mSv）
・線量管理を義務づけるが、簡易な方法でよい
　（例）労働者を代表する者の測定、空間線量からの評価等、個人線量計を使わなくても可とする
・特定汚染土壌等取扱業務従事者については、生活基盤の復旧作業等、事業の性質上作業場所を限定できず、空間線量率が2.5μSv/hを超える場所において作業に従事させることが見込まれる場合に限って対象となる。逆に2.5μSv/h以下の場所でのみ従事する特定汚染土壌取扱業務従事者は外部被ばく測定不要

凡例：
- ガイドラインで規定する事項
- ボランティア、住民、農業従事者、自営業者
- 除染等を行う労働者のみ（省令事項）

（注1）実効線量は、事業者の管理下において被ばくしたものに限る（職業性被ばく）
（注2）**被ばく限度は、ICRPの職業被ばく限度（年50mSv、5年100mSv）を適用**

（厚生労働省労働政策審議会資料より（一部改変））

高濃度粉じん作業の有無の判定方法について

　土壌等のはぎ取り、アスファルト・コンクリートの表面研削・はつり、除草作業、除去土壌等のかき集め・袋詰め、建築・工作物の解体等を乾燥した状態で行う場合は、10mg/m³を超えるとみなしてください。

　上記にかかわらず、作業中に粉じん濃度の測定を行った場合は、その測定結果によって高濃度粉じん作業に該当するか判断します。判断方法は、下記によります。

[1] 基本的な考え方

■　高濃度粉じんの下限値である 10mg/m³ を超えているかどうかを判断できればよく、厳密な測定ではなく、簡易な測定で足ります。

■　測定は、専門の測定業者に委託して実施することが望まれます。

[2] 測定の方法（並行測定を行う場合）

■　高濃度粉じん作業の判定は、作業中に、個人サンプラーを用いるか、作業者の脇で、粉じん作業中に、原則としてデジタル粉じん計による相対濃度指示方法によってください。

　測定の方法は、以下によります。

　ア　粉じん作業を実施している間、粉じん作業に従事する労働者の作業に支障を来さない程度に近い所（風下）でデジタル粉じん計（例：LD-5）により、2〜3分間程度、相対濃度（cpm）の測定を行います。

　イ　アの相対濃度測定は、粉じん作業に従事する者の全員について行うことが望ましいですが、同様の作業を数メートル以内で行う労働者が複数いる場合は、そのうちの代表者について行えば足ります。

　ウ　アの簡易測定の結果、最も高い相対濃度（cpm）を示した労働者について、作業に支障を来さない程度に近い所（風下）において、デジタル粉じん計とインハラブル粉じん濃度測定器を並行に設置し、10分以上の継続した時間で測定を行い、質量濃度変換係数を求めます。

デジタル粉じん計

$$質量濃度変換係数 = \frac{インハラブル粉じん濃度(mg/m^3)}{相対濃度(cpm)}$$

第2章 作業方法の決定と除染等業務従事者の配置

- 粉じん濃度測定の対象粒径は、気中から鼻孔または口を通って吸引されるインハラブル粉じん（吸引性粉じん、100μm、50％cut）を測定対象とすること
- インハラブル粉じんは、オープンフェイス型サンプラーを用い、捕集ろ紙の面速を19(cm/s)で測定すること
- 分粒装置の粒径と、測定位置以外については、作業環境測定基準第2条によること

デジタル粉じん計　　オープンフェイス型サンプラー

■ ウの結果求められた質量濃度変換係数を用いて、アの相対濃度（cpm）から粉じん濃度（mg/m³）を算定し、測定結果のうち最も高い値が10mg/m³を超えている場合は、同一の粉じん作業を行う労働者全員について、10mg/m³を超えていると判断されます。

$$\text{粉じん濃度}(mg/m^3) = \text{質量濃度変換係数} \times \text{相対濃度}(cpm)$$

[3] 測定方法(所定の質量濃度変換係数を使用する場合)

■ この測定方法は、主に土壌を取り扱う場合のみに適用し、落葉落枝、稲わら、牧草、上下水汚泥など有機物を多く含むものや、ガレキ、建築廃材等の土壌以外の粉じんが多く含まれるものを取り扱う場合には、[2]に定める測定方法によってください。
測定の方法は、以下によります。

（1）測定点の設定

ア 高濃度粉じん作業の測定は、粉じん作業中に作業者の近傍で、原則としてデジタル粉じん計による相対濃度指示方法によって行ってください。測定位置は、粉じん濃度が最大になると考えられる発じん源の風下で、重機等の排気ガス等の影響を受けにくい位置とする。測定は、粉じんの発生すると考えられる作業内容ごとに行ってください。

イ 同一作業を行う作業者が複数いる場合には、代表して1名について測定を行ってください。

ウ 作業の邪魔にならず、測定者の安全が確保される範囲で、作業者になるべく近い位置で測定を行うこととしますが、可能であれば、測定者がデジタル粉じん計を携行し、作業者に近い位置で測定を行うことが望ましいとされています。また、作業の安全上問題がない場合は、作業者自身が個人サンプラー(LD-6N)を装着して測

定を行う方法もあります。
(2) 測定時間
ア 測定時間は、濃度が最大となると考えられる作業中の継続した10分間以上とし、作業の1サイクルが数分程度の短時間の作業が繰り返し行われる場合は、作業が行われている時間を含む10分間以上の測定を行ってください。
イ 作業の1サイクルが10分から1時間程度までであれば作業1サイクル分の測定を行い、それより長い連続作業であれば作業の途中で10分程度の測定を数回行い、その最大値を測定結果とします。
(3) 評価
ア デジタル粉じん計により測定された相対濃度指示値(1分間当たりのカウント数。cpm。)に質量濃度換算係数を乗じて質量濃度を算出し、$10mg/m^3$を超えているかどうかを判断します。
イ 質量濃度換算係数について
この測定方法で使用する質量濃度換算係数については、0.15mg/m3/cpmとします。ただし、この係数の使用に当たっては、次に掲げる事項に留意してください。
① この係数は、限られた測定結果に基づき設定されたものであるため、今後の研究の進展により、適宜見直しを行う必要があります。
② 本係数は、光散乱方式のデジタル粉じん計であるLD-5及びLD-6に適用することが想定されています。

③ 被ばく線量測定の結果の確認及び記録等の方法
ア 被ばく線量測定の結果については、しっかりと確認して、3(2)に示す線量限度を超えないよう被ばく線量を低減させなければなりません。
イ 除染電離則により、事業者は、線量の測定結果等について、次のとおり取り扱わなければならないこととされています。
(ア) 線量の記録
測定された線量は、除染電離則に定める方法で記録しなければなりません。

男性又は妊娠する可能性がないと診断された女性の実効線量	3月ごと、1年ごと及び5年ごとの合計 (5年間において、実効線量が1年間につき20mSvを超えたことのない者にあっては、3月ごと及び1年ごとの合計)
女性(妊娠する可能性がないと診断されたものを除く。)の実効線量	1月ごと、3月ごと及び1年ごとの合計 (1月間に受ける実効線量が1.7mSvを超えるおそれのない者にあっては、3月ごと及び1年ごとの合計)
妊娠中の女性の実効線量、等価線量	内部被ばくによる実効線量と腹部表面に受ける等価線量の1月ごと、妊娠中の合計

(イ) 線量記録の保存

記録された線量を、30年間保存しなければなりません。

ただし、当該記録を5年保存した後においては、厚生労働大臣が指定する機関（※）に引き渡すことができます。

また、除染等業務従事者が離職した後であれば、5年に満たなくても、その除染等業務従事者に係る記録を厚生労働大臣が指摘する機関（※）に引き渡すことができます。

（※）公益財団法人放射線影響協会が指定されています。

(ウ) 線量記録の通知

記録について、労働者に通知しなければなりません。

(エ) 事業廃止の場合の、線量記録の引き渡し

その事業を廃止しようとする場合、それまでの線量データが散逸するおそれがあるため、記録を厚生労働大臣が指定する機関（※）に引き渡さなければなりません。

（※）公益財団法人放射線影響協会

(オ) 労働者が退職する場合の記録の交付

除染等作業に従事した労働者が離職する、又は事業を廃止するときは、①の記録の写しを労働者に交付しなければなりません。なお、有期契約労働者又は派遣労働者を使用する場合には、放射線管理を適切に行うため、以下の事項に留意します。

・3月未満の期間を定めた労働契約又は派遣契約による労働者を使用する場合には、被ばく線量の算定は、1ヶ月ごとに行い、記録すること
・契約期間の満了時には、当該契約期間中に受けた実効線量を合計して被ばく線量を算定して記録し、その記録の写しを当該除染業務従事者に交付すること

ウ 健康診断

除染電離則などにおいては、除染等業務に雇い入れられた時、配置換えになった時、及びその後は定期的に、次の健康診断を実施することが義務付けられています。

除染等業務に従事する場合には、必ず受診してください。

なお、6月未満の期間の定めのある労働契約又は派遣契約を締結した労働者又は派遣労働者に対しても、被ばく歴の有無、健康状態の把握の必要があることから、雇入れ時に健康診断を実施します。

1．一般健康診断（実施内容）

実施項目	頻度
1．既往歴及び業務歴の調査 2．自覚症状及び他覚症状の有無の検査 3．身長、体重、視力、及び聴力の検査 4．胸部エックス線検査及びかくたん検査 5．血圧の測定 6．貧血検査 7．肝機能検査 8．血中脂質検査 9．血糖検査 10．尿検査 11．心電図検査	6月に 1回 （※）

2．除染電離則健康診断（実施内容）

実施項目	頻度
1．被ばく歴の有無（被ばく歴を有する者については、作業の場所、内容及び期間、放射線障害の有無、自覚症状の有無その他放射線による被ばくに関する事項）の調査及びその評価 2．白血球数及び白血球百分率の検査 3．赤血球数の検査及び血色素量又はヘマトクリット値の検査 4．白内障に関する眼の検査 5．皮膚の検査	6月に 1回

※ 労働安全衛生規則第45条で除染等業務（特定汚染土壌取扱業務については平均空間線量率が2.5μSv/hを超える場合に限る。）は同規則第13条第1項第2号ハの業務にあたるので、6か月に1回、特定業務従事者として一般健康診断を行う必要があります。

※ 平均空間線量率が2.5μSv/h以下の場所で特定汚染土壌等取扱業務に従事する労働者に対しては、1年に1回。

健康診断（定期に行われるもの）の前年の実効線量が5mSvを超えず、かつ、当年の実効線量が5mSvを超えるおそれのない方については、2～5の項目は、医師が必要と認めないときには、行うことを要しません。

エ　除染等業務従事者等被ばく線量登録管理制度について

　上記（イ）、（ウ）に示した除染電離則の規定をより確実に遵守するための「除染等業務従事者等被ばく線量登録管理制度」が国直轄の除染等業務等を行う事業者を対象に平成25年11月15日から暫定的に発足し、さらに地方自治体等が発注する除染等業務等を対象に含め、平成26年4月1日から発足することとなりました。

　　ア　除染特別地域で除染等業務又は特定線量下業務を請け負った元請事業者は、自社及び関係請負人の放射線管理手帳を取得していない労働者に対する放射線管理手帳の発行申請、放射線管理手帳の管理、被ばく線量の通知、健康診断の実施状況の把握及び放射線管理手帳への記載、特別教育の実施状況の把握及び放射線管理手帳への記載を行うほか、公益財団法人放射線影響協会 放射線従事者中央登録センター（以下「中央登録センター」という。）へ被ばく線量の登録等を行います。

　　イ　除染特別地域以外で除染等業務又は特定線量下業務を請け負った元請事業者は、中央登録センターに、離職後の被ばく線量記録及び健康診断の実施結果の引渡しを行います。

　　ウ　事故由来廃棄物等処分業務を請け負った元請事業者は、地域にかかわらず、上記アの事項を行います。

　これらにより、労働者が複数の事業者に順次所属する場合に、元請事業者が労働者の過

去の被ばく線量を必要なときに確認できることとなります。

④ 外部放射線による線量当量率の監視の方法

警報付き電子線量計（APD）は、あらかじめ設定された線量に達するとアラームが鳴ります。

アラームが鳴ることがすぐに危険につながるものではありませんが、あらかじめ計画された線量（計画被ばく線量）を超過していることになりますので、もしもアラームが鳴った場合には、すみやかに作業場所から退出し、作業指揮者の指示にしたがいます。

なお、被ばく限度の基準（69ページ参照）を超えた場合などは、速やかに医師の診察等を受けさせるとともに、所轄の労働基準監督署に報告しなければなりません。

※ 外部被ばくを防止するためには
■ 高い放射線を出していると判明しているものについては、その線源を除去したり、遮へいをしたり、不必要に近付かないなど距離を取ることによって、外部被ばくを低減させることができます。
■ 作業前の打ち合わせや、工具の点検など、事前の準備を十分に行うことで、作業時間を短縮し、外部被ばくを低減させることができます。
■ 作業中、手のあいたときには、少しでも放射線レベルの低い場所へ移動するようにします。

（3） 除染等業務従事者の被ばくを低減するための措置

① 粉じんの発散の抑制

除染等事業者は、除染等業務（特定汚染土壌等取扱業務を除く。）において、土壌のはぎ取り等高濃度の粉じんが発生するおそれのある作業を行うときは、あらかじめ、除去する土壌等を湿潤な状態とする等、粉じんの発生を抑制する措置を講じなければなりません。

なお、湿潤にするためには、汚染水の発生を抑制するため、ホース等による散水ではなく、噴霧（霧状の水による湿潤）とします。

② 廃棄物収集等業務を行う際の容器の使用、保管の場合の措置

除染等事業者は、除染等業務において、除去された土壌又は廃棄物（以下「除去土壌等」という。）を収集、運搬、保管するときは、除去土壌等が飛散し、又は流出しないよう、次に定める構造を具備した容器を用いるとともに、その容器に除去土壌又は汚染廃棄物が入っている旨を表示しなければなりません。

土嚢（どのう）　　シート　　フレキシブルコンテナ　　ドラム缶

ただし、大型の機械、容器の大きさを超える伐木、解体物等のほか、非常に多量の除去土壌等であって、容器に小分けして入れるために高い外部ばくや粉じんばく露が見込まれる作業が必要となるもの等、容器に入れることが著しく困難なものについては、遮水シート等で覆うなど、除去土壌等が飛散、流出することを防止するため必要な措置を講じたときはこの限りではありません。

なお、「廃棄物収集等業務」には、土壌の除染等の業務又は特定汚染土壌等業務の一環として、作業場所において発生した土壌を、作業場所内において移動、埋め戻し、仮置き等を行うことは含まれないこととされています。

③ 特定汚染土壌等取扱業務における措置

除染等事業者は、特定汚染土壌等取扱業務を実施する際には、覆土、舗装、反転耕等、汚染土壌等の除去と同等以上の線量低減効果が見込まれる作業を実施する場合を除き、あらかじめ、当該業務を実施する場所の高濃度の汚染土壌等をできる限り除去するよう努めてください。ただし、水道、電気、道路の復旧等、除染等の措置を実施するために必要となる必要最低限の生活基盤の整備作業はこの限りではありません。

④ 保護具の装着

防じんマスク、保護衣などの保護具の着用により、粉じんの吸入や身体汚染などを防止して内部被ばくを低減することができます。

保護具の性能と使用方法は、次のとおりです。

第2章 作業方法の決定と除染等業務従事者の配置

ア 着用する防じんマスクは、作業に応じて、次のとおり定められています。

	高濃度汚染土壌等 （50万Bq/kgを超える）	高濃度汚染土壌等以外 （50万Bq/kg以下）
高濃度粉じん作業 （10mg/㎥を超える）	捕集効率 95%以上のもの	捕集効率 80%以上のもの
上記以外の作業 （10mg/㎥以下）	捕集効率 80%以上のもの	捕集効率 80%以上のもの（※）

※草木や腐葉土の取扱等作業の場合には、サージカルマスク等の着用で差し支えない。
※マスクの捕集効率は標章、カタログやメーカーのサイトで確認する。イ

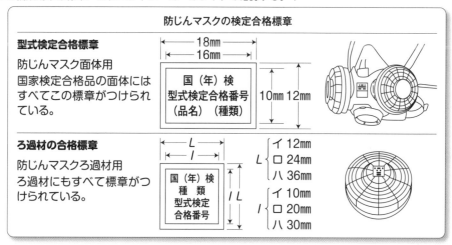

防じんマスクの検定合格標章

型式検定合格標章
防じんマスク面体用
国家検定合格品の面体にはすべてこの標章がつけられている。

ろ過材の合格標章
防じんマスクろ過材用
ろ過材にもすべて標章がつけられている。

標章の「種類」と捕集効率

	80%以上	95%以上	99.9%以上
取替え式	RS1, RL1	RS2, RL2	RS3, RL3
使い捨て式	DS1, DL1	DS2, DL2	DS3, DL3

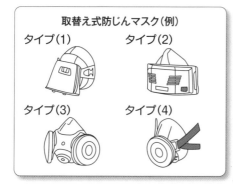

取替え式防じんマスク（例）
タイプ(1) タイプ(2) タイプ(3) タイプ(4)

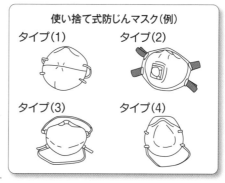

使い捨て式防じんマスク（例）
タイプ(1) タイプ(2) タイプ(3) タイプ(4)

防じんマスク12種類の分類

使い捨て式/取替え式	試験粒子と捕集効率	S 試験粒子に個体の塩化ナトリウム(NaCl)を用い測定	L 試験粒子に液体のフタル酸ジオクチル(DOP)を用い測定	区分1/2/3（粒子捕集効率）
D 使い捨て式 防じんマスク		DS1	DL1	区分1：80.0％以上
		DS2	DL2	区分2：95.0％以上
		DS3	DL3	区分3：99.9％以上
R 取替え式 防じんマスク		RS1	RL1	区分1：80.0％以上
		RS2	RL2	区分2：95.0％以上
		RS3	RL3	区分3：99.9％以上

イ　防じんマスクの着用に当たっては、次の点に注意してください。

■　防じんマスクが国家検定品であることを確認する。

■　防じんマスクは、正しく着用しないと、本来の性能が発揮されない場合がありますので、着用に当たっては、次の事項に注意する。

・マスクのサイズは顔の大きさと合ったものを選択すること。

・マスクの脇から空気が漏れ出ないようにしっかりと着用すること。

・マスクを使い回さないこと。

■　顔面と面体の接顔部の位置、しめひもの位置及び締め方等を適切にする。しめひもについては、耳にかけることなく、後頭部において固定する。

■　次のような着用は、粉じん等が面体内へ漏れ込むおそれがあるため、**絶対に行ってはいけません。**

・タオル等を当てた上から防じんマスクを使用すること。

・面体の接顔部に「接顔メリヤス」等を使用すること。

ただし、防じんマスクの着用により皮膚に湿しん等を起こすおそれががある場合で、面体と顔面との密着性が良好であるときは、この限りでない。

・着用者のひげ、もみあげ、前髪等が面体の接顔部と顔面の間に入った状態で防じんマスクを使用すること。

■　取扱説明書等に記載されている漏れ率のデータを参考として、個々の着用者に合った大きさ、形状のものを選択する。

■　使い捨て式防じんマスクを使用する際、使用限度時間に達した場合や、使用限度時間内であっても、作業に支障をきたすような息苦しさを感じたり、著しい型くずれを生じた場合には、防じんマスクを廃棄する。

■　その他、防じんマスクの取扱説明書にしたがい、適正な装着方法により使用する。

| しめひもが片側が外れている。 | マスクが上下さかさま。 | しめひもが首元で2本掛けになっている。 | しめひもを加工して耳かけ式にしている。 |

間違った防じんマスクのつけ方(使い捨て式)

ウ 防じんマスクのフィットテスト(密着性検査)について

防じんマスクは、粉じんを吸入することを防ぐマスクです。

当然ですが、密着性が悪ければ、本来の機能が発揮できません。

したがって、防じんマスクを着用する場合には、必ずフィットテストを行い、密着性が良好かどうかを確認します。

(ア) 取替え式防じんマスク

取替え式防じんマスクは、「密着性の良否を随時容易に検査できるものであること」と規格に定められています。フィットチェッカーと呼ばれる吸気口ないし排気口を塞ぐためのゴム栓などの器具が、マスクメーカーから販売されているので、これを使って、防じんマスクがしっかりと密着しているかどうかを確認してください。

なお、フィットチェッカーの使用方法は取扱説明書で確認してください。

(イ) 使い捨て式防じんマスク

使い捨て式防じんマスクは、フィットチェッカーを使って密着性を確認することができません。マスク全体を両手で覆い息を吐きます。マスクと顔の接触部分から息の漏れがなければ正しく装着されています。

また、使い捨て式防じんマスクについている取扱説明書などに適正な着用の方法、漏れ率のデータなどが記載されているので、これらを参考に、着用者の顔に合った大きさや形状のものを選択します。

(ウ) 漏れ込みを感じたときの調整方法

漏れ込みの原因は、次のようなものがあります。

・鼻梁からの漏れ

・防じんマスク着用の位置のずれ
・ひげが伸びている場合その箇所

漏れ込みがある場合や、漏れ込みを感じた場合には、次のように調整します。

・防じんマスクの位置を上方・下方に修正します。
・しめひもの位置を修正し、あるいは締め方を強めたり弱めたりします。締めすぎは面体が変形しますので、望ましくありません。
・使い捨て式マスクについては、鼻あての金具を密着するように調整します。
・ひげは剃ります。

エ　防じんマスクの管理の要点

使用済みの防じんマスクの処理

・使い捨て式防じんマスクは、表面の放射能を測定し、記録したのち、廃棄物容器等に入れて廃棄します。
・取替え式防じんマスクは、面体の表面を湿らせたティッシュタイプの産業用ワイパーかアルコール綿などで拭いて、除染及び清拭を行い、保存袋などに収納して保管します。
・取替え式防じんマスクは、使用後に次の部品が正常に機能するかどうか確認します。
　　・しめひも（強度及び留具の機能を確認する。不具合がある場合は交換する。）
　　・吸気弁（汚れていたら交換する。）
　　・排気弁（汚れていたら交換する。）
　　・面体（汚れていたら清拭する。）

オ　身体の汚染や、汚染の拡大防止

■　作業に応じた保護衣等を、必ず着用します。

身体が汚染されると、粉じんを吸入したり口に入ったりして内部被ばくをするおそれがあります。

したがって、高濃度のセシウムを含むような土壌等を取り扱ったり、高濃度の粉じんが発生する作業では、粉じんの付着による身体汚染を防止する必要があります。

着用する保護衣等は、作業に応じて、次のとおり定められています。

保護衣の例　　　密閉型タイベックスーツの例

	高濃度汚染土壌等 （50万Bq/kgを超える）	高濃度汚染土壌等以外 （50万Bq/kg以下）
高濃度粉じん作業 （10mg/m³を超える）	長袖の衣類の上に全身化学防護服（例：密閉型タイベックスーツ）、ゴム手袋（綿手袋の上に二重着用）、ゴム長靴	長袖の衣類、綿手袋、ゴム長靴
上記以外の作業 （10mg/m³以下）	長袖の衣類、ゴム手袋（綿手袋の上に二重着用）、ゴム長靴	長袖の衣類、綿手袋、ゴム長靴

- 手袋は外さない。
- 汚染した手袋で顔や身体に触れない。
- 保護衣の脱衣は急がず、手順どおりに行う。
- 汚染物品を抱えない。
- 靴はきちんとそろえて脱ぐ。（乱雑に脱ぐと、靴の中が汚染されるおそれがあります。）
- 直接地面に座らない。
- 作業場所から退出する場合には、装備の脱衣等を定められた手順で行う。
- 汚染されたものは、ポリ袋に入れるなど、汚染の拡大を防ぐ。
- ゴム手袋の材質によってアレルギー症状が発生することがあるので、その際にはアレルギーの生じにくい材質の手袋を使用する。
- 作業の性質上、ゴム長靴を使用することが困難な場合は、靴の上をビニールにより養生する等の措置が必要。
- 高圧洗浄等により水を扱う場合は、必要に応じ、雨合羽等の防水具を着用する。
- 除染等事業者は、除染等業務従事者に使用させる保護具又は保護衣等が汚染限度（40Bq/cm²（GM計数管のカウント値としては、13,000cpm））を超えて汚染されていると認められるときは、あらかじめ、洗浄等により、汚染限界以下となるまで汚染を除去しなければ、除染等業務従事者に使用させないでください。

(4) 除染等作業に使用する機械等の種類及び能力

除染等作業に使用する機械等は、第3章の「除染等作業の具体例と留意点」に用具・機械等として例示されています。それらを整理してまとめると、次のとおりとなります。

① 土壌の除染等の業務に係る作業に使用する機械等

ア 一般的な場合

刈払機（草刈り機）、ハンドショベル、草とり鎌、ホウキ、熊手、ちりとり、トング、シャベル、スコップ、レーキ、表土削り取り用の小型重機、ゴミ袋（可燃物用の袋、土嚢袋）、除去土壌等を現場保管する場所に運搬する車両（トラック、リヤカーなど）、高所作業車、ハシゴ、路面清掃車など

イ 水洗浄を行う場合

ホース、シャワーノズル、高圧洗浄機（電源、水源を事前に確認しておく）、ブラシ（デッキブラシ、車洗浄用ブラシ、高所用ブラシなど）、タワシ（スチールウール製など）、水を押し流すもの（ホウキ、スクレーパーなど）、バケツ、雑巾、キッチンペーパーなど

ウ 金属面を洗浄する場合

ブラシ、サンドペーパー、布

エ 木面を洗浄する場合

ブラシ、サンドペーパー、電動式サンダ、布

オ 高所作業用の場合

足場、高所作業車

カ 道路面などの削り取りを行う場合

ショットブラスト、表面切削機、振動ドリル、ニードルガン、研磨機、削り取り用機器、集じん機、養生マット

キ 表土の除去の場合

ドラグ・ショベル（バックホー）、ブルドーザー、油圧ショベル
農用地では、このほか、
表土削り取りと反転耕・深耕に必要な機器（トラクタ、バーチカルハローなどアタッチメント、リアブレード、フロントローダ）、クレーン、バキュームカー、刈払機（草刈り機）、高圧洗浄機、削り機、ハンマーナイフモア、フレキシブルコンテナ

ク 土地表面の被覆を行う場合

自走式転圧ローラー、転圧用ベニヤ板、散水器具

ケ 農用地の水による攪拌の場合

ドラグ・ショベル（バックホー）、トラクタ、バーチカルハローなどアタッチメント、排水ポンプ、クレーン、刈払機（草刈り機）、遮水シート、フレキシブルコンテナ

コ 反転耕・深耕の場合

トラクタ、深耕プラウ、深耕ロータリ、刈払機（草刈り機）

サ 樹木を剪定する場合

ナタ、枝打ち機、チェーンソー、脚立、高所作業車

② **特定汚染土壌等取扱業務に係る作業に使用する機械等**

　ア　**土工等で使用する機械等**
　　（ア）　地盤の掘削を行う場合
　　　　油圧ショベル、クラムシェル
　　（イ）　地盤の掘削・運搬・整地を行う場合
　　　　ブルドーザ、スクレーパ、モーターグレーダ
　　（ウ）　土砂を積み込む場合
　　　　ホイールローダ、クローラローダ
　　（エ）　土砂を運搬する場合
　　　　ダンプトラック、不整地運搬車
　　（オ）　土を締固める場合
　　　　振動ローラ、タイヤローラ、小型締固め機械
　イ　**営農で使用する機械**
　　（ア）　米の場合
　　　　トラクター、田植機、コンバイン
　　（イ）　露地野菜の場合
　　　　トラクター、移植機、管理機
　　（ウ）　果樹の場合
　　　　トレンチャー、草刈り機
　ウ　**営林で使用する機械**
　　（ア）　集材する場合
　　　　ハーベスタ、フェラーバンチャ、プロセッサ、フォワーダ、スイングヤーダ、タワーヤーダ
　　（イ）　その他
　　　　チェーンソー、刈払機、機械集材装置

③ **資格・教育が必要な機械等**

　除染等業務に使用する機械には、その操作・運転に際し危険を伴うため、労働安全衛生法により、就業制限業務として、所定の資格（免許、技能講習）を必要とするものや特別教育の規定が設けられているものがあり、これらの機械については、所定の資格等（免許、技能講習の修了、特別教育の修了）を満たしていない者に操作・運転をさせることができません。また、労働者（作業者）はそれらの資格等がないのに操作・運転してはいけません。

　ただし、建設現場で建設機械の運転操作や、監理技術者や主任技術者として現場の施工管理を行うことのできる国家資格である建設機械施工技士の資格を有していると、建設機械に

かかる技能講習の全部(又は一部)が免除されます。この資格は、1級と2級に分かれており、それらの資格を得るには、学科試験と実際の建設機械の操作を伴う実地試験に合格しなければなりません。

除染等業務における主な資格・教育が必要な作業の表

機械・業務等	資格・特別教育
地山の掘削作業主任者	地山の掘削及び土止め支保工作業主任者技能講習
土止め支保工作業主任者	
ずい道等の掘削等の作業主任者 (掘削、ずり積み、支保工及びロックボルト取付、コンクリート等の吹付け)	ずい道等の掘削等の作業主任者技能講習
ずい道等の覆工の作業主任者 (組立、移動、解体、これに伴うコンクリート打設)	ずい道等の覆工の作業主任者技能講習
ずい道等の掘削、覆工等の業務	ずい道等の掘削、覆工等の業務特別教育
採石のための掘削作業主任者	採石のための掘削作業主任者技能講習
高所作業車運転業務	高所作業車運転技能講習(作業床の高さが10メートル以上)
	高所作業者運転業務特別教育(作業床の高さが10メートル未満)
ショベルローダー フォークローダー	ショベルローダー等運転技能講習(最大荷重1トン以上)
	ショベルローダー等運転特別教育(最大荷重1トン未満)
車両系建設機械(整地・運搬・積込み用及び掘削用機械)運転業務 ・ブル・ドーザー ・トラクター・ショベル ・パワー・ショベル ・ドラグ・ショベル など	車両系建設機械(整地・運搬・積込み用及び掘削用機械)運転技能講習(機体重量が3トン以上)
	小型車両系建設機械(整地・運搬・積込み用及び掘削用)運転業務特別教育(機体重量が3トン未満)
車両系建設機械(基礎工事用)運転業務 ・くい打機 ・くい抜機 ・アース・ドリル ・リバース・サーキュレーション・ドリル ・せん孔機 ・アース・オーガー など	車両系建設機械(基礎工事用)運転業務技能講習(機体重量が3トン以上)
	小型車両系建設機械(基礎工事用)運転業務特別教育(機体重量が3トン未満、自走できるもの)
	基礎工事用建設機械運転業務特別教育(自走できるもの以外)
	車両系建設機械(基礎工事用)作業装置の操作業務特別教育(自走できるもの)
車両系建設機械(解体用)運転業務 ・ブレーカ ・鉄骨切断機 ・コンクリート圧砕機 ・解体用つかみ機 など	車両系建設機械(解体用)技能講習(機体重量が3トン以上)
	小型車両系建設機械(解体用)運転業務特別教育(機体重量が3トン未満)
不整地運搬車運転業務	不整地運搬車運転技能講習(最大積載量1トン以上)
	不整地運搬車運転業務特別教育(最大積載量1トン未満)
車両系建設機械(締固め用)運転業務 (自走転圧ローラー)	ローラー運転業務特別教育

車両系建設機械(コンクリート打設用)作業装置操作業務	車両系建設機械(コンクリート打設用)作業装置操作業務特別教育
ボーリングマシン運転業務	ボーリングマシン運転業務特別教育
フォークリフト運転業務	フォークリフト運転技能講習(最大荷重1トン以上)
	フォークリフト運転業務特別教育(最大荷重1トン未満)
移動式クレーン運転業務	移動式クレーン運転士免許(つり上げ荷重が1トン以上)
	小型移動式クレーン運転技能講習(つり上げ荷重が5トン未満)
玉掛け業務	玉掛け技能講習(つり上げ荷重が1トン以上)
	玉掛け業務特別教育(つり上げ荷重が1トン未満)
機械集材装置運転業務	機械集材装置運転業務特別教育
伐木等の業務	伐木等業務特別教育(安全衛生特別教育規程第10条)
チェーンソーを用いる伐木等の業務	伐木等業務特別教育(安全衛生特別教育規程第10条の2)

　また、厚生労働省の通達により、特別教育に準ずる安全衛生教育が求められている機械の取扱作業があり、これらについては定められた安全衛生教育を受講させることとされています。

特別教育に準ずる安全衛生教育が必要な作業又は機械	通達
刈払機取扱作業	H12.2.16基発第66号(注)
チェーンソー以外の振動工具取扱作業	S58.5.20基発第258号(注)
林内作業車を使用する集材作業	H3.11.11基発第646号
造林作業の作業指揮者等	S60.3.18基発第141号(注)
自動車運転業務	H9.8.25基発第595号
携帯用丸のこ盤を使用する作業	H22.7.14基安発0714第1号

(注) 平成21年7月10日付け労働衛生課長事務連絡により、振動障害の予防関係の科目の内容に、日振動ばく露量 A(8)等に基づく内容が盛り込まれていることに留意。

第3章 除染等作業の具体例と留意点

1 土壌等の除染等の業務に係る作業

　本項目においては、具体的な作業ごとに、必要な工具や機械、それらを用いて行う具体的な作業について記載します。

　総論については、第2章に記載しておりますので、そちらも参照ください。また、本章の記載内容については、環境省作成の「除染関係ガイドライン」（平成23年12月14日公表。http://www.env.go.jp/）第2編「除染等の措置に係るガイドライン」に準拠しているので、そちらも参照ください。

　以下、本項では、次の作業について詳細を記載しています。

- ■　建物など工作物の除染等の措置（→（1））
    - ・　屋根等
    - ・　雨樋・側溝等
    - ・　外壁
    - ・　庭等
    - ・　柵・塀、ベンチや遊具等
- ■　道路の除染等の措置（→（2））
    - ・　道脇や側溝
    - ・　舗装面等
    - ・　未舗装の道路等
- ■　土壌の除染等の措置（→（3））
    - ・　校庭や園庭、公園の土壌
    - ・　農用地
- ■　草木の除染等の措置（→（4））
    - ・　芝地
    - ・　街路樹など生活圏の樹木
    - ・　森林

※　河床の堆積物の扱いについては、住民の被ばく線量への影響が限定的だと考えられること等から、定期的にモニタリングを行いつつ、他の除染作業が一定程度進展した後に実施を検討することが適当とされており、当面の作業は発生しません。

第3章　除染等作業の具体例と留意点

(1) 建物など工作物の除染等の措置

① 用具類

除染用具	・除染対象や作業環境に応じて、除染等の措置及び除去土壌等の回収のために必要な用具類を用意します。 【一般的な用具の例】 　草刈り機、ハンドショベル、草とり鎌、ホウキ、熊手、ちりとり、トング、シャベル、スコップ、レーキ、表土削り取り用の小型重機、ゴミ袋（可燃物用の袋、土砂用の麻袋（土のう袋））、集めた除去土壌等を現場保管する場所に運ぶための車両（トラック、リアカー等）、高所作業車、ハシゴ（高所作業の場合） 【水洗浄を行う場合の用具の例】 　ホース、シャワーノズル、高圧洗浄機（電源、水源を事前によく確認しておく）、ブラシ（デッキブラシ、車洗浄用ブラシ、高所用ブラシ等）、タワシ（亀の子、スチールウール製など））、水を押し流すもの（ホウキ、スクレーパーなど）、バケツ、洗剤（中性洗剤、オレンジオイル配合洗剤、クレンザー、パイプクリーナー、洗剤含浸タワシや10％程度の酢またはクエン酸溶液等）、雑巾、キッチンペーパー 【金属面を洗浄する場合の用具の例】 　ブラシ、サンドペーパー、布 【木面を洗浄する場合の用具の例】 　ブラシ、サンドペーパー、電動式サンダ、布 【高所作業用の場合の用具の例】 　足場、移動式リフト 【削り取りを行う場合の用具の例】 　研磨機、削り取り用機器、集塵機、養生マット 【土地表面の被覆を行う場合の用具の例】 　自走転圧ローラー、転圧用ベニヤ板、散水器具

② 除染方法

■　建物等の工作物の効果的な除染を行うためには、放射線量への寄与の大きい比較的高い濃度で汚染された場所を中心に除染作業を実施する必要があります。例えば、家屋や公共的な建物の屋根（屋上）や雨樋、側溝等には、放射性セシウムを含む落葉、苔、泥等が付いていますので、これらを除去することにより、放射線量の低減が図られます。

■　除染の順序としては、まず、放射性セシウムが多く含まれている落葉等、手作業で比較的容易に除去できるものを取り除き、それでも除染効果が見られない場合、対象に応じて拭き取りや切削を行います。水での洗浄が可能な対象物については放水等による洗

浄を行います。なお、洗浄等による排水による流出先への影響を極力避けるため、水による洗浄以外の方法で除去できる放射性物質は可能な限りあらかじめ除去する等、工夫を行うものとします。

※各段階で空間線量率を測定し、1mの高さの位置（小学校以下及び特別支援学校の生徒が主に使用するところでは50cmの高さの位置）で0.23μSv/hを下回っていればそれ以上の除染は行いません。

■ 家屋や建物の除染作業で水を使用した場合など、放射性物質が庭等に移動する可能性を考慮し、除染作業は基本的に高所から低所の順序で行います。具体的には、屋根・屋上や雨樋、外壁、庭等の地面の順で、実施するのが効率的です。家屋の近傍に屋根よりも高い樹木がある場合は、最初に樹木の除染を行います。家屋等の除染を行う際には、固着状態に応じて、手作業、拭き取り、あるいはタワシやブラシによる洗浄を適用します。

■ 除去土壌等については適切に取り扱い、現場保管もしくは仮置場へ運搬します。拭き取りや洗浄に使用した用具等にも放射性物質が付着している可能性がありますので、これらについても適切に管理する必要があります。

■ 除染作業を行う際は、作業者と公衆の安全を確保するために必要な措置をとるとともに、除染に伴う飛散、流出などによる汚染の拡大を防ぐための措置を講じて、作業区域外への汚染の持ち出し、外部からの汚染の持ち込み、除染した区域の再汚染をできるだけ低く抑えることが必要です。

■ 除去土壌等については、除去土壌とそれ以外の廃棄物にできるだけ分別するとともに、袋などの容器に入れるなどし、飛散防止のために必要な措置を取ります。これらを仮置場などに運搬・保管する際には放射線量の把握が必要になりますので、それを容易にするために、除去土壌等を入れた容器の表面（1cm離れた位置）の空間線量率を測定して記録しておきます。

③ **排水の処理**
■ 除染に伴って排水が発生する場合、必要に応じて、排水の処理を行います。
　放射性セシウムの多くは、土壌粒子に強く吸着した状態で存在しており、水にはほとんど溶出しないという特徴があるため、堆積物の除去、拭き取り等を行うことが効果的です。
　除染実施区域（市町村が定める除染実施計画の対象となる区域）での除染においては、堆積物の除去等を行った場合は基本的に排水を処理する必要はありませんが、排水

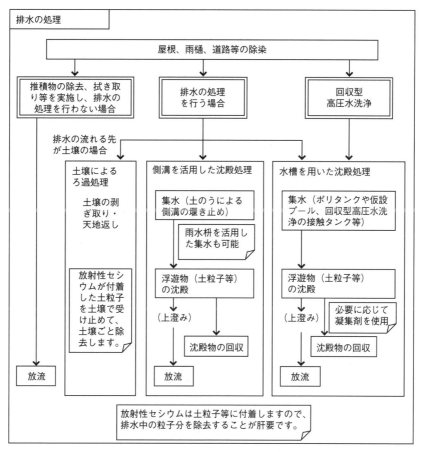

の濁りが多い場合や回収型の高圧水洗浄の排水等については基本的に排水の処理を行います。

　屋根の雨樋等の除染後の排水について、屋根に雨樋がない場合や雨樋下が土壌になっている場合等、排水の流れる先が土壌であって、排水中の放射性物質が、下に存在する土壌でろ過することが可能と考えられる場合は、高所から低所への除染作業の基本に従い、屋根等の除染後に当該土壌を除去することで放射性物質の回収を行うことができます。

　排水の流出先が側溝等の場合は、必要に応じて側溝等において土のう等による堰き止めにより集水し、粒子分の沈殿を行い、沈殿物を回収し、上澄みの水を放流します。上述のとおり放射性セシウムは排水中の粒子分に付着しているため上澄みには放射性物質はほとんど含まれません。

　また、その他除染に伴って生じた排水については、できる限り回収します。ポリタンクや仮設プールにより集水した排水や回収型高圧水洗浄で回収した排水については、粒子分の沈殿を行い、上澄みの水を放流し、沈殿物を回収します。粒子分の沈殿にあたっては、必要に応じて凝集沈殿させるための薬剤や粒子分の除去のためのフィルターを使用します。

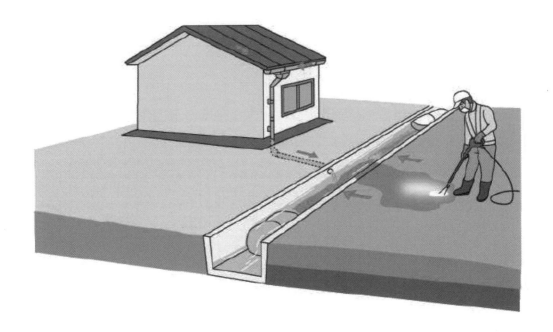

　以下、建物など工作物の屋根や屋上、雨樋、側溝等、壁及び庭における除染の方法について示します。

ア　屋根等の除染（主に落葉等の除去、洗浄）
○　除染のポイント
■　高所作業となる場合は、足場の設置や高所作業車の配置、あるいは親綱の設置と安全帯の使用等適切な安全対策を行います。
■　屋根等に落葉、苔、泥等の堆積物がある場合は、これらに放射性セシウムが付着している可能性があります。このため、まず、取り除きやすい堆積物を、手作業や厚手の紙タオルでの汚れの拭取りや、水を散布した上でデッキブラシやタワシ等を用いたブラッシング洗浄を行うことによって除去します。この際作業者はゴム手袋や保護衣を着用します。
　特に屋根の重ね合わせ部や金属が腐食している部分、大きな屋根や屋上の排水口周りには堆積物が比較的多く付着しているため、念入りに洗浄します。

■　それでも除染の効果が見られない場合は、屋根材に放射性セシウムが付着していると考えられますが、降雨で流れ落ちなかった放射性セシウムは屋根材に固着しているため、拭取りや高圧（例：15MPa）の放水洗浄（以下「高圧洗浄」）を行うことによって落とします。この際、屋根の重ね合わせ部や金属が腐食している部分など見た目に汚れている部分や、大きな建物の屋上の排水口周りには堆積物が比較的多く付着している

ため、念入りに洗浄します。屋根等の表面の素材により高圧洗浄による除染効果は異なりますので、まず部分的に洗浄を行って、除染効果があることを確認した上で全体の洗浄を行います。また、瓦の破損や通気口から洗浄水が家の中に入らないよう注意が必要です。

屋根の主要な汚染部位

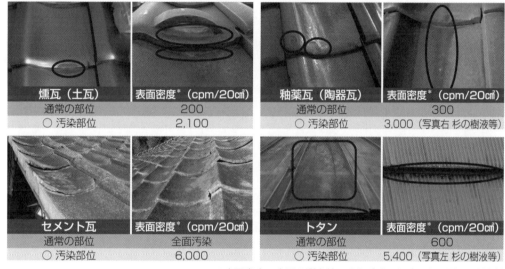

燻瓦（土瓦）	表面密度*（cpm/20c㎡）
通常の部位	200
〇 汚染部位	2,100

釉薬瓦（陶器瓦）	表面密度*（cpm/20c㎡）
通常の部位	300
〇 汚染部位	3,000（写真右 杉の樹液等）

セメント瓦	表面密度*（cpm/20c㎡）
通常の部位	全面汚染
〇 汚染部位	6,000

トタン	表面密度*（cpm/20c㎡）
通常の部位	600
〇 汚染部位	5,400（写真左 杉の樹液等）

※表面密度：表面の測定値－BG（バックグラウンド）の測定値

出典：日本原子力研究開発機構　福島技術本部 HP 除染モデル実証事業等の成果報告会
http://www.jaea.go.jp/fukushima/decon04/ke03.pdf

■　高圧洗浄を行うと、放射性物質を含む排水が発生しますので、流出先への影響を極力避けるため、できる限り排水の回収を行います。また、家屋、建物、農業用施設などの屋根の素材や構造等によっては破損する可能性もあるため、実施する場合は、専門業者の助言を受ける必要があります。

■　高圧洗浄によっても除染の効果が見られず、放射線量の低下に必要かつ効果的と認められる場合は、構造物の破損に配慮しつつ、コンクリート屋根や屋上については削り取りやブラスト除染の実施について検討します。ブラスト除染等を行う場合は、粉じんが発生しますので、周囲への飛散を防止するための措置が必要です。

■ 除染モデル実証事業の成果として、屋根の除染方法の比較が報告されていますで参考にしてください。

屋根の除染方法の比較

除染方法		高圧水洗浄	ブラシ掛け	拭き取り	剥離剤塗布
低減率	焼付鉄板	−	10%程度	10%程度	10%程度
	塗装鉄板	−	30%程度	5%程度	15%程度
	粘土瓦	−	50%程度	70%程度	30%程度
	セメント瓦	30%程度	5%程度	0%程度	30%程度
	スレート	10%程度	0%程度	25%程度	35%程度
除去物発生量		ほとんどなし	ほとんどなし	多少(ウエス)	多少(剥離剤)
二次汚染		飛沫が土壌に浸透あり	流末で水回収 ほとんどなし	なし	なし
施工スピード			120㎡/日	120㎡/日	10㎡/日
適用条件		・周辺土壌の剥ぎ取りが必要	・洗浄水の回収処理が必要 ・瓦間浸水リスク	・ウエス洗浄水の処理が必要	
適用性		▲	○	○	▲

◎:強く推奨、○:推奨、△:目標除染率により推奨、▲:推奨されない

出典:日本原子力研究開発機構 福島技術本部HP 除染モデル実証事業等の成果報告会
http://www.jaea.go.jp/fukushima/decon04/ke04.pdf

○ 除染の具体的方法
屋根等の除染にあたって事前に必要な措置

区分		除染の方法と注意事項
安全対策		・高所作業となる場合は、足場の設置や高所作業車の配置、あるいは親綱の設置と安全帯の使用等適切な安全対策を行います。
飛散防止		・歩道や建物が隣接している場合は、水等の飛散防止のために養生を行います。 ・回収型の高圧水洗浄を用いることも放射性物質の拡散の防止に有効です。
排水経路の確保と排水の処理		・水を用いて洗浄する場合は、洗浄水が流れる経路を事前に確認し、排水経路は予め清掃して、スムーズな排水が行えるようにします。 ・排水の取扱いについては、P.92の「排水の処理」を参照してください。
堆積物の除去	手作業による除去	・落葉、コケ、泥等の堆積物を、ゴム手袋をはめた手やスコップ等で除去します。
	拭き取り	・水等によって湿らせた紙タオルや雑巾等を用いて、丁寧に拭き取ります。 ・拭き取り作業で用いる紙タオルや雑巾等は、折りたたんだ各面を使用します。ただし、一度除染（拭き取り）に使用した面には放射性セシウムが付着している可能性がありますので、直接手で触れないようにします。 ・汚染の状況に応じて一拭きごとに新しい面で拭き取るなど、汚染の再付着を防止する配慮を行います。 ・セメント瓦、つや無し粘土瓦、塗装鉄板等においては、屋根の素材や錆による影響により除染の効果が小さくなる場合があります。 ・錆が存在する場合には、拭き取り等により錆そのものを除去することが必要になります。
洗浄	ブラシ洗浄	・デッキブラシやタワシ等を用いて丁寧に洗浄します。 ・水を周囲に飛散させないよう、高所から低所へ向け洗浄します。 ・回転ブラシは、茅葺きや瓦の屋根には適さないので使用しません。
	高圧水洗浄	・高圧水洗浄による屋根等の破損等のおそれがないことを事前に確認します（専門業者の助言を受けることが推奨されます）。 ・水圧による土等の飛散を防ぐために、最初は低圧での洗浄を行い、洗浄水の流れや飛散状況を確認しつつ、徐々に圧力を上げて洗浄を行います。 ・除染効果を得るために、除染する場所に噴射口を近づけます。 ・屋根の重ね合わせ部や金属が腐食している部分、屋上の排水口周り等、堆積物が多く付着している部分は念入りに洗浄します。 ・表面がはがれるなど財物を損傷する可能性があることに注意を要します。

削り取り	ブラスト作業	・ショットブラスト機により研削材を表面にたたきつけて表面を均質に削り取ります。 ・粉じんが発生するため、周囲への飛散を防止するための養生等を行うとともに、粉じんを回収します。 ・ブラスト作業においては、研削材等が除染作業区域の外に出て行かないように養生します。また、使用後の研削材等は、付着した放射性物質を周辺にまき散らさない方法で回収します。
	削り取り	・削り取りを行う場合は、周囲への飛散を防止します。 （例：集じん機の使用、事前の散水、簡易ビニールハウスの設置等）

高圧洗浄作業による災害事例

1) 噴射ガンによる死亡災害の概要

　集じん装置のダクト内に堆積して固着した粉じんを取り除く作業において、ノズルマンがマンホールからダクト内の奥に入り待機し、補助作業員（監視人）がダクト内のノズルマンに噴射ガンを手渡すため、噴射ガンを逆向きに持ってダクト内に入った。

　図に示すように、補助作業員がほぼ全身ダクト内に入ったとき、噴射ガンのレバーが体に当たり高圧水が噴射した。噴射水が自分の右太腿部の頸動脈を撃ち裂傷し、搬送先の病院で出血性ショックにより死亡した。被災時の噴射圧力は20MPaであった。

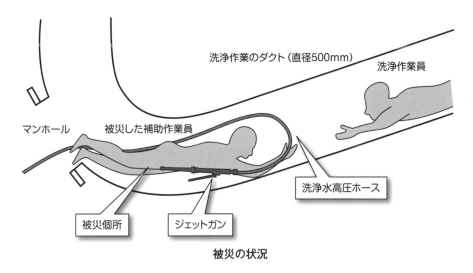

被災の状況

2) 事故の原因
① 人的要因：高圧ポンプを停止せずに噴射ガンの受け渡しを行った。
　　　　　　高圧水の威力、噴射ガンの機能・構造を十分理解していなかった。
② 物的要因：噴射ガンのレバーにガード及びロック機構が付いていなかった。

3) 対策
① 洗浄作業員の交替又は噴射ガンを受け渡す際は、必ず高圧ポンプを停止し、万一誤ってレバーを操作しても高圧水が噴射しない作業を標準作業として遵守する。
② 噴射ガンレバーには、ロック機構を設ける（レバーを引いても動かない構造）。
③ 噴射ガンレバーを覆うガードを設ける。
④ 作業員に高圧洗浄の作業者教育を徹底する。

出典：「産業洗浄（高圧洗浄作業）安全対策マニュアル（高圧洗浄作業監督者教育用）」
　　　社団法人 日本洗浄技能開発協会 2011年

イ　雨樋・側溝等の除染（主に落葉等の除去や洗浄）
○　除染のポイント
■　高所作業となる場合は、足場の設置や高所作業車の配置、あるいは親綱の設置と安全帯の使用等適切な安全対策を行います。

■　雨樋や側溝や雨水枡といった集水・排水設備には、雨で屋根等から流れ落ちた放射性物質が付着した落葉や土などが溜まっています。溜まった落葉等を除去し、その後、水を用いて洗浄することで、周囲の放射線量を減少させることができます。

■　雨樋については、溜まっている落葉や土をトングやシャベル等を使って手作業ですくい取ります。また、呼び樋、竪樋、排水管の内面は、パイプクリーナーや厚手の紙タオル等を使用して手作業で拭き取ります。

■　側溝については、溜まっている泥等をスコップ等で除去し、その後、ブラシ洗浄または高圧洗浄（例：15MPa）を行います。高圧洗浄を行う際は、排水経路等に注意を払う必要があります。

■　水を用いて洗浄した場合は、放射性物質を含む排水が発生します。洗浄等による排水による流出先への影響を極力避けるため、拭き取り等水による洗浄以外の方法で除去できる放射性物質は可能な限りあらかじめ除去する等、工夫を行うものとします。側溝のコンクリートの目地が深い場合は除染の効果は低くなります。

○ 除染の具体的方法

雨樋の除染にあたって事前に必要な措置

区分	除染の方法と注意事項
飛散防止	・歩道や建物が隣接している場合は、水等の飛散防止のために養生を行います。
排水経路の確保と排水の処理	・水を用いて洗浄する場合は、洗浄水が流れる経路を事前に確認し、排水経路は予め清掃して、スムーズな排水が行えるようにします。 ・水を使った洗浄を行う前に、雨樋の堆積物を除去します。 ・排水の取扱いについては、P.92の「排水の処理」を参照してください。 ・雨樋流末部が破損又は庭地に直接放流となっている箇所は高線量となる場合がありますので、庭等の除染を検討します。

雨樋の除染の方法と注意事項

区分		除染の方法と注意事項
堆積物の除去	手作業による除去	・落葉、コケ等の堆積物を、ゴム手袋をはめた手やスコップ等で除去します。
	拭き取り	・水等によって湿らせた紙タオルや雑巾等を用いて、丁寧に拭き取ります。 ・拭き取り作業で用いる紙タオルや雑巾等は、折りたたんだ各面を使用します。ただし、一度除染(拭き取り)に使用した面には放射性セシウムが付着している可能性がありますので、直接手で触れないようにします。 ・汚染の状況に応じて一拭きごとに新しい面で拭き取るなど、汚染の再付着を防止する配慮を行います。 ・雨樋の堆積物に放射性物質が多く蓄積していることから、堆積物の除去は効果的です。
洗浄	ブラシ洗浄	・ブラシやタワシを用いて丁寧に洗浄します。 ・縦樋(特に屈曲部)への堆積が見落としがちとなるため、ワイヤーブラシ等を活用して洗浄します。 ・水を周囲に飛散させないよう、高所から低所へ向け洗浄します。
	高圧水洗浄	・手が届かないような狭い場所等、拭き取り作業の実施が困難な部位を中心に、雨樋を壊さないように、高圧水洗浄機を用いて、原則として水圧5MPa以下、使用水量1mあたり2リットル程度の高圧水で洗浄します。 ・洗浄効果を得るために除染する場所に噴射口を近づける(20cm程度)とともに、適切な移動速度で洗浄します。 ・水を周囲に飛散させないよう、水勾配の上流から下流に向かって行います。

ウ　外壁の除染（主に洗浄）
○　除染のポイント

■　建物の外壁については、屋根や雨樋、庭等に比べて一般的に汚染の程度は小さいため、他の場所に比べて表面汚染密度が十分低い場合は除染を行う必要はありません。

■　外壁を除染する場合は、再汚染を防ぐため、高い位置から低い位置の順で拭き取りや水を用いた洗浄を行います。なお、洗浄等による排水による流出先への影響を極力避けるため、水による洗浄以外の方法で除去できる放射性物質は可能な限りあらかじめ除去する等、工夫を行うものとします。

■　高圧洗浄については、外壁の素材や構造等によっては破損する可能性もあるため、実施する場合は、専門業者の助言を受ける必要があります。特に、木造の外壁には高圧洗浄は適しません。

第3章 除染等作業の具体例と留意点

○ 除染の具体的方法

外壁の除染にあたって事前に必要な措置

区分	除染の方法と注意事項
飛散防止	・歩道や建物が隣接している場合は、水等の飛散防止のために養生を行います。
排水経路の確保と排水の処理	・水を用いて洗浄する場合は、洗浄水が流れる経路を事前に確認し、排水経路は予め清掃して、スムーズな排水が行えるようにします。 ・排水の取扱いについては、P.92の「排水の処理」を参照してください。

外壁の除染の方法と注意事項

区分		除染の方法と注意事項
拭き取り		・水等によって湿らせた紙タオルや雑巾等を用いて、丁寧に拭き取ります。 ・拭き取り作業で用いる紙タオルや雑巾等は、折りたたんだ各面を使用します。ただし、一度除染（拭き取り）に使用した面には放射性セシウムが付着している可能性がありますので、直接手で触れないようにします。 ・汚染の状況に応じて一拭きごとに新しい面で拭き取るなど、汚染の再付着を防止する配慮を行います。
洗浄	ブラシ洗浄	・デッキブラシやタワシ等を用いて丁寧に洗浄します。 ・水を周囲に飛散させないよう、高所から低所へ向け洗浄します。
	高圧水洗浄	・水圧による土等の飛散を防ぐために、最初は低圧での洗浄を行い、洗浄水の流れや飛散状況を確認しつつ、徐々に圧力を上げて洗浄を行います。 ・洗浄効果を得るために除染する場所に噴射口を近づける（20cm程度）とともに、適切な移動速度で洗浄します。 ・壁がはがれるなど財物を損傷したり、屋内への漏水の可能性があることに注意します。

エ 庭等の除染
○ 除染のポイント

　家屋の庭等では、放射性セシウムは落葉や庭木、ならびに土面の表層近くに付着しています。まず落ち葉を拾い、放射性物質の付着状況に応じて庭木の剪定(せんてい)を行います。事故後除草を行っていない場所は、必要に応じて下草等の除去を行いますが、地面を覆うように苔や下草が生えている場所では、立鎌等を用いて下草等を掻(か)き取る方法も有効です。

　また、雨樋からの排水口、排水溝、雨水枡や、雨樋のない屋根の軒下の付近、樹木の根元等に放射性セシウムが比較的多く付着している可能性がありますので、それらの土壌等を手作業等により除去します。それでも除染効果が見られない場合、以下に示す方法で除染を行います。

■ 土の庭等

　土の庭等の場合、天地返し、表土の削り取りまたは土壌により覆うこと（以下「土地表面の被覆」）を検討します。

　天地返しは、放射性セシウムを含む上層の土と放射性セシウムを含まない下層の土を入れ替えることによる土地表面を被覆する方法です。天地返しを行うことにより、土等による遮へいによる放射線量の低減や放射性セシウムの拡散の抑制が期待できます。また、表土を削り取るわけではないため、除去土壌が発生しないという利点があります。天地返しを行う際は、約10cmの表層土を底部に置き、約20cmの掘削した下層の土により被覆します。この際、表層土はまき散らさないようにしておくことや、下層から掘削した土と混ざらないようにしておく必要があります。広い範囲で行う場合は、適切にエリアを区切って実施します。

　表土の削り取りを行う際は、除去土壌の発生量が過大にならないように、削り取る土壌の厚さを適切に選定することが重要です。具体的には、削り取りの対象とする土壌表面については、まず小さい面積（外部からの放射線の影響をなるべく受けずに土壌表面の空間線量率等を測定できる程度の面積）について、空間線量率等を測りながら表土を1～2cm程度ずつ削り取り、削り取るべき厚さを決定することが推奨されます。なお、これまでの知見を踏まえれば、土壌表面の削り取りは最大5cm程度で十分な効果が得られるとされています。表土等を除去した場所では、必要に応じて、汚染のない土壌を用いて客土等を行います。

　土地表面の被覆は、小型の重機を用いて放射性セシウムを含む上層の土を放射性セシウムを含まない土で覆う方法であり、遮へいによる放射線量の低減や放射性セシウムの拡散の抑制が期待できます。表土を除去するわけではないため、除去土壌が発生しないという利点があります。被覆を行う際は、被覆する厚さが過大にならないように、遮へいを目的とした被覆厚さを適切に選定することが重要です。

■ 砂利・砕石の庭等
　砂利・砕石等の庭の場合、砂利・砕石を水槽に入れ、攪拌や高圧水洗浄により砂利・砕石の放射性物質を除去し、洗浄後に再敷設を行います。高圧水洗浄等を行った際の排水の取扱いについては、P.92の「排水の処理」を参照してください。
　洗浄を行っても十分に効果が見られないと考えられる場合においては、スコップ等を用いて砂利、砕石を均質に除去します。砂利、砕石を除去した場合は、必要に応じて従前と同じ種類の砂利、砕石を用いて、従前と同じ現況高さまで、おおむね従前と同じ締め固め度で被覆します。
　なお、砂利・砕石が敷かれた土地においては、時間経過により砂利・砕石の下の土壌に放射性物質が蓄積している可能性があり、砂利・砕石の除染またはその下の土の除染のどちらを行うべきか判断が必要な場合があります。その際、測定や試験施工等を適切に行い除染の方法を決定することが必要です。

■ 芝の庭等
　芝の庭、下草が密生して生えている庭、サッチや枯葉・枯草の残渣があるような場所の除染方法については、「（4）② ア　芝地の除染」を参照してください。

■ コンクリートやアスファルトにより舗装された庭、駐車場やたたき
　コンクリートやアスファルトにより舗装された庭、駐車場やたたきの除染方法については、「（2）道路の除染等の措置」に示します。

　家屋や建物の除染作業で水を使用した場合、屋根等にあった放射性物質が流れてくる可能性もあるので、庭や周辺の敷地等の除染作業は家屋や建物の後に実施するのが効率的です。
　庭等の除染にあたって事前に必要な措置及び具体的な除染方法と注意事項は、以下のとおりとします。

除染の具体的方法
庭等の除染にあたって必要な措置

区分	除染の方法と注意事項
飛散防止	・歩道や建物が隣接している場合は、水等の飛散防止のために養生を行います。

庭等の除染の方法と注意事項

区分		除染の方法と注意事項
ホットスポットの土壌等の天地返しまたは除去		・落葉、コケ、泥等の堆積物を、ゴム手袋をはめた手やスコップ等で除去します。 ・雨樋下等のホットスポットの土壌については、天地返しまたは除去を行います。実施にあたっては、汚染の深さに注意が必要です。 ・雨水枡等にたまっている土壌のようにその場で天地返しを行うことが困難な場合には当該雨水枡の近傍で天地返しを行うことを検討します。
下草等の除去		・天地返しや表土の削り取りに先立ち、作業の支障となる雑草を、肩掛け式草刈り機又は人力により、除草、刈払を行います。 ・草刈りにより、草によるベータ線の遮へい効果が減じ、低減率が低くなる場合があります。
土の庭等	天地返し	・表層土を10cm 程度、均質に削り取り、ビニールシート等の上に仮置きをします。 ・下層土を20cm 程度、均質に削り取り、表層土とは別の場所に仮置きをします。 ・表層土を敷均した後、その上に、下層土を敷均し、整地を行い、おおむね従前と同じ締固め度で元の高さに復元します。
	表土の削り取り	・鋤簾（ジョレン）等を用い、庭土の表土を均質に削り取りを行います。 ・植栽があることやグラウンドと比較して不陸があることから、除染作業の確実性が低くなる可能性があることに注意します。
	土地表面の被覆	・放射性セシウムを含まない土等で土地表面を被覆します。
砂利・砕石の庭等	砂利・砕石の高圧水洗浄	・砂利・砕石をスコップ等を用いて、水槽に入れ、高圧水洗浄等を行います。 ・水圧による土等の飛散を防止するために最初は低圧での洗浄を行い、洗浄水の流れや飛散状況を確認しつつ、徐々に圧力を上げて洗浄を行います。 ・排水の取扱いについては、P.92の「排水の処理」を参照してください。
	砂利・砕石の除去	・スコップ等により砂利・砕石を均質に除去します。 ・砂利・砕石を撤去した場合は、必要に応じて従前と同じ種類の砂利・砕石を用いて、従前と同じ現況高さまで、おおむね同じ締め固め度で被覆します。 ・砕石による被覆は空隙が大きいことから、適切な転圧により密度調整を行うことに注意します。

オ　柵・塀、ベンチや遊具等の除染（主に洗浄）
○　除染のポイント

■　柵・塀、ベンチや遊具等の金属表面や木面については、ブラシ等を用いた水拭きを行って拭き取ります。この際、表面に影響が出ないよう留意しながら、必要に応じて中性洗剤等を使用します。錆びている部分については、サンドペーパーで研磨して削り落とした後に布等で拭き取ることも効果的ですが、拭き取りや研磨に使用する用具には放射性物質が付着する可能性がありますので、再汚染しないようにします。

■　拭き取りの難しい遊具等の接合部については、スチーム洗浄や高圧洗浄（例：15MPa）、削り取りを行います。

■　洗浄等での排水による流出先への影響を極力避けるため、水による洗浄以外の方法で除去できる放射性物質は可能な限りあらかじめ除去しておく等の工夫を行うものとします。

■　庭の除染や、砂場の除染も実施する場合は、柵・塀、ベンチや遊具等の除染作業後に行うことが効率的です。

柵・塀、ベンチや遊具等の除染にあたって事前に必要な措置

区分	除染の方法と注意事項
飛散防止	・歩道や建物が隣接している場合は、水等の飛散防止のために養生を行います。
排水経路の確保と排水の処理	・水を用いて洗浄する場合は、洗浄水が流れる経路を事前に確認し、排水経路は予め清掃して、スムーズな排水が行えるようにします。 ・排水の取扱いについては、P.92の「排水の処理」を参照してください。

柵・塀、ベンチや遊具等の除染の方法と注意事項

区分	除染の方法と注意事項
拭き取り	・拭き取り作業で用いる紙タオルや雑巾等は、折りたたんだ各面を使用します。ただし、一度除染（拭き取り）に使用した面には放射性セシウムが付着している可能性がありますので、直接手で触れないようにします。 ・汚染の状況に応じて一拭きごとに新しい面で拭き取るなど、汚染の再付着を防止する配慮を行います。 ・金属製遊具の錆は、サンドペーパーや金ブラシ等で落とした後で丁寧に拭き取ります。 ・紙タオルや雑巾で一度除染（拭き取り）に使用した面や、拭き取りに使用したブラシやウエス、サンドペーパーには放射性セシウムが付着している可能性がありますので、直接手で触れないようにします。
高圧水洗浄 （金属接合部）	・拭き取りの難しい遊具等の接合部は高圧水洗浄を行います。 ・水圧による土等の飛散を防ぐために、最初は低圧での洗浄を行い、洗浄水の流れや飛散状況を確認しつつ、徐々に圧力を上げて洗浄を行います。 ・洗浄効果を得るために除染する場所に噴射口を近づける（20cm程度）とともに、適切な移動速度で洗浄します。
スチーム洗浄	・木製遊具は、スチーム（蒸気）洗浄機を用いて洗浄します。
削り取り （木製遊具等）	・木製遊具は、電動工具等で木材表面を削り取ります。 ・木面等の削り取りを行う場合は、集じん機等を用いて、周囲への飛散を防止します。

（2）道路の除染等の措置

① 用具類

除染用具	・除染対象や作業環境に応じて、除染等の措置及び除去土壌等の回収のために必要な用具類を用意します。 【一般的な例】 　草刈り機、ハンドシャベル、草とり鎌、ホウキ、熊手、ちりとり、トング、シャベル、スコップ、レーキ、表土削り取り用の小型重機、ゴミ袋（可燃物用の袋、土砂用の麻袋（土のう袋））、集めた除去土壌等を現場保管する場所に運ぶための車両（トラック、リアカー、一輪車等）、高所作業車、ハシゴ（高所作業の場合）、路面清掃車 【水洗浄の場合の例】 　放水用のホース、高圧洗浄機、排水性舗装機能回復車、ブラシ（デッキブラシ、車洗浄用ブラシ等）、水を押し流すもの（ホウキ、スクレーパーなど）、バケツ、洗剤、雑巾、キッチンペーパー 【削り取りの場合の例】 　ショットブラスト、表面切削機、振動ドリル、ニードルガン、研磨機、削り取り用機器、超高圧水洗浄機、飛散防止に必要な器具（集じん機、養生マット） 【表土の除去の場合の例】 　バックホウ、ブルドーザー、油圧ショベル 【土地表面の被覆を行う場合の用具の例】 　自走転圧ローラー、転圧用ベニヤ板、散水器具

② 除染方法

■　道路の効率的な除染を行うためには、放射線量への寄与の大きい比較的高い濃度で汚染された場所を中心に除染作業を実施する必要があります。例えば、道脇や側溝、縁石には、放射性セシウムを含む泥、草、落葉等の堆積物が溜まっていることが多いため、これらを除去することにより、放射線量の低減が図られます。

■　除染の段階としては、まず、手作業等で比較的容易に除去できる堆積物を取り除き、それでも除染効果が見られない場合は、高圧洗浄（例：15MPa）や土地表面の被覆、あるいは削り取りを行います。

※各段階で、空間線量率を測定し、1mの高さの位置（幼児・低学年児童等の生活空間を考慮し小学校以下及び特定支援学校の生徒が主に使用する歩道橋などでは50cmの高さの位置）で0.23μSv/hを下回っていればそれ以上の除染は原則として行いません。

■　道路の除染作業で水を使用した場合など、放射性物質が道脇や側溝に移る可能性もあるため、水を使用する場合は、まず道脇や側溝の堆積物を取り除いてから、道路の洗浄

を行い、その後、道脇や側溝の洗浄を行うのが効率的です。除染を行う際には、固着状態に応じて、ブラシ洗浄、排水性舗装機能回復車、高圧水洗浄等を適用します。

■ 除去土壌等については適切に取り扱い、現場保管もしくは仮置場へ運搬します。現場保管や仮置場への運搬については環境省作成の「除染関係ガイドライン」第3編「除去土壌の収集・運搬に係るガイドライン」や第4編「除去土壌の保管に係るガイドライン」を参照ください。拭き取りや洗浄に使用した用具等にも放射性物質が付着している可能性がありますので、これらについても適切に管理する必要があります。

■ 除染作業を行う際は、作業者と公衆の安全を確保するために必要な措置をとるとともに、除染に伴う飛散、流出などによる汚染の拡大を防ぐための措置を講じて、作業区域外への汚染の持ち出し、外部からの汚染の持ち込み、除染した区域の再汚染をできるだけ低く抑えることが必要です。

■ 水を用いた洗浄を行う際には、水たまりができないようにすることや、周りの汚染していない壁などに飛び散らせないようにすることに加えて、洗浄後の排水経路を確認しておくことが重要です。また、水を用いて洗浄を行った場合は、放射性物質を含む排水が発生します。この場合は、洗浄等での排水による流出先への影響を極力避けるため、水による洗浄以外の方法で除去できる放射性物質は可能な限りあらかじめ除去しておく等の工夫を行うものとします。

■ 例えば、農業用水として用水路に流れることが懸念される場合には、事前に地域の農業関係者にも加わってもらい、用水路でのサンプリング等による確認を行うことが推奨されます。また、除染による地区外への影響を可能な限り小さくする観点から、市町村において、広範な地区が同じタイミングで除染に取り組むことを極力避けられるよう、全体スケジュールを調整して下さい。

■ 除去土壌等については、除去土壌とそれ以外の廃棄物にできるだけ分別するとともに、袋などの容器に入れるなどし、飛散防止のために必要な措置をとります。これらを仮置場などに運搬・保管する際には放射線量の把握が必要になりますので、それを容易にするために、除去土壌等を入れた容器の表面（1cm離れた位置）の空間線量率を測定して記録しておきます。

■ 除染モデル実証事業の成果として、汚染の深度分布が報告されていますので参考にしてください。

アスファルト舗装における放射性セシウムの深度分布

アスファルト舗装における深度分布に関する知見
- 表面からのコア抜き試料を対象に表面密度をもとに深度方向分布を評価した。
- 密粒度の舗装面では約2～3mm程度に放射性セシウムのほとんどが存在する傾向があった。
- 多孔質な透水性舗装（試料数1個）では約5mm程度までにほとんどが存在する傾向があった。

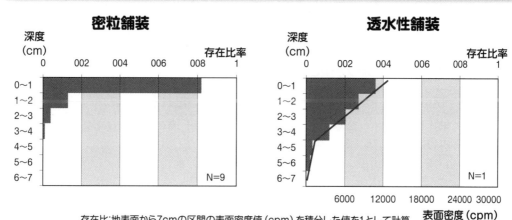

存在比：地表面から7cmの区間の表面密度値（cpm）を積分した値を1として計算

出典：日本原子力研究開発機構　福島技術本部 HP 除染モデル実証事業等の成果報告会
http://www.jaea.go.jp/fukushima/decon04/ke04.pdf

　以下、比較的高い濃度で汚染された場所と考えられる道脇や側溝に加えて、舗装面や未舗装の道路における除染の方法について示します。

ア　道脇や側溝の除染（草刈り又は汚泥、落葉等の除去、洗浄）
○　除染のポイント

■　雨水がたまりやすい場所、植物の根元、コケが生えている場所等を対象に、道脇の落葉、泥、土等の回収、草刈り等を行い、堆積物を除去した後、水を用いてデッキブラシやタワシ等での洗浄を行います。

■　側溝については、厚いコンクリート蓋が敷設してあるものや暗渠（あんきょ）については、空間線量に影響しない場合は、堆積物を除去する必要はありません。なお、蓋がついている側溝で、流出等により空間線量に影響することが考えられる場合には、堆積物が排水とともに流出、拡散しないよう、下流で堰き止めるなどの措置を行った上で、高圧水洗浄等による除染の実施を検討します。

■　洗浄作業後、測定点で空間線量率等を測定して、排水の流出先となる場所に汚染の拡大がないことや除染の効果を確認します。

○ 除染の具体的方法

未舗装の道路等の除染にあたって事前に必要な措置

区分	除染の方法と注意事項
飛散防止	・乾燥した土壌について表土削り取りを行う場合等、事前に固化剤を散布し土壌の表面を固化させることにより、土ぼこりの飛散防止を図ることができます。

未舗装の道路等の除染の方法と注意事項

区分		除染の方法と注意事項
堆積物の除去	手作業等による除去	・落葉、コケ、泥等の堆積物の土壌等を、ゴム手袋をはめた手やスコップ等で除去します。
土の道路等	天地返し	・表層土を10cm 程度、均質に削り取り、ビニールシート等の上に仮置きをします。 ・下層土を20cm 程度、均質に削り取り、表層土とは別の場所に仮置きをします。 ・表層土を敷均した後、その上に、下層土を敷均し、整地を行い、おおむね従前と同じ締固め度で元の高さに復元します。
	表土の削り取り	・バックホウ等により表土を均質に削り取ります。 ・削り取りを行う場合は、周囲への飛散を防止します。 　（例：集じん機の使用、事前の散水、簡易ビニールハウスの設置等）
	土地表面の被覆	・放射性セシウムを含まない土で土地表面を被覆します。
砂利・砕石の道路等	砂利・砕石の高圧水洗浄	・砂利・砕石をバックホウ等を用いて集積し、水槽に入れ、高圧水洗浄等を行います。 ・水圧による土等の飛散を防止するために最初は低圧での洗浄を行い、洗浄水の流れや飛散状況を確認しつつ、徐々に圧力を上げて洗浄を行います。 ・排水の取扱いについては、P.92の「排水の処理」を参照してください。
	砂利・砕石の除去	・バックホウ等により砂利・砕石を均質に除去します。 ・砂利・砕石を撤去した場合は、必要に応じて従前と同じ種類の砂利・砕石を用いて、従前と同じ現況高さまで、おおむね同じ締め固め度で被覆します。 ・砕石による被覆は空隙が大きいことから、適切な転圧により密度調整を行うことに注意します。

道路のり面	下草等の除去	・肩掛け式草刈り機または人力により、除草、刈払を行います。
	表土の削り取り	・人力またはバックホウ等により表土を均質に削り取ります。 ・削り取りを行う場合は、周囲への飛散を防止します。 　（例：集じん機の使用、事前の散水、簡易ビニールハウスの設置等）

イ　舗装面等の除染（主に洗浄）

○　除染のポイント

■　事前に道路表面のゴミ等（落葉、コケ、草、泥、土等）を手作業等により除去した後、アスファルトの継ぎ目やひび割れの部分をブラッシングします。縁石、ガードレールや歩道橋等については、ブラシ等や中性洗剤を用いた洗浄や高圧洗浄（例：15MPa）を行います。特に、継ぎ目やひび割れ部分の除染には高圧洗浄が効果的です。

■　洗浄作業後、作業前と同じ測定点で空間線量率等を測定して、排水の流出先となる場所に汚染の拡大がないことや除染の効果を確認します。

■　高圧洗浄を行っても放射性セシウムの除去が困難な場合は、ブラスト作業や超高圧洗浄により道路等の舗装面を削り取ることによって、洗浄作業等で除去できなかった舗装面の目地やくぼみ中の放射性セシウムを除去することができるため、放射線量の低減が期待されますが、他の除染方法に比べてコストも高く、作業も大がかりとなり、大量のアスファルトやコンクリートが除去土壌等として発生します。したがって、舗装面の削り取りは、市街地や居住地に隣接している道路であって、他の除染方法では放射線量が十分に低減できない場合についてのみ、実施を検討することが推奨されます。実施する際は、粉じんの飛散を抑えるための措置が必要です。

■　除染モデル実証事業の成果として、舗装の除染方法の比較結果が報告されていますので参考にしてください。

アスファルト舗装除染方法の比較

除染方法	機能回復車	高圧水洗 (10-20Mpa)	超高圧水洗 (240Mpa)	ショットブラスト	TS切削機
低減率	0-60%	2-50%	40-90% （圧力、回数）	60-95% (投射密度、回数による)	95%以上
除去物発生量 （余掘り）	ほとんど無し	ほとんど無し	ストレートアスファルト汚泥	切削屑 30袋/ha程度	5mm以下の薄削は困難 60袋/ha程度
二次汚染	洗浄水回収 ほとんど無し	流末処理 多少あり	洗浄水回収 ほとんど無し	多少あり	多少あり
施行スピード	2500㎡/日	300㎡/日	300㎡/日	300-800㎡/日	1000㎡/日
適用条件	・歪曲・損傷のない平滑な道路	・損傷のない道路 ・側溝蓋も洗浄可	・損傷のない道路 ・側溝蓋も洗浄可	・乾燥した道路 ・歪曲・損傷のない道路	・乾燥した道路 ・歪曲・損傷のない道路
適用性	△	△	◎	○	○

◎：強く推奨、○推奨、△目標除染率により推奨、▲推奨されない

出典：日本原子力研究開発機構　福島技術本部HP　除染モデル実証事業等の成果報告会
http://www.jaea.go.jp/fukushima/decon04/ke04.pdf

○　除染の具体的方法

舗装面等の除染にあたって事前に必要な措置

区分	除染の方法と注意事項
安全管理	・除染作業時に通行止めができない場合は、交通誘導員等を配置するなど、十分な安全管理を行います。
飛散防止	・水を利用する除染作業を行う場合は、洗浄水の飛散防止措置を行います。
排水経路の確保と排水の処理	・水を使った洗浄を行う前に、道路や道脇、側溝の堆積物を除去します。 ・水を用いて洗浄する場合は、洗浄水が流れる経路を事前に確認し、排水経路は予め清掃して、スムーズな排水が行えるようにします。 ・排水の取扱いについては、P.75の「排水の処理」を参照してください。

○ 舗装面等の除染の方法と注意事項

区分		除染の方法と注意事項
堆積物の除去	手作業等による除去	・落葉、コケ、泥等の堆積物を、ゴム手袋をはめた手やスコップ、路面清掃車等で除去します。
洗浄	ブラシ洗浄	・水を周囲に飛散させないよう、高所から低所へ向け洗浄します。 ・排水性舗装機能回復車については、地震等の影響で歪曲や損耗が生じた路面においては洗浄や排水回収の能力が低下することがあることに注意します。
洗浄	高圧水洗浄	・水圧による土等の飛散を防ぐために、最初は低圧での洗浄を行い、洗浄水の流れや飛散状況を確認しつつ、徐々に圧力を上げて洗浄を行います。 ・洗浄水を回収する回収型の高圧水洗浄も有効です。 ・除染効果を得るために、除染する場所に噴射口を近づけます。 ・除染範囲が広い場合、地点によって作業方法(ノズルの地上高さ、面積あたりの作業時間等)にばらつきが生じないように注意します。
削り取り等	ブラスト作業	・ショットブラスト機により研削材を表面にたたきつけて表面を均質に削り取ります。 ・粉じんが発生するため、周囲への飛散を防止するための養生等を行うとともに、粉じんを回収します。 ・ブラスト作業においては、研削材等が除染作業区域の外に出て行かないように養生します。また、使用後の研削材等は、付着した放射性物質を周辺にまき散らさない方法で回収します。 ・インターロッキングの削り取りを行う場合は、ブロックの隙間に切削くずや放射性物質が残る場合があることに注意します。
削り取り等	超高圧水洗浄	・150MPa以上の超高圧水洗浄機(洗浄水回収型)を用いて、舗装面を削り取ります。 ・強力吸引車により発生した削り取りくずを回収します。
削り取り等	削り取り	・舗装面を表面切削機等を用いて、表面を削り取ります。 ・削り取りを行う場合は、周囲への飛散を防止します。 (例：集じん機の使用、事前の散水、簡易ビニールハウスの設置等)

ウ 未舗装の道路等の除染（主に草刈り、汚泥等の除去、土壌により覆うこと、表土の削り取り）

- 〇 除染のポイント
    - ■ 未舗装の道路表面やのり面等については、まず、道路等の表面のゴミ、落葉、コケ、草、泥、土等を手作業により除去します。それでも除染効果が得られない場合、放射性セシウムは表層近くに付着していますので、重機等を用いた土地表面の被覆、あるいは表土の削り取りによって放射線量の低減が期待できます。ただし、土地表面の被覆や表土の削り取りは他の除染方法に比べてコストも高く、作業も大がかりとなります。したがって、市街地や居住地に隣接している道路であって、他の除染方法では放射線量が十分に低減できない場合についてのみ、実施を検討することが推奨されます。

    - ■ 土地表面の被覆とは、放射性セシウムを含む上層の土を、放射性セシウムを含まない土で覆うことであり、遮へいによる放射線量の低減や放射性セシウムの拡散の抑制が期待できます。これらの方法は、表土を除去するわけではないため、除去土壌が発生しないという利点があります。また、比較的放射線量が高い土壌に適用することで、土壌の除去等の対策を行うまでの間、表層の汚染土壌の拡散を抑制するとともに、除去等を行う作業員の被ばく低減や作業性の向上を期待できます。

    - ■ 上下層の土の入れ替えについては、約10cmの表層土を底部に置き、約20cmの掘削した下層の土により被覆します。この際、表層土はまき散らさないようにしておくことや、下層から掘削した土と混ざらないようにしておく必要があります。広い範囲で行う場合

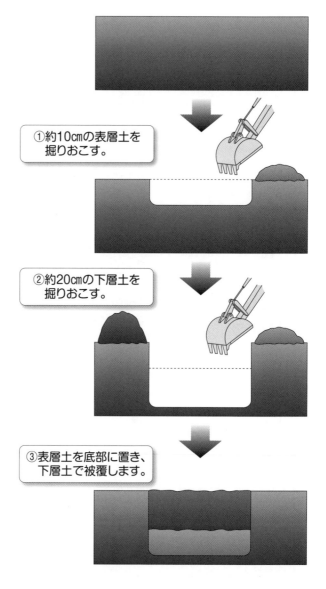

①約10cmの表層土を掘りおこす。

②約20cmの下層土を掘りおこす。

③表層土を底部に置き、下層土で被覆します。

は、適切にエリアを区切って実施します。

■ 表土を削り取る際は、除去土壌等の発生量が過大にならないように、削り取る土壌の厚さを適切に選定することが重要です。そのためには、事前に空間線量率等を測定し、特に汚染密度が高くなっている深さを把握することが重要です。具体的には、削り取りの対象とする土壌表面について、まず小さい面積（外部からの放射線の影響をなるべく受けずに土壌表面の空間線量率等を測定できる程度の面積）について、空間線量率等を測りながら表土を1～2cm程度ずつ削り取り、削り取るべき厚さを決定することが推奨されます。また、削り取るべき厚さが薄い場合は、砂質土やシルト、粘土などの表土の種類に応じて、比較的簡単に削り取り厚さを制限できる固化剤を用いた方法も有効です。

■ 市街地や居住地に隣接している未舗装の道路の面積は比較的少ないことが予想され、土地表面の被覆よりも削り取りの方が効率的である場合もありますので、いずれかの方法を採用する際は、両者のコストや予想される除去土壌等の発生量を考慮して最適な方を選択します。

■ 表土を除去した場合は、必要に応じて表土を除去した部分に客土、圧密して、作業前の状態に回復します。客土や圧密を行う際は、斜面の崩落などに注意します。

■ 砂利・砕石の道路等
　砂利・砕石等の道路の場合、砂利・砕石を水槽に入れ、攪拌や高圧水洗浄により砂利・砕石の放射性物質を除去し、洗浄後に再敷設を行います。高圧水洗浄等を行った際の排水の取扱いについては、P.92の「排水の処理」を参照してください。
　洗浄を行っても十分に効果が見られないと考えられる場合においては、バックホウ等を用いて砂利、砕石を均質に除去します。砂利、砕石を除去した場合は、必要に応じて従前と同じ種類の砂利、砕石を用いて、従前と同じ現況高さまで、おおむね従前と同じ締め固め度で被覆します。
　なお、砂利・砕石が敷かれた道路においては、時間経過により砂利・砕石の下の土壌に放射性物質が蓄積している可能性があり、砂利・砕石の除染またはその下の土の除染のどちらを行うべきか判断が必要な場合があります。その際、測定や試験施工等を適切に行い除染の方法を決定することが必要です。

■ 道路ののり面
　道路ののり面の除染については、汚染の状況に加え、除染後ののり面の安全性や利用

の実態等を勘案して、除染実施の判断を行います。特に、表土除去にあたっては、のり面の性状（勾配、土質・岩質）及び植生の有無を考慮する必要があります。まず、のり面保護として植生工を施している場合は、先に植物等の除去や保護構造物の除染を行った結果として、効果が得られない場合に表土の除去を行うこととします。具体的には、スコップ等を用いて手作業で回収する方法、バックホウ等の重機を用いる方法、エア吸引パイプ等の専用の装置で回収する方法等があります。表土除去を行う場合は、上部より着手し、下方へ進めます。のり面の表土除去は、1回で施工可能な範囲の表土を除去し、その都度回収しますが、除去作業に伴い土壌が下方に落下することが想定されますので、土壌の流出を防ぐために必要な措置を講じてから実施します。表土を除去する際は粉じんが発生しますので、水の散布による飛散の防止が必要です。

(3) 土壌の除染等の措置

① 用具類

除染用具	・除染対象や作業環境に応じて、除染等の措置及び除去土壌等の回収のために必要な用具類を用意します。 【一般的な例】 　草刈り機、ハンドシャベル、草とり鎌、ホウキ、熊手、ちりとり、トング、シャベル、スコップ、レーキ、表土削り取り用の小型重機、ゴミ袋（可燃物用の袋、土砂用の麻袋（土のう袋））、フレキシブルコンテナ、集めた除去土壌等を現場保管又は仮置場に運ぶための車両（トラック、リアカー等）、高所作業車、ハシゴ（高所作業の場合） 【水洗浄の場合の例】 　放水用のホース 【表土の除去の場合の例】 　ブルドーザー、油圧シャベル 【土地表面の被覆を行う場合の用具の例】 　自走転圧ローラー、転圧用ベニヤ板、散水器具
農用地における除染用具	・農用地における除染及び除去土壌等を回収するために必要な用具類を用意します。 【表土削り取りの用具の例】 　ブルドーザー、油圧ショベル、トラクタ、バーチカルハロー等アタッチメント、リアブレード、フロントローダ、バックホウ、クレーン、バキュームカー、草刈り機、高圧水洗浄機、削り機、ハンマーナイフモア、フレキシブルコンテナ 【水による攪拌の用具の例】 　トラクタ、バーチカルハロー等アタッチメント、排水ポンプ、バックホウ、クレーン、草刈り機、遮水シート、フレキシブルコンテナ 【反転耕・深耕の用具の例】 　トラクタ、深耕プラウ、深耕ロータリ、草刈り機

② **除染方法**

■　効率的な除染を行うためには、放射線量への寄与の大きい比較的高い濃度で汚染された場所を中心に除染作業を実施する必要があります。

■　それでも除染効果が見られない場合は、土地表面の被覆、あるいは削り取りを行います。

■　農用地以外の土壌については、各段階で、放射線量を測定し、1mの高さの位置（学校の校庭等については50cmの高さの位置。中学校以上では1mの高さの位置）での放射線量が0.23μSv/hを下回っていればそれ以上の除染は行いません。

■　除去土壌等については適切に取り扱い、現場保管もしくは仮置場へ運搬します。拭き取りや洗浄に使用した用具等にも放射性物質が付着している可能性がありますので、これらについても適切に管理する必要があります。

■　除染作業を行う際は、作業者と公衆の安全を確保するために必要な措置をとるとともに、除染に伴う飛散、流出などによる汚染の拡大を防ぐための措置を講じて、作業区域外への汚染の持ち出し、外部からの汚染の持ち込み、除染した区域の再汚染をできるだけ低く抑えることが必要です。

■　除染による地区外への影響を可能な限り小さくする観点から、市町村において、広範な地区が同じタイミングで除染に取り組むことを極力避けられるよう、全体スケジュールを調整して下さい。

■　除去土壌等については、除去土壌とそれ以外の廃棄物にできるだけ分別するとともに、袋などの容器に入れるなどし、飛散防止のために必要な措置をとります。これらを仮置場などに運搬・保管する際には放射線量の把握が必要になりますので、それを容易にするために、除去土壌等を入れた容器の表面（1cm離れた位置）の空間線量率を測定して記録しておきます。

■　除染モデル実証事業の成果として、土壌におけるセシウムの深度分布に関する知見が報告されていますので参考にしてください。

放射性セシウムの深度方向分布

土壌における深度分布に関する知見
- 除染モデル実証事業における測定経験では、ほとんどの測定地点において地表面から約5cm程度の範囲に放射性セシウムの80％以上が存在する傾向があった。
- 放射性セシウムの濃度（Bq/kg）と分布は、測定箇所（汚染レベル）、土壌の状態等によって個々に異なっていた。

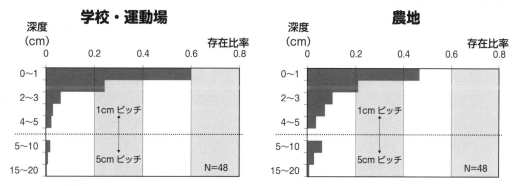

存在比：地表面から20cmの区間の放射能濃度分析値（Bq/kg）を積分した値を1として計算

（出典：日本原子力研究開発機構　福島技術本部 HP 除染モデル実証事業等の経過報告会
http://www.jaea.go.jp/fukushima/decon04/ke04.pdf

以下、校庭や園庭、公園の土壌及び農用地における除染の方法について示します。

ア　校庭や園庭、公園の土壌の除染（土壌により覆うこと、表土の削り取り）
○　除染のポイント

■　校庭や園庭、公園の土壌では、放射性セシウムは土面の表層近くに付着しています。特に、雨樋からの排水口の付近や樹木の根元等は部分的に線量が高くなっている可能性がありますので、まず、こうした場所の土壌を手作業等により除去します。樹木の根元の除染方法については（4）の②の（イ）を参照ください。

■　それでも除染効果が見られない場合は、重機等を用いた上下層の土の入れ替え（天地返し）や土地表面の被覆、あるいは表土の削り取りを行います。

■　土地表面の被覆とは、放射性セシウムを含む上層の土を放射性セシウムを含まない土で覆うことであり、遮へいによる線量の低減や放射性セシウムの拡散の抑制が期待できます。これらの方法は、表土を除去するわけではないため、除去土壌が発生しないという利点があります。また、比較的放射線量が高い土壌に適用することで、土壌の除去等の対策を行うまでの間、表層の汚染土壌の拡散を抑制するとともに、除去等を行う作業員の被ばく低減や作業性の向上を期待できます。

■　上下層の土の入れ替えについては、約10cmの表層土を底部に置き、約20cmの掘削した下層の土により被覆します。この際、表層土はまき散らさないようにしておくことや、下層から掘削した土と混ざらないようにしておく必要があります。広い範囲で行う場合は、適切にエリアを区切って実施します。

■　表土を削り取る場合は、除去土壌等の発生量が過度に多くならないように、削り取る厚さを薄くすることが効果的ですが、一度の削り取りで除染しきれなかった場合は、削り取り回数が増加し作業工数も増加します。したがって、削り取る土壌の厚さを適切に選定することが重要です。そのため、まず草が生えている場合は草刈りをします。次に、土壌表面のベータ線量もしくはガンマ線量（遮へいして測定する、または表面、50cm、1mの位置での測定値を参考に表面汚染の程度を把握する）を測定し、特に汚染の程度が高くなっている場所を把握し、削り取りの対象とします。削り取りの対象とする土壌表面については、まず小さい面積（外部からの放射線の影響をなるべく受けずに土壌表面の空間線量率等を測定できる程度の面積）について、空間線量率等を測りながら表土を1～2cm程度ずつ削り取り、削り取るべき厚さを決定することが推奨されます。また、削り取るべき厚さが薄い場合は、砂質土やシルト、粘土などの表土の種類に応じて、比較的簡単に削り取り厚さを制限できる固化剤を用いた方法も有効です。

■　ただし、公園の砂場については、子どもが直接触れる場所であり掘り返しも想定され、かつ面積が比較的小さいことから、表層から10～20cmの層をスコップ等で除去してから、必要に応じて、汚染の無い砂で表面を被覆し、作業前の状態に戻します。削り取りを行う際は、水などを散布して土壌の再浮遊や粉じんの飛散を防止します。

■　表土等を除去した場所では、必要に応じて、汚染のない土壌を用いて客土等を行い、作業前の状態に回復させます。

■　テニスコート等の人工芝については、人工芝の充填材（目砂等）の除去を行います。
　例えば、充填材を吸引・除去できる機械を取り付けたトラクター等を走行させ、人工芝に散布されている充填材（目砂等）を吸引します。

■ 除染対象が広域にわたる場合は、除染作業後の再汚染などが起こらないように、連携をとり日程を合わせて一斉に行います。

○ **除染の具体的方法**

校庭や園庭、公園の土壌の除染にあたって事前に必要な措置

区分	除染の方法と注意事項
飛散防止	・乾燥した土壌について表土削り取りを行う場合等、事前に固化剤を散布し土壌の表面を固化させることにより、土ぼこりの飛散防止を図ることができます。

校庭や園庭、公園の土壌の除染の方法と注意事項

区分	除染の方法と注意事項
堆積物の除去	・落葉、コケ、泥等の堆積物を、ゴム手袋をはめた手やスコップ等で除去します。
天地返し	・表層土を10cm程度、均質に削り取り、ビニールシート等の上に仮置きをします。 ・下層土を20cm程度、均質に削り取り、表層土とは別の場所に仮置きをします。 ・表層土を敷均した後、その上に、下層土を敷均し、整地を行い、おおむね従前と同じ締固め度で元の高さに復元します。
表土の削り取り	・バックホウ等により表土を均質に削り取ります。 ・あらかじめ石灰を散布することによって、表土の取り残しの確認を行うことができます。 ・表面切削機やハンマーナイフを用いた削り取りは、広い場所においては効果的な方法です。 ・削り取りを行う場合は、周囲への飛散を防止します。 （例：集じん機の使用、事前の散水、簡易ビニールハウスの設置等）
土地表面の被覆	・放射性セシウムを含まない土等で土地表面を被覆します。 ・砕石による被覆は空隙が大きいことから、適切な転圧により密度調整を行うことに注意します。
人工芝の充填材の除去	・充填材を吸引・除去できる機械により、人工芝等の充填材の抜き取りを行います。

イ　農用地の除染（深耕、土壌により覆うこと、表土の削り取り）
○　除染のポイント

■　農用地土壌は、農業者の永年の営農活動を通じて醸成されてきたものであり、また、生態系の維持など多様な側面も持っていることなどの特色を有しています。したがって、農用地の除染にあたっては、周辺住民に与える放射線量を低減することに加えて、農業生産を再開できる条件を回復し、再び安全な農作物を提供できるように、土壌中の放射性物質の濃度を低減することが重要です。このため、農用地の除染においては、表土削り取りや反転耕等により除染を行った後の農用地は、肥料成分や有機質が失われ、透水性等の物理性も悪化することが予想されることから、除染後の農用地については、土壌分析・診断を行った上で、客土、肥料、有機質資材、土壌改良資材の施用等を必要な量行うこと等、農業生産を再開できる条件を回復させるよう配慮が必要です。

■　原子力発電所の事故（平成23年3月中旬）以降に耕起されていない農用地では、降下した放射性セシウムの大部分は、未だ多くが農用地の表面に留まっているため、事故以降に耕起されていない農用地と、耕起によって作土層が攪拌された農用地では、放射性セシウム濃度が同じでも、表土がそのままとなっている前者の方が空間線量率として高い値を示すことになります。このように、農用地の除染作業を行うにあたっては、現況地目や汚染物質の濃度に加えて、これまでの耕起の有無に応じて適切な方法を採ることが必要です。

■　耕起されていないところでは、除草した後、放射性セシウムが留まっている表層部分の土壌を削り取るのが適当ですが、土壌中の放射性セシウム濃度、現況地目、土壌の条件等を考慮すれば、表土削り取りに加えて、水による土壌攪拌・除去や反転耕の手法を選択することも可能です。表土削り取りの場合は、除去物としての土壌が大量に発生しますので、あらかじめ発生見込み量を計算し、仮置場等の確保の見通しを立ててから、作業を開始することが推奨されます。

■　土壌中の放射性セシウム濃度が5,000Bq/kg以下の農用地では、除去物（土壌）が発生しない反転耕を実施することが可能であり、土壌中の放射性セシウム濃度が5,000Bq/kg（土壌中の放射性セシウムの濃度の基準が見直された場合は、それに準拠します）を超えている農用地では、表土削り取り、水による土壌攪拌・除去又は反転耕を実施することが適当です。このうち、反転耕は、放射性セシウムを下層に移動させることになりますので、地下水を通じて農用地外に放射性セシウムが移行する可能性もあるため、事前に地下水位を測定し、その深さに留意して反転耕を行うようにして下さい。また、反転深度が深いほど、地表面の放射線量が低下しますが、耕盤を壊すおそれ

がありますので、特に水田においては、耕盤が壊れた場合は作り直す必要があります。なお、現在、各種資材等を用いて土壌から放射性セシウムの移行を抑制する技術等の試験が進められており、その結果は順次公表されることとなっています。

■ 他方、すでに耕起されているところでは、放射性セシウムは耕起によって作土層全体に攪拌されていると考えられますので、この場合は、反転耕又は深耕等を行います。例えば、作土層が15cmの農用地では、30cmの深耕を行うことで表面から15cmの範囲内に分布していた放射性物質が表面から30cmの範囲内に希釈されるため、作土層の放射性セシウム濃度の低減及び放射線量の低減が期待できます。

■ 農業用用排水路等については、次の①～③の内容をすべて満たすものについて、除染等の措置を行うことが考えられます。
　①例年、農家や管理者により通水断面・通水量の確保のため、主に人の手により泥上げが行われている水田近傍の水路の土壌を除去するものであること
　②事故の影響により例年どおり泥上げができなかった地域であること
　③農閑期等、一定期間、当該水路に水がないこと等により水による遮へい効果が望めず、周囲の空間線量率に寄与することが明らかであるもの

■ 果樹、茶園等永年性の農作物が栽培されているところでは、樹体を傷つけない範囲での表土の削り取りは有効と考えられますが、反転耕や深耕では根を損傷するおそれがあるほか、根圏が下層まで分布しているため、適切ではありません。こうした農用地の除染にあたっては、果樹については粗皮削り（古くなった樹皮を削り取ること）や樹皮の洗浄及び剪定を行うとともに、茶樹については剪枝（茶の摘採後に深刈り、中切り、台切り等を行い、古い葉や枝を除くこと）等を行い、放射線量の低減や生産物に含まれる放射性セシウム濃度をできるだけ低減するようにします。

■ これらの対策を実施しても効果が不十分な場合には、表土の全面的削り取り等を検討します。

■ さらに、畦畔や法面の草取り等や農用地周辺の水路の汚泥の除去等についても必要に応じて実施します。

農用地の除染

(Bq/kg)	畑	水田
5,000以下	必要に応じて反転耕、移行低減栽培技術	
5,000〜10,000	表土削り取り 反転耕（地下水位が低い場合）	表土削り取り 反転耕 水による土壌攪拌・除去
10,000〜25,000	表土削り取り	表土削り取り
25,000以上	表土削り取り 5cm以上	表土削り取り 5cm以上

（出典：農林水産省「農地土壌の放射性物質除去技術（除染技術）について」
http://www.s.affrc.go.jp/docs/press/pdf/110914-03.pdf）

農地関係　実証した除染技術の概要

	技術の項	これまでに得られた結果の概要
表土の削り取り	1)基本的な削り取り 農業機械等で表土を薄く削り取る手法。	・約4cmの削り取りにより、土壌の放射性セシウム濃度は、10,370Bq/kg→2,599Bq/kgに低減（75%減）。 ・圃場地表面の空間線量率は、7.14μSv/hから3.39μSv/hへ低減。 ・廃棄土壌量は、約40㎥（40トン）/10a。 ・削り取りまでにかかる作業時間は、55分〜70分/10a程度。
	2)固化剤を用いた削り取り 土を固める薬剤により土壌表層を固化させて削り取る手法。	・マグネシウム系固化剤を用いた実証試験では、溶液の浸透により地表から2cm程度の表層土壌が7〜10日で固化。 ・3.0cmの削り取りで、土壌の放射性セシウム濃度は、9,616Bq/kg→1,721Bq/kgに低減（82%減）。 ・圃場地表面の空間線量率は、7.76μSv/hから3.57μSv/hへ低減。 ・廃棄土壌量は30㎥/10a。
	3)芝・牧草のはぎ取り 農地の牧草や草ごと土を専用の機械で削り取る手法。	・3cmの削り取りで、土壌の放射性セシウム濃度は、13,600Bq/kg→327Bq/kg（低減率97%）。 ・草も含む排土量は約40トン/10a。 ・作業時間は、はぎ取りまでで250分/10a。

（出典：農林水産省「農地土壌の放射性物質除去技術（除染技術）について」
http://www.s.affrc.go.jp/docs/press/pdf/110914-02.pdf）

○　除染の具体的方法

農用地の除染にあたって事前に必要な措置

区分	除染の方法と注意事項
飛散防止	・乾燥した土壌について表土削り取りを行う場合等、事前に固化剤を散布し土壌の表面を固化させることにより、土ぼこりの飛散防止を図ることができます。

農用地の除染の方法と注意事項

区分		除染の方法と注意事項
未耕起	表土の削り取り	・バックホウ等により表土の削り取りを行います。 ・あらかじめ石灰を散布すること等によって、表土の取り残しの確認を行うことができます。
	水による土壌攪拌・除去	・表層土壌を攪拌（浅代かき）した後、細かい土粒子が浮遊している濁水をポンプにより強制排水し、ビニールシートで覆った沈砂池等において固液分離を行い、土粒子を回収します。
	反転耕	・プラウを使用し、汚染された表層の土を下層に、下層の汚染のない土壌を表層に置くように土壌を反転させます。 ・反転耕の耕深は30cmを基本とします。ただし、礫が含まれる層等、作土として不適切な土壌が上に来る場合は、十分な除染効果が得られることを確認した上で、耕深を浅く設定します。 ・必要に応じて事前に地下水位を測定し、その深さに留意して実施します。 ・気温が低く表土が凍結している場合は、小型のトラクターでは攪拌できないことがあることに注意します。
耕起済	反転耕	（同上）
	深耕	・深耕用ロータリーティラーを使用して、ほ場を2回程度深く耕します。深耕の耕深は30cm程度を基本とします。
水利施設	堆積物の除去	・農業用用排水路等に堆積している泥等をスコップ等を用いて除去します。

(4) 草木の除染等の措置

① 用具類

除染用具	・除染対象や作業環境に応じて、除染等の措置及び除去土壌等の回収のために必要な用具類を用意します。 **【一般的な用具の例】** 　草刈り機、ハンドシャベル、草とり鎌、ホウキ、熊手、ちりとり、トング、シャベル、スコップ、レーキ、表土削り取り用の小型重機、ゴミ袋(可燃物用の袋、土砂用の麻袋(土のう袋))、集めた除去土壌等を現場保管する場所に運ぶための車両(トラック、リアカー等) **【樹木を剪定する場合の用具の例】** 　ナタ、枝打ち機、チェーンソー、脚立、移動式リフト

② 除染方法

ア　芝地の除染（草刈り、表土の削り取り）
○　除染のポイント

■　芝地では、原発事故当初とは異なり、降雨の影響等の結果、現在の芝地の表面は放射性物質が減少している可能性があります。そのため、芝地については、放射性セシウムの付着状況に応じて、除染の必要性を判断してください。一方で、家や建物に近い芝生は、流れ落ちた雨水が集積している可能性があります。降雨等による汚染状況の変化も十分に考慮して適切な除染を行うことが必要となります。

■　その際、芝生の再生が可能な方法の適用を検討することが重要です。具体的には、除去土壌等の発生量を抑えることができ、芝生の再生という観点からも、枯れた芝草や刈りかすの堆積層を除去する「深刈り」による除草方法が推奨されます。深刈りは芝草の葉とサッチ層を除去する工法であり、芝草の地下匍匐茎（ちかほふくけい）や根を残すことで、除染を実施しつつ新芽の発芽を促し、芝生の再生を図ります。放射線量が高い場所で、深刈りの試験施工等により、除染の効果が得られないことが明らかな場合は、芝草を根こそぎ除去します。

■　各段階で、空間線量率を測定し、1mの高さの位置（小学校以下及び、特別支援学校の生徒が主に使用する芝生などでは測定点から50cmの高さの位置）での放射線量が0.23μSv/hを下回っていればそれ以上の除染は行いません。

■　除草する際は粉じんが発生しますので、吸入を防止するための装備が必要です。

■ 除染対象が広域にわたる場合は、除染作業後の再汚染などが起こらないように、連携をとり日程を合わせて一斉に行います。

■ 芝刈りや表土等の除去後、測定点の空間線量率等を測定し、除染の効果を確認します。

■ そのほか、除去土壌等の発生量は膨大になることが想定され、土壌等の除染等の措置を実施する際、削り取る土壌の厚さを必要最小限にする等、できるだけ除去土壌等の発生量の抑制に配慮することが、除染等の措置等を迅速かつ効率的に進めるために必要です。

○ 除染の具体的方法

芝地の除染にあたって事前に必要な措置

区分	除染の方法と注意事項
飛散防止	・歩道や建物が隣接している場合は、粉じんの飛散防止のために養生を行います。

芝地の除染の方法と注意事項

区分	除染の方法と注意事項
深刈り	・大型芝刈り機が入れる場合、大型芝刈り機により深刈りをします（芝の回復が可能な程度の約3cmの薄い切削）。 ・大型芝刈り機が入れない場合、ハンドガイド式芝刈り機（ソッドカッター等）を用いて芝の深刈りをします。
芝生の除去	・バックホウのバケットを平爪にし、草、芝を剥ぎ取ります（5cm程度）。

■ 深刈りによる除染について（匍匐茎が発達している芝）

芝生の構造は上部から順に、芝草の葉、サッチ層、土壌（芝草の茎、根を含む）となっています。サッチ層とは枯れた芝草や刈りかすと土壌が混ざった層であり、放射性セシウムの大部分はこの層に吸着していると思われます。

深刈りは芝草の葉とサッチ層を除去する工法であり、芝草の地下匍匐茎（ちかほふくけい）や根を温存することで、除染を実施しつつ新芽の発芽を促し、芝生の再生を図ります。

具体的作業としては、2～3cm程度の深さ（※）まで芝生を刈り込み、地表面に堆積しているサッチや枯葉の残渣を除去します。

なお、深刈りによってどれだけ除染できるかは作業の精度にもよります。作業を丁寧に行わないとサッチ層の土壌粒子が剥落して回収しきれないため、十分な除染ができないおそれがあります。

また、実施時期によっては芝の再生に影響を与えますので、必要に応じて専門家の意見を聞いて下さい。

※刈り込みの深さは、グランドライン（芝草の葉を手等で押して寝かせた時の上端位置）からの深さであり、葉が立っている時の上端位置からの深さではありません。

イ　街路樹など生活圏の樹木の除染（主に落葉の除去、樹木の剪定）
○　除染のポイント

■　原発事故当初とは異なり、降雨の影響や落葉の結果、現在の街路の表面は放射性物質が減少している可能性があります。そのため、放射性セシウムの付着状況に応じて、街路樹の除染の必要性を判断してください。

■　公園や庭などの生活圏の樹木や街路樹については、周辺地表面の落葉等の堆積有機物の除去、樹木の洗浄、剪定等、枝打ち（場合によっては伐採）によって、付着した放射性セシウムを除去して、放射線量を低減することができます。

■　まず、樹木の近辺の地表面にある落葉の除去や除草を行います。

■　それでも除染効果が見られない場合は、手作業または小型の重機を使用して表層の土壌を5cm程度の深さで除去します。この際、根系を傷めないように注意します。また除去土壌等の発生量を過度に増やさないために、深く掘りすぎないよう注意します。表層の土壌を除去した部分は、適宜、わら等の有機物の客土を施し、圧密等の措置を施します。また、斜地においては土砂等の流出及び斜面の崩落の防止に留意します。

■　落葉の除去や除草による除染効果が見られず枝等が汚染されていると考えられる場合には、枝等の剪定を行う方法もあります。

■　伐採については、廃棄物の発生量が多くなりますので、樹木の役割や、多くの人が立ち入る場所か否か、他の方法で除染効果が期待できないかといったことを考慮したうえで実施を検討します。

■　低木や植木のような小さな木については高圧洗浄で除染することも可能です。水を用いた洗浄を行う際には、水たまりができないようにすることや、周りの汚染していない壁などに飛び散らせないようにすることに加えて、洗浄後の排水経路を確認しておくこ

とが重要です。

■　各段階で、放射線量を測定し、1mの高さの位置（小学校以下及び特別支援学校の生徒が使用する芝生などでは測定点から50cmの高さの位置）での放射線量が0.23μSv/hを下回っていればそれ以上の除染は行いません。

○　除染の具体的方法

街路樹等の生活圏の樹木の除染にあたって事前に必要な措置

区分	除染の方法と注意事項
飛散防止	・歩道や建物が隣接している場合は、粉じんの飛散防止のために養生を行います。

街路樹等の生活圏の樹木の除染の方法と注意事項

区分	除染の方法と注意事項
堆積物の除去	・落葉、コケ、泥等の堆積物を、ゴム手袋をはめた手やスコップ等で除去します。
表土の削り取り	・溜まっている落葉や土をシャベルや熊手等を使ってすくい取ります。
枝等の撤去	・樹木の種類と枝払い時期に応じて、樹木の育成に著しい影響が生じない範囲で、剪定機や枝切りばさみにより街路樹の枝払いや刈り込みを行います。

ウ　森林の除染（主に落葉、枝葉等の除去、立木の刈り込み）
　○　除染のポイント
　■　森林内の放射性物質の多くは、枝葉、落葉等堆積有機物に存在し、地表から3cm以上

の深さになると汚染は大幅に減少します。ただし、森林の面積は大きく、腐葉土を剥ぐなどの除染方法を実施した場合には膨大な除去土壌等が発生することとなり、また、災害防止などの森林の多面的な機能が損なわれる可能性があります。したがって、まずは森林周辺の居住者の生活環境における放射線量を低減する観点から除染を行います。

■　原子力発電所事故に伴う放射性セシウムの放出が、震災発生時の3月中旬（12日～15日）に集中したこと等から、その時点で新葉が展開していなかった落葉広葉樹林については、放射性物質が林床（森林の地表面）へ降下し、落葉等の堆積有機物に付着している傾向にあります。したがってこのような場所については、落葉等を除去することによって高い除染効果が得られることが見込まれます。

■　落葉等の除去は、森林周辺の居住者の生活環境における放射線量を低減する観点から、林縁（森林の端）からどの程度の範囲を行うかについて、落葉等除去後の放射線量の低減状況を確認しつつ、その範囲を決定します。この点について、除染モデル事業の成果も参考にしてください。

森林除染の効果

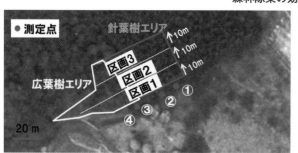

森林の奥行き方向の除染広さに対する森林入口付近の空間線量率（1m）の推移

領域	測定点No	除染前	区画1除染後			区画2まで除染後		区画3まで除染後	
			除草・落ち葉かき*1	リター層除去	入口付近枝打	除草・落ち葉かき	リター層除去	除草・落ち葉かき	リター層除去
針葉樹エリア入口	①	2.6	2.2	1.4	1.3	1.2	1.3	1.3	1.2
	②	2.5	2.3	1.6	1.4	1.5	1.4	1.2	1.3
広葉樹エリア入口	③	2.4	1.7	1.4	―*2	1.5	1.4	1.4	1.6
	④	2.7	2.3	2.0		2.2	2.2	1.5	1.9

*1 区画1除草・落葉掻きの線量率は、地表面1cmで測定。1m高さでの値は概ねこの0.8倍程度　　　（μSV/h）
*2 広葉樹は全て落葉しており枝打ちは実施していない。
（出典：日本原子力研究開発機構　福島技術本部HP 除染モデル実証事業等の成果報告会
http://www.jaea.go.jp/fukushima/decon04/ke03.pdf

■ スギやヒノキ等の常緑針葉樹林においては、落葉広葉樹林と比較して、放射性セシウムが枝葉に付着している割合が高い傾向にあります。今後、枝葉等に付着した放射性セシウムは降雨や落葉により、通常3～4年程度かけて落葉することから、落葉等の除去は一度のみでなく、この期間にわたって継続的に行うことを推奨します。

■ 森林の保全や放射性セシウムの再拡散防止の観点から、降雨により、露出した表土を流亡させないことも重要です。落葉の分解に伴い放射性セシウムは土壌に移行しますが、セシウムは粘土に吸着されやすい特性を有しており、その多くは土壌の表層に留まっていると考えられますので、一度に広範囲で落葉等の除去を実施するのではなく、状況を観察しながら、徐々に面積を拡げていくことが適当です。急な斜面の森林で落葉等の堆積有機物の除去を行う場合や、実際に除去後に降雨で土壌の流亡がみられた場合には、林縁部に土のうを並べるなどして、土壌の移動や流亡を防ぐ必要があります。

■ 特にスギやヒノキ等の常緑針葉樹林については、枝葉に放射性セシウムが付着していると考えられますので、落葉等の除去を行っても十分な除染効果が得られない場合、すなわち森林周辺の居住者の生活環境における放射線量が下がらない場合には、林縁部周辺について立木の枝葉等の除去を行います。特に、もっとも縁の部分は、一般的に着葉量が多く、比較的多くの放射性セシウムが付着していると考えられますので、可能であれば、出来るだけ高い位置まで枝葉を除去することを推奨します。その場合、立木の成長を著しく損なわない範囲で行うことが望ましく、樹冠の長さの半分程度までをめやすに、枝葉の除去を行います。

○ **除染の具体的方法**

森林の除染にあたって事前に必要な措置

区分	除染の方法と注意事項
飛散防止	・歩道や建物が隣接している場合は、粉じんの飛散防止のために養生を行います。
刈払い	・雑草、灌木等を、チェーンソー、肩掛け式草刈機等により刈払を行います。

○ 森林の除染の方法と注意事項

区分	除染の方法と注意事項
落葉等の除去	・落葉、コケ、泥等の堆積物を、ゴム手袋をはめた手やスコップ等で除去します。 ・除去作業で発生する浮遊粒子を吸入しないようにマスクを着用する。
枝葉等の除去	・樹木の生育に著しい影響が生じない範囲で枝等の刈り込みを行い、切り落とした枝葉を回収します。 ・林縁部周辺の最も縁の部分は、一般的に着葉量が多く、比較的多くの放射性物質が付着している可能性があることから、できるだけ高い位置まで(樹冠の長さの半分程度まで)枝葉を除去します。 ・除去作業で発生する浮遊粒子を吸入しないようにマスクを着用する。

2 特定汚染土壌等取扱業務に係る作業

(1) 土木作業

一般の土工作業で汎用的に用いられている建設機械を用途別に記載します。ただし、複数の用途で使用される機械もあること、また、ここに記載されていない機械も工事内容に応じて使われる場合があることを付記しておきます。

① 掘削用機械

ア 油圧ショベル

機械前面に装備されたブーム、アーム、バケットからなる油圧式のマニピュレーターを操作して地盤の掘削を行う最も一般的な機械。機械本体より低い位置の地盤の掘削作業を得意とするが、斜面の掘削や運搬機械への積み込み作業に利用されることも多い。バケットの先端を地面に押しつけながら、ブーム、アームを操作してそれを手前に引くことにより掘削作業を行う油圧ショベルをバックホー、逆に遠方に押し出すことにより掘削を行うショベルをフロントショベルという。

先端のバケットをその他の工具（アタッチメント）に取り替えて、法面の整形作業や岩塊の小割作業に利用されることもある。

イ クラムシェル

油圧ショベルのアタッチメントをカニの爪のように両側から挟み込むタイプのクラムシェル・バケットに取り替えた掘削機械。土を掴み取ることができるため、深い穴の掘削や、柔らかい泥土の掘削、水底の土砂の掘削、深い位置からの土砂の運び出し等に用いられる。アームの部分が油圧で伸縮する機構を備え、より深い作業を行うことができる機械もある。

② 掘削・運搬・整地用機械

ア ブルドーザ

履帯式のトラクターの前面に装備された排土板で、地表面付近の土の掘削、集土、整地、山積みされた土砂の敷き均しなどの作業を行う機械。後部にリッパと呼ばれる鋼製爪形状の掘削装置を取り付け、岩盤を掘り起こす作業に使用されることもある。

イ スクレーパ

地盤の掘削・積み込み・運搬・敷き均しの一連の作業を1台で行うことのできる機械。本体部は、下部に掘削刃を装着した金属製の大きな容器で、掘削刃を地表面に押しつけながら表面付近の地盤をはぎ取るように掘削し、掘削した土を同時に本体に取り込んでいく。取り込んだ土を、別の場所までそのまま運搬し、所定の場所で土を押し出すように敷き均していく。ブルドーザに牽引されて作業を行うものと、走行部が取り付けられた自走

式のものがあり、後者は、モータースクレーパと呼ばれる。

ウ　モーターグレーダ

　　路面や地表などを平滑に切削、整形する際に用いられる車輪式の建設機械。切削を行うブレードが本体中央部に配置され、その高さ、傾斜角を制御することにより任意の地盤形状に整形を行うことができる。

③　積み込み機械

ア　ホイールローダ

　　車輪式のトラクタに大型バケットを取り付けた機械。すくい上げる形で土砂をバケットに取り込み、ダンプトラック等の運搬機械に積み込むことができる。機動性が高く、また一度に大量の土砂を積み込むことができるため施工効率が高く、多くの現場で主要な積み込み機械として採用されている。

イ　クローラローダ

　　履帯式のトラクタに大型のバケットを装備した機械。ホイルローダと同様にすくい上げる形で大量の土砂をバケットに取り込み、運搬機械等に積み込む。車輪式に比べ機動性には劣るが、不整地での作業に適する。

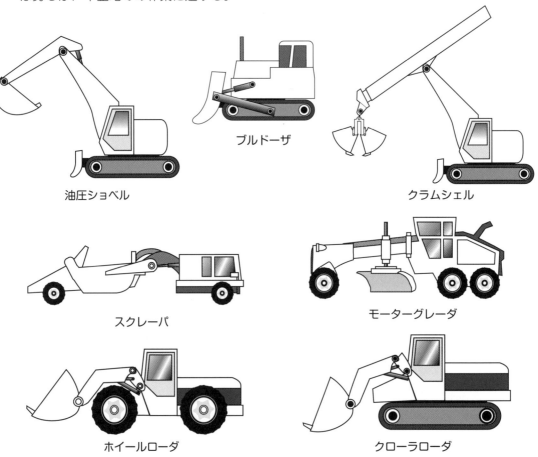

④ 運搬機械

ア　ダンプトラック

土砂運搬用の代表的な建設機械で、後部の荷台を傾けて土砂を一気に荷下ろしする装置を備えている車両。大規模な現場用にタイヤなどの足回りが強化され大量の土砂を運ぶことができるダンプトラックを重ダンプトラックという。近年の土工現場では、運転席のある前部と荷台のある後部が分かれていて、ジョイント部に屈曲機構を取り入れることにより、転回性や不整地走行機能を高めたアーティキュレート式ダンプトラックも用いられるようになってきた。

イ　不整地運搬車

ダンプトラックの足回りを履帯に変え、不整地や軟弱地盤上での走行性を高めた土砂運搬用車両。登坂性能も高いため、山岳部における土砂運搬にも利用される。

⑤ 締固め用機械

ア　振動ローラ

鋼製のドラムの中で偏心錘が回転することにより生じる周期的な振動力とドラムの自重で土を効率的に締め固めていく機械。前後輪とも鋼製ドラムの機種と前輪が鋼製ドラムで後輪はタイヤ式の機種がある。砂、礫、ロック材などの粗粒材の締固めに適しているが、シルト系の土の締固めにも使われる。施工では、30cm～60cm程度の厚さに撒き出された土の上を振動ローラで繰り返し走行し、土を締め固める（この作業を転圧という）。

イ　タイヤローラ

空気圧ゴムタイヤを多数並べ、その接地圧とタイヤのこね返し（ニーディング）効果により土を締め固めるローラ。タイヤは前後軸に並列、かつ前後タイヤ間の各隙間を互いに補間するように配列されていて、地盤全面に車両の荷重が作用するようになっている。粘性土など細粒分を含む土の締固めに利用されることが多い。

ウ　小型締固め機械

上下水道用の管路などの埋め戻し作業、土留め擁壁の裏込め部や橋台と盛土の接合部などの構造物周りの狭いエリアの土を締め固める場合には、プレートコンパクタやランマ等の小型締固め機械が使用される。このうちプレートコンパクタは、鋼製の底板の上に起振機を取り付けた小型の機械で、鋼板を振動で地盤に押しつけて土を締め固めるとともに、その反力でわずかに飛び上がり、その間に前後進することができる。これに対し、ランマはエンジンの回転をピストンの上下運動に変え、バネを介して衝撃的に底板に衝撃荷重を加えるが、その際の反力で機械本体は地盤から大きく跳ね上がり、落下の際の衝突でさらに土を強く締め固めることができる。

ダンプトラック

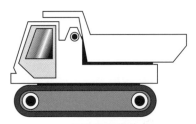
不整地運搬車

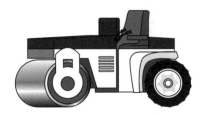
振動ローラ

タイヤローラ

小型締固機械（プレートコンパクタ）

小型締固機械（ランマ）

(2) 農作業

　一般の農作業で汎用的に用いられている農業機械を用途別に記載します。ただし、複数の用途で使用される機械もあること、また、ここに記載されていない機械も農作業に応じて使われる場合があることを付記しておきます。

① 米
ア　トラクター
　車体の後ろに作業機を付けて耕うん、整地、うね立て、運搬など様々な農作業を行う機械。車輪が４つある乗用型と車輪が２つの歩行型がある。

イ　田植機
　水稲の苗を水田に移植（田植え）する機械。機械にセットしたマット状の苗を植え付け爪でかき取り水田に植え付ける。

ウ　コンバイン
　穀物の収穫・脱穀・選別をする機械。機体前方の刈刃で稲株を刈取り、チェーンで脱穀部に送り脱穀、選別して機体内のタンクに収納する。

② 露路地野菜
ア　トラクター
　車体の後ろに作業機を付けて耕うん、整地、うね立て、運搬など様々な農作業を行う機械。車輪が４つある乗用型と車輪が２つの歩行型がある。

イ　移植機
　キャベツ、はくさい、レタス、たばこなどの苗をほ場に一定間隔で植え付ける機械。使用する苗には、裸苗、ポット苗、セル成型等があり、苗供給を人が行う半自動型と機械が全て行う全自動型がある。

ウ　管理機
　土寄せ装置でうね栽培作物の倒伏防止、うね間の除草等を行う機械。乗用型トラクタに取り付けて３～５うね同時に処理するものと歩行型トラクタに取り付けて行うものがある。

③ 果樹
ア　トレンチャー
　果樹園の深層施肥溝掘り、根菜類の堀取り、植え溝、排水溝掘りを行う機械。チェーンに多数の刃をハシゴ状に取り付けたラダー型、刃を円板の周辺に取り付けたロータリ型、縦軸回転式のらせん刃で発削を行うスクリュウ型がある。

イ　草刈り機
　果樹園内の作業道や果樹のまわりの雑草を防除するための機械。刈取りを縦軸回転軸に２、４枚の板状の刃で行うロータリ式、横軸回転軸に30～60枚取り付けた揺動刃で行うフレール式、往復動する刈刃と受刃で切断する往復動動式がある。

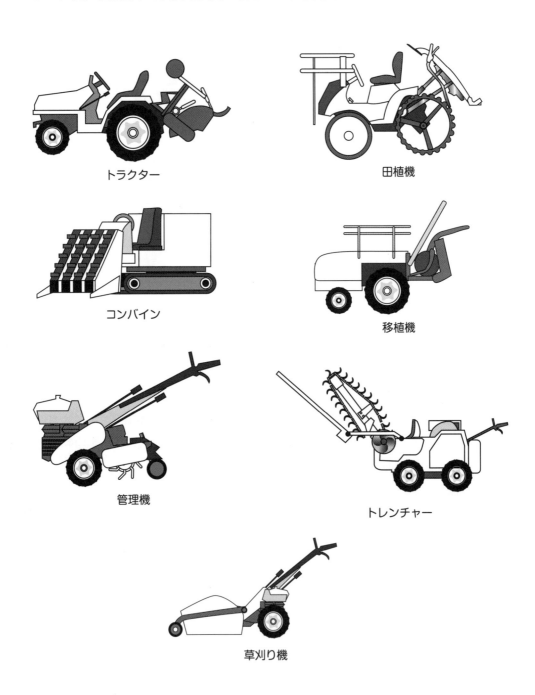

(3) 農林作業

一般の営林作業で汎用的に用いられている林業用機械を用途別に記載します。ただし、複数の用途で使用される機械もあること、また、ここに記載されていない機械も作業に応じて使われる場合があることを付記しておきます。

① 集材に使用する機械

ア ハーベスタ
伐採、枝払い、玉切り（材を一定の長さに切りそろえること）の各作業と玉切りした材の集積作業を一貫して行う自走式機械。

イ フェラーバンチャ
立木を伐倒し、それをつかんだまま、搬出に便利な場所へ集材できる自走式機械。

ウ プロセッサ
伐採木の枝払い、玉切りと玉切りした丸太の集積作業を一貫して行う自走式機械。

エ フォワーダ
玉切りした材をグラップルを用いて荷台に積載し、運ぶ集材専用の自走式機械。

オ スキッダ
装備したグラップル（油圧シリンダーによって動く一対の爪）により、伐倒木を集材する集材専用の自走式機械。

カ スイングヤーダ
建設用ベースマシンに集材用ウィンチを搭載し、旋回可能なブームを装備する集材機。

キ タワーヤーダ
架線集材に必要な元柱の代わりとなる人工支柱を装備した移動可能な集材機。

② その他の機械等

ア チェーンソー
刃をつけたチェーンを小形の原動機で駆動し、木材を鋸断する可搬式の機械。

イ 刈払機
造林機械の一種で、地ごしらえ、下刈作業に用いられる可搬式機械。作業時に刈払機を携帯する形式によって、肩掛式、背負式、手持式に分けられる。

ウ 機械集材装置
集材機、架線、搬器、支柱及びこれらに附属する物により構成され、動力を用いて原木又は薪炭材を巻上げ、かつ空中において運搬する設備。

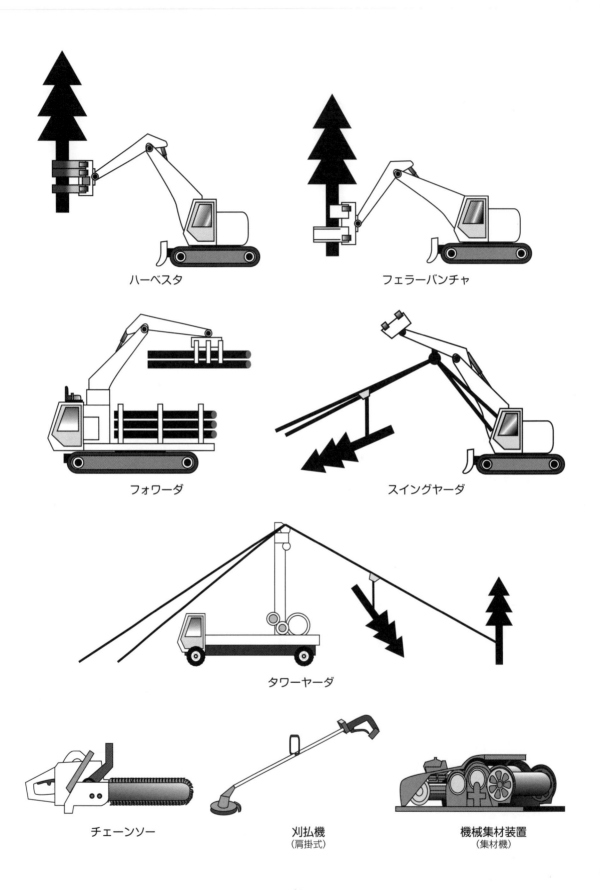

3　除去土壌の収集等の業務に係る作業

　本項目においては、具体的な作業ごとに、必要な工具や機械、それらを用いて行う具体的な作業について記載します。

　総論については、第2章に記載しておりますので、そちらも参照ください。また、本章の記載内容については、環境省作成の「除染関係ガイドライン」（平成23年12月14日公表。http://www.env.go.jp/）第3編「除去土壌の収集・運搬に係るガイドライン」や第4編「除去土壌の保管に係るガイドライン」に準拠しているので、そちらも参照ください。

　以下、本項目では、次の作業について詳細を記載しています。

■　除去土壌の収集・運搬（→（1））

■　除去土壌の保管（→（2））

（1） 除染土壌の収集・運搬

① 飛散・流出・漏れ出し防止

■ 放射性物質の飛散については、除去土壌を土嚢袋やフレキシブルコンテナ、ドラム缶などの容器（以下「容器」と呼びます）に入れることや、シート等によって梱包すること、もしくは有蓋車で運搬することにより防止することができます。水分を多く含んでいる除去土壌の場合は、流出や漏れ出しを防止するために、可能な範囲で水切りを行い、水を通さない容器を用いない場合は、防水性のシートを敷く等必要な措置を講じてから運搬します。また、収集・運搬中に除去土壌に雨水が浸入することを防止するため、水を通さない容器を用いない場合は、遮水シートで覆う等必要な措置を講じることも必要です。

■ 容器に入れた除去土壌を運搬車に積込む際や荷下ろしする際は、除去土壌が外部に飛散・流出しないようにします。ただし、万が一積込みや荷下ろし、運搬中の転倒や転落による流出があった場合には、人が近づかないように縄張りするなどしてから、速やかに事業所等に連絡するとともに、流出した除去土壌を回収して除染を行う必要がありますので、回収のための器具、装置等も携行します。また、車両火災に備えての消火器の携行も必要です。

■ 除去土壌を運搬車に積込む時にはできるだけ運搬車の表面に除去土壌が付着しないよう心がけます。除去土壌を現場保管している場所や仮置き場から運搬車が出発する際には、あらかじめ決めておいた洗車場所で、運搬車の表面やタイヤなどを洗浄します。

土嚢　　　シート　　　フレキシブルコンテナ　　　ドラム缶

② 遮へい

■ 放射線の強さは放射性物質の濃度や量によって変わります。すべての除去土壌の放射能濃度を測定することは現実的ではないため、ここでは、想定される上限濃度の除去土壌を安全に収集・運搬を行うために必要な遮へいを考えます。また、放射能濃度や量が同じであっても、放射性物質が収納されている容器の材質・形状が異なると放射線の強さが異なることにも留意が必要です。

■ 運搬中に適切な遮へいが行われているかどうかの基準として、関連規則では、運搬車の表面から1m離れた位置での最大の線量率が0.1mSv/hを超えないこととされています。この基準は、公衆の防護の観点においても妥当と考えられますので、除去土壌を運搬するにあたっては、除去土壌を積載した運搬車の表面から1m離れた位置での最大の線量率が0.1mSv/hを超えないことを確認します。これを超えている場合は、遮へい措置を行う、あるいは運搬する除去土壌の量を減らすなどの措置を行います。運搬に用いる車両については関係法令を遵守する必要がありますので、遮へいを行うための運搬車の改造等を行う際には、最寄りの運輸局等に適宜相談して下さい。

■ ただし、仮に、放射性セシウムの濃度が高い（100万Bq/kg程度）除去土壌を比較的大きめの運搬車に積載した場合であっても、運搬車から1m離れた位置での最大の線量率は0.1mSv/hを下回りますので、年間の線量が200mSvを超えないような地域での除染に伴って発生した除去土壌を運搬するにあたっては、運搬車についての線量率を測定する必要はありません。

荷台、コンテナなどの表面から1m離れた位置での最大の線量率が0.1mSv/hを超えないこと。

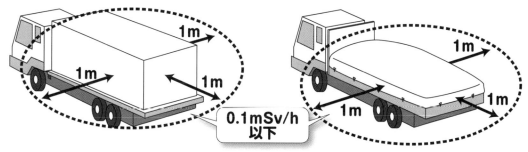

③ その他

■ 除去土壌を収集し運搬車で運搬する際は道路交通法等の関係法令を守り、爆発性のものや引火性のものといった危険物を一緒に積載することはできません。危険物ではなくても、除去土壌以外の土壌などが混合されると、運搬先の保管施設で管理すべき除去土壌が不明確になってしまいますので、除去土壌以外のものを一緒に積載する場合は、容易に区分できるようにし、混合することのないようにします。また、除去土壌を確実に運搬先へ運ぶために、除去土壌の積み込みや荷下ろしは運搬者または運搬者が指示した作業者が行います。

■ 除去土壌の運搬中には、人がむやみに近づき被ばくすることを防止するために、運搬車の車体の外側に、除去土壌の収集又は運搬の用に供する運搬車である旨、収集又は運搬を行う者の氏名又は名称を記した標識を、容易に剥がれない方法で見やすい箇所につけておくことが求められます。

■ 運搬車には、委託契約書の写し、収集又は運搬を行う者の氏名や除去土壌の数量、収集又は運搬を開始した年月日、運搬先の場所の名称、取り扱いの際に注意すべき事項や事故時における応急の措置に関する事項等を備え付けておく必要があります。

■ このほか、人の健康又は生活環境に係る被害が生じないように、運搬ルートの設定に当たっては、可能な限り住宅街、商店街、通学路、狭い道路を避ける等、地域住民に対する影響を低減するよう努めるほか、混雑した時間帯や通学通園時間を避けて収集・運搬を行うよう努めて下さい。また、積み込みに当たっては、低騒音型の重機等を選択し、騒音や振動を低減するよう努めて下さい。

④ **具体的に行う内容**

飛散・流出・漏れ出しの防止	・収集・運搬する除去土壌は、土嚢袋やフレキシブルコンテナなどの袋、または蓋つきのドラム缶などの容器に入れるか、シート等で梱包します。ただし、有蓋車で運搬する場合は特段の措置は不要です。 ・大きめの石など尖ったものが含まれる場合は、内袋付きにするなど、容器が破れないようにします。 ・水分を多く含んでいる除去土壌は、可能な範囲で水切りを行い、水を通さない容器を用いるか、あるいは防水性のシートを敷く等の措置を講じてから運搬します。 ・収集・運搬中に除去土壌に雨水が浸入することを防止するため、水を通さない容器を用いない場合は、防水性のシートで覆う等必要な措置を講じることが必要です。ただし、有蓋車など、除去土壌へ雨水が浸入することを防止するため必要な措置が講じられている運搬車を用いる場合は、この限りではありません。 ・容器に裂け目、亀裂やひびが入っていないか目視で点検し、万一の転倒や転落、火災の際に容易に中身が飛び出さないように、土嚢袋やフレキシブルコンテナなどはしっかり口を閉じます。ドラム缶などはロックできる構造のものを用います。 ・公道上を運搬する場合、除去土壌を現場保管している場所や仮置場から運搬車が出発する際に運搬車に土壌が付着している場合には、洗車場所で運搬車の表面やタイヤなどを洗浄します。水を使って洗浄する場合は、洗浄水が流れる経路を事前に確認し、排水経路は予め清掃して、スムーズな排水が行えるようにします。 ・運搬車火災に備えての消火器、万一除去土壌がこぼれ出た場合に備えての掃除用具、回収用の袋、立ち入り禁止区域を設定するためのロープ、懐中電灯、連絡用の携帯電話等を携行します。(事業者においては、汚染検査のための測定機器(校正されたガンマ線サーベイメータを携帯することが望ましい。))
遮へい	・年間の線量が200mSvを超えるような地域から発生する除去土壌を運搬する場合には、以下の方法で、校正されたガンマ線サーベイメータ(以下「測定機器」)を用いて容器を積載した運搬車の空間線量率を測定します。

遮へい	・測定機器は汚染防止のため、ビニール袋等で覆います。 ・測定の際、検出器部分は地面と水平にします。 ・測定機器の電源を入れ、指示値が安定するまで待ちます。安定後、一定時間（30秒程度）ごとに5回測定値を読み取り、5回の平均値を測定値とします。 ・測定箇所は、車両の前面、後面及び両側面（車両が開放型のものである場合は、その外輪郭に接する垂直面）から1m離れた位置とします。 ・測定は車両の各面でスクリーニングを行い、最も空間線量率が高い箇所で行います。空間線量率の高い箇所が不明な場合は、各面の中央で測定を行います。 ・測定値（1センチメートル線量当量率）の最大値が100μSv/hを超えないことを確認し、その結果を記録します。 ・測定値の最大値が100μSv/hを超えた場合は、運搬する除去土壌の量を減らすか、あるいは除去土壌を入れた容器もしくは運搬車に遮へい材を施します。
積載制限	・除去土壌をその他のものと一緒に積載する場合には、区分できるよう区別して収集、運搬を行います。
標識	・除去土壌の収集又は運搬の用に供する運搬車である旨、収集又は運搬を行う者の氏名又は名称を容易に剥がれない方法で運搬車の車体の外側の見やすい箇所につけます。 ・上記については、除去土壌の収集又は運搬の用に供する運搬車である旨については日本工業規格Z8305に規定する140ポイント以上の大きさの文字、それ以外の事項については、日本工業規格Z8305に規定する90ポイント以上の大きさの文字及び数字を用いて表示します。 ・夜間の運搬はなるべく避けます
その他	・運搬車には以下の書面を備え付けておきます。 （国、都道府県又は市町村及びこれらの者の委託を受けて除去土壌の収集又は運搬を行う者の場合） ・その旨を証する書面として、国等と受託者（当該者）との間の委託契約書の写し ・収集又は運搬を行う者の氏名又は名称及び住所並びに法人にあっては、その代表者の氏名 ・収集又は運搬する除去土壌の量 ・収集又は運搬を開始した年月日 ・収集又は運搬する除去土壌を積載した場所の名称、所在地及び連絡先・除去土壌の運搬先の場所の名称、所在地及び連絡先 ・除去土壌を取り扱う際に注意すべき事項 ・事故時における応急の措置に関する事項 （国から除去土壌の収集又は運搬の委託を受けた者（一次受託者）の委託を受けて当該除去土壌の収集又は運搬を行う者の場合） ・その旨を証する書面として、一次受託者と受託者（当該者）との間の委託契約書の写し

その他	・国と当該一次受託者との間の委託契約に係る契約書に、当該一次受託者が当該除去土壌の収集又は運搬を委託しようとする者として当該者が記載されている者であることを証する書面 ・収集又は運搬を行う者の氏名又は名称及び住所並びに法人にあっては、その代表者の氏名 ・収集又は運搬する除去土壌の量 ・収集又は運搬を開始した年月日 ・収集又は運搬する除去土壌を積載した場所の名称、所在地及び連絡先 ・除去土壌の運搬先の場所の名称、所在地及び連絡先 ・除去土壌を取り扱う際に注意すべき事項 ・事故時における応急の措置に関する事項・除去土壌の積み込みや荷下ろしは、運搬者または運搬者が指示した作業者が行います。 ・除染時の記録がある場合は、袋などの容器ごとの表面の空間線量率についても記載した書面を備え付けておきます。 ・人の健康又は生活環境に係る被害が生じないように、運搬ルートの設定に当たっては、可能な限り住宅街、商店街、通学路、狭い道路を避ける等、地域住民に対する影響を低減するよう努め、法定速度を守るほか、混雑した時間帯や通学通園時間を避けて収集・運搬を行うことが望ましいです。また、積み込みに当たっては、低騒音型の重機等を選択し、騒音を低減することも必要です。 ・収集又は運搬した除去土壌の量、除去土壌ごとの収集又は運搬を開始した年月日及び終了した年月日、収集又は運搬の担当者の氏名、積載した場所及び運搬先の場所の名称及び所在地並びに運搬車を用いて除去土壌の収集又は運搬を行う場合にあっては当該運搬車の自動車登録番号又は車両番号についての記録を作成し、収集又は運搬を終了した日から起算して5年間保存します。

(2) 除染土壌の保管

① 保管に必要な安全対策

　除去土壌を保管するときは、その放射能濃度、量、保管の方法に応じて適切な安全対策をとり、人の受ける線量を低減します。具体的には、除去土壌の搬入終了後に、施設の敷地境界の外での放射線量が周辺環境と概ね同程度となり、除去土壌の搬入中においても除去土壌からの放射線による公衆の追加線量が年間1mSv未満となるように施設を設計するほか、搬入中に除去土壌による追加線量が年間1mSvを超えない場所を敷地境界とするなどします。

② 保管・管理の具体例

　次の場合の安全管理の具体例を示します。

　　ア　場の地上で、1μSv/h程度の地域で発生した20m×20m×1mの汚染土壌を保管する場合

第3章 除染等作業の具体例と留意点

イ 現場の地下で、1μSv/h程度の地域で発生した20m×20m×1mの汚染土壌を保管する場合

ウ 仮置場の地上で、1μSv/h程度の地域で発生した100m×100m×2mの汚染土壌を保管する場合

エ 仮置場の地下で、1μSv/h程度の地域で発生した50m×50m×2mの汚染土壌を保管する場合

ア　現場の地上で、1μSv/h程度の地域で発生した20m×20m×1mの汚染土壌を保管する場合

遮へいと隔離	・除去土壌は民家など人の住んでいる建物から4m以上離します。 ・除去土壌の搬入中は、側面に汚染されていない土壌を入れた土嚢を置いて覆うか、あるいは覆土をします。土嚢あるいは覆土の厚さは30cm以上とします。 ・除去土壌の搬入後は、上面に汚染されていない土壌を入れた土嚢を置いて覆うか、あるいは覆土をします。土嚢あるいは覆土の厚さは30cm以上とします。
飛散防止	・放射性物質が飛散しないように、口を閉じることができる土嚢袋やフレキシブルコンテナに入れ、口をしっかり閉じます。土嚢袋等の容器に入れない場合は、防じん用のシートで包みます。
流出防止	・除去土壌を置く場所には防水性のあるシートを敷きます。除去土壌が防水性のフレキシブルコンテナ等に入れられている場合は、特段の措置は不要です。 ・除去土壌を置く際には防水シート等を傷つけないようにします。

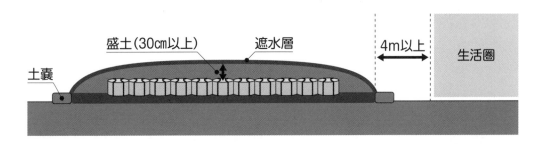

イ　現場の地下で、1μSv/h程度の地域で発生した20m×20m×1mの汚染土壌を保管する場合

飛散防止	・放射性物質が飛散しないように、口を閉じることができる土嚢袋やフレキシブルコンテナに入れ、口をしっかり閉じます。土嚢袋等の容器に入れない場合は、防じん用のシートで包みます。
流出防止	・除去土壌を置く場所には防水性のあるシートを敷きます。除去土壌が防水性のフレキシシブルコンテナ等に入れられている場合は、特段の措置は不要です。 ・除去土壌を置く際には防水シート等を傷つけないようにします。

ウ 仮置場の地上で、1μSv/h 程度の地域で発生した 100m×100m×2m の汚染土壌を保管する場合

飛散防止	・除去土壌を搬入する際、放射性物質が飛散しないように、フレキシブルコンテナに入れて口をしっかり閉じます。フレキシブルコンテナ等の容器に入れない場合は、防じん用のシートで包みます。
流出防止	・除去土壌を置く場所には遮水シート等耐侯性・防水性のあるシートを敷きます。 ・遮水シート等の上には土を盛って十～数十センチ程度の保護層を設置します。 ・重機が入る際には保護層の上に一時的に鉄板を置くなどし、除去土壌を置く際には保護層や遮水シート等をできるだけ傷つけないようにします。 ・除去土壌が防水性を有する容器に入れられており、防水性のある覆いで雨水の浸入が適切に防止されている場合は、防水シートの敷設などの遮水層の設置は省略することができます。
立入制限	・仮置場から 4m 以上離れた距離の周辺に囲い（ロープで囲う、ネット柵あるいは鉄線柵など）を設置します。 ・見やすい箇所に、除去土壌の保管の場所である旨、緊急時における連絡先、除去土壌の積み上げ高さを示した縦及び横それぞれ 60 センチメートル以上の大きさの掲示板を設けます。

エ 仮置場の地下で、1μSv/h 程度の地域で発生した 50m×50m×2m の汚染土壌を保管する場合

飛散防止	・除去土壌を搬入する際、放射性物質が飛散しないように、フレキシブルコンテナに入れて口をしっかり閉じます。フレキシブルコンテナ等の容器に入れない場合は、防じん用のシートで包みます。
流出防止	・除去土壌を置く場所には遮水シート等耐候性・防水性のあるシートを敷きます。 ・遮水シート等の上には土を盛って十～数十センチ程度の保護層を設置します。 ・重機が入る際には保護層の上に一時的に鉄板を置くなどし、除去土壌を置く際には保護層や遮水シート等をできるだけ傷つけないようにします。 ・除去土壌が防水性を有する容器に入れられており、防水性のある覆いで雨水の浸入が適切に防止されている場合は、防水シートの敷設などの遮水層の設置は省略することができます。
立入制限	・仮置場から 4m 以上離れた距離の周辺に囲い（ロープで囲う、ネット柵あるいは鉄線柵など）を設置します。 ・見やすい箇所に、除去土壌の保管の場所である旨、緊急時における連絡先を示した縦及び横それぞれ 60 センチメートル以上の大きさの掲示板を設けます。

4 汚染廃棄物の収集等の業務に係る作業

本項目においては、具体的な作業ごとに、必要な工具や機械、それらを用いて行う具体的な作業について記載します。

総論については、第2章に記載しておりますので、そちらも参照ください。また、環境省作成の「廃棄物関係ガイドライン」（平成23年12月27日公表。http://www.env.go.jp/）が公表されているので、そちらもご覧ください。

以下、本項目では、次の作業について詳細を記載しています。
- ■ 汚染廃棄物の収集・運搬（→（1））
- ■ 汚染廃棄物の保管（→（2））

なお、セシウム134及びセシウム137の放射能濃度の合計値が8,000Bq/kgを超えるものを指定廃棄物と呼び、次の物が想定されます。

発生元等	想定される廃棄物
水道事業者、水道用水供給事業者	汚泥等の堆積物その他
下水道管理者	発生汚泥等
工業用水道事業者	汚泥等の堆積物その他
焼却施設設置者	ばいじん、焼却灰その他燃えがら
集落排水設置管理者	汚泥等の堆積物その他
廃棄物処理施設	処理に伴って発生する残渣その他
一般事業者、市民等（コミュニティーを含む）	稲わら・草木類、家畜排泄物、堆肥その他

また、対策地域内廃棄物として、次の物が想定されます。

汚染の状態	発生元等	想定される廃棄物
8,000Bq／kgを超えるもの	水道事業者など指定廃棄物と同様の施設	汚泥等の堆積物、発生汚泥、ばいじん、焼却灰そのた燃えがら、その他
	一般事業者、市民等（コミュニティーを含む）	稲わら・草木類、家畜排泄物、堆肥、その他
	廃棄物処理施設	処理に伴って発生する残渣その他
	災害廃棄物	津波及び地震に伴って発生するもの（がれき、木材その他）
	除染に伴い発生するもの	草木類、金属くず、プラスチックその他
	生活等に伴い発生するもの	一般ごみ、稲わら・草木類その他
8,000Bq／kg以下のもの	水道事業者など指定廃棄物と同様の施設	汚泥等の堆積物、発生汚泥、ばいじん、焼却灰そのた燃えがら、その他
	一般事業者、市民等（コミュニティーを含む）	稲わら・草木類、家畜排泄物、堆肥、その他
	廃棄物処理施設	処理に伴って発生する残渣その他
	災害廃棄物	津波及び地震に伴って発生するもの（がれき、木材その他）
	除染に伴い発生するもの	草木類、金属くず、プラスチックその他
	生活等に伴い発生するもの	一般ごみ、稲わら・草木類その他

なお、指定廃棄物又は対策地域内廃棄物（汚染廃棄物対策地域（除染特別地域と同じ）にある廃棄物）を特定廃棄物とします。

(1) 汚染廃棄物の収集・運搬

① 指定廃棄物の収集・運搬フロー

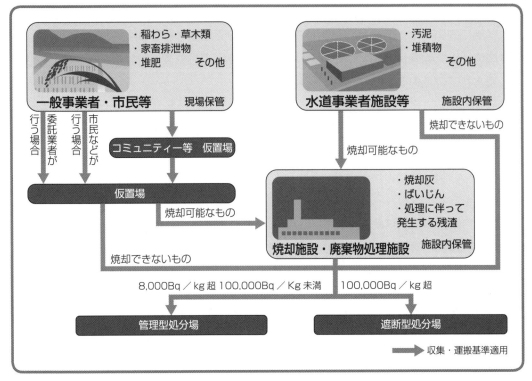

② 対策地域内廃棄物の収集・運搬フロー

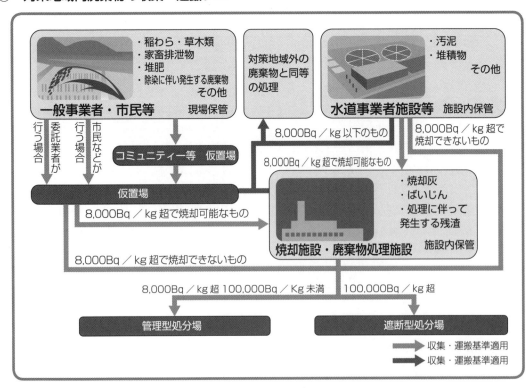

③ 運搬車及び運搬容器からの飛散・流出・漏れ出しの防止
■ 特定廃棄物からの飛散の防止
　収集・運搬時には、特定廃棄物が飛散しないような構造の運搬車及び運搬容器を用いる必要があります。
　具体的には、焼却灰やばいじんなどの細粒分の多い特定廃棄物をフレキシブルコンテナ（内袋の無いもの）に入れて運搬する場合には、シート掛けを行うことや、コンテナなどフレキシブルコンテナが外気と直接接しないような対応をすることが望ましい。
　なお、焼却灰やばいじんなどを運搬車及び運搬容器へ積み卸しを行う際には、建屋内での作業や適度な散水により飛散を防止することが望ましいものです。また、運搬容器の破損や飛散を防止するため、積み卸しを行う際には、慎重に扱うことが望ましい。

■ 特定廃棄物及び特定廃棄物からの流出及び漏れ出しの防止
　収集・運搬時には、特定廃棄物等が流出及び漏れ出さないような構造の運搬車及び運搬容器を用いる必要があります。
　具体的には、液体の特定廃棄物の場合には、運搬車の荷台等から特定廃棄物から生ずる汚水が流出しない構造であるもので対応するか、密閉性のある容器またはタンクローリ等の車両を用いることが望ましい。
　また、固体の廃棄物であっても運搬中の振動に伴い、特定廃棄物が保有する水分が漏れ出るおそれもあることから、含水率の高い特定廃棄物の場合には、密閉性のある運搬車や運搬容器を用いることが望ましい。
　さらに、特定廃棄物によっては、耐腐食性、耐水性、耐火性、耐熱性、耐貫通性等の機能を有する運搬車や運搬容器にすることも必要です。
　また、液体の特定廃棄物を運搬車及び運搬容器へ積み卸しを行う際には、その床面が浸透しにくい構造であることや、排水管理が可能な場所で行うことが望ましい。

④ 他の物との区分
■ 環境省令では、特定廃棄物がその他の物と混合するおそれのないように、他の物と区分しなければならないとされています。
　これは、他の物と混合されることにより、特定廃棄物の量を増加させることを防止するための措置です。ここで特定廃棄物を運搬する場合、当該特定廃棄物と通常の廃棄物を混載することにより、二次汚染を引き起こすおそれがあることから専用積載が望ましい。
　一般的には、専用積載すると考えられますが、船舶による運搬や、貨車による運搬の場合には、一度に大量の特定廃棄物を運搬することも考えられます。このような場合には、特定廃棄物の種類ごとに運搬容器に入れて区分し、運搬します。

運搬容器に入れて区分する例を次図に示します。

容器により区分して運搬する例

⑤ 容器等に収納した運搬の必要な措置

■ 環境省令では、特定廃棄物及び特定廃棄物から生ずる汚水が運搬車から飛散し、流出し、及び漏れ出さないように、特定廃棄物を容器に収納して運搬する等の必要な措置を講じなければならないとされています。

これは、指定基準（8,000Bq／kg）以下の特定廃棄物に比べ放射能濃度が高いことから、飛散、流出、漏れ出しに対応するための措置です。

具体的には、特定廃棄物の種類を考慮し下表に示す措置が考えられます。

対応方法	措置の例
運搬車のみでの対応	有蓋車　　汚泥吸排車　　バン型車　　ウイング車
運搬容器のみでの対応	ドラム缶　　フレキシブルコンテナ（内袋があるもの）　　オーバーパック　など
運搬容器と遮水シートの組み合わせでの対応	容器の要件：フレキシブルコンテナ（内袋がないもの）・梱包 遮水シートの要件：雨水の侵入を防止できる素材のもの ←遮水シート フレキシブルコンテナ（内袋がないもの）

第3章　除染等作業の具体例と留意点

⑥　放射線遮へい

■　環境省令では、運搬車の表面から1m離れた位置における線量当量率の最大値が0.1mSv/hを超えないよう、放射線の遮へいその他必要な措置を講じなければならないとされています。

ア　線量当量率の測定：測定概要を下表に、測定点の例を下図に示します。

測定機器	1年以内に校正された、下記に示す機器のいずれかで測定する。 ①　電離箱式サーベイメータ ②　GM計数管式サーベイメータ ③　NaI(Tl)シンチレーション式サーベイメータ
測定方法	特定廃棄物を積載した車両等の測定は以下の手順に従い、車両等から1mでの空間線量率を測定する。 ①　測定箇所は車両の全面、後面及び両側面（車両が開放型の者である場合は、その外輪郭に接する垂直面）とする。 ②　検出器は車両表面から1m離れた位置で行う。 ③　測定は各面でスクリーニングを行い、最も空間線量率が高い箇所で行う。空間線量率の高い箇所が不明な場合は各面の中央で測定を行う。 ④　検出器は汚染防止のため、ビニール袋等で覆う。 ⑤　装置の電源を入れ、装置が安定するまで待つ。安定後、一定時間（30秒程度）ごとに5回測定値を読み取り、5回の平均値を測定結果とする。
測定頻度	廃棄物を積込みした時に行う。
測定結果の管理	場所ごとに「車両から1mの空間線量率が0.1mSv/hを超えてはならない。超えた場合は廃棄物の種類や積載量を調整する。

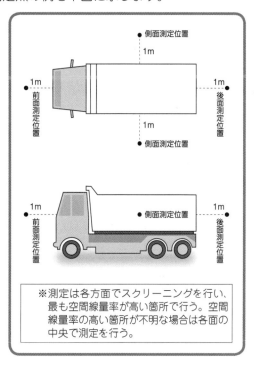

※測定は各方面でスクリーニングを行い、最も空間線量率が高い箇所で行う。空間線量率の高い箇所が不明な場合は各面の中央で測定を行う。

イ　遮へい：測定の結果、1m離れた位置における線量当量率の最大値が0.1mSv/hを超えないように、遮へい体の設置、積載位置の変更、オーバーパック等により遮へいをする必要があります。

（具体的には）
・積み込みに際して、放射能濃度の高い特定廃棄物を荷台の中心付近に、外周に放射能濃度の低い特定廃棄物を配置する
・土のう、鉛、鉄、コンクリート等により周囲を遮へいする

・荷台の中心のみに特定廃棄物を配置し、車体表面からの距離を確保する
・オーバーパックにより遮へいをする

⑦ 8,000Bq/kg 以下の対策地域内廃棄物の収集・運搬

■ 8,000Bq/kg以下の対策地域内廃棄物の場合、特定廃棄物を容器に収納して運搬する等の必要な措置が必要ないことから、例えばダンプトラックに直接特定廃棄物を積載することが可能です。

■ しかしながら、その場合にあっても、特定廃棄物及び特定廃棄物から生ずる汚水が飛散・流出・漏れ出さないような措置を講ずる必要があります。

■ 運搬車や運搬容器により飛散・流出・漏れ出しに対して対応できる場合には問題はありませんが、特定廃棄物をバラ積みする場合には、遮水シートで特定廃棄物を包み込むように覆うなどの措置を取ることが望ましいものです。
　また、運搬車両の荷台等については、特定廃棄物及び特定廃棄物から生ずる汚水が流出、漏れ出すことがないような構造のものでなければなりません。
　運搬車両の構造の例を次に示します。

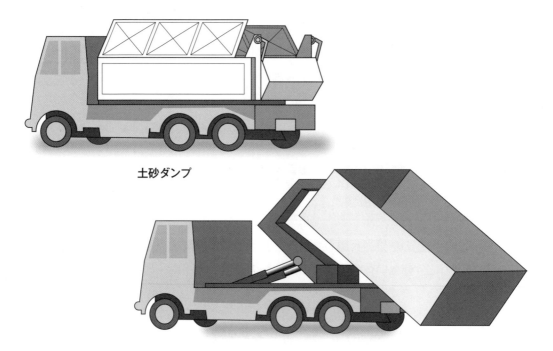

土砂ダンプ

脱着装置付きコンテナ専用車

(2) 汚染廃棄物の保管

① 保管は、次のようにして実施します。

■ 囲いの実施

【施設等の敷地内など、関係者以外の出入りがない場所での保管の場合】

保管場所の範囲を明確に示すため、カラーコーンを配置する、ロープを張る等の措置を取ります。

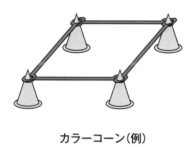

カラーコーン（例）

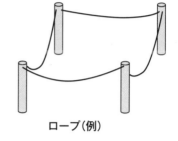

ロープ（例）

※ 風雨等の影響を受ける場所の場合は、囲いが飛ばされたりすることのないように固定する等の措置をとる必要があります。

【施設等の敷地外など、関係者以外の出入りがある場所での保管の場合】

保管場所に人がみだりに立ち入ることを防ぐために、鉄線柵、ネット柵、金属製フェンス等による囲いを設けます。

鉄線柵（例）

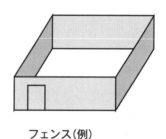

フェンス（例）

※ フェンス等を設置した場合は、保管の場所の周辺に人がみだりに立ち入ることを防ぐため、施錠管理を行うことが望ましい。
※ 保管する指定廃棄物の荷重が直接フェンス等にかかる場合は、当該荷重に耐えうるだけの構造耐力を有するフェンス等を選択する必要があります。
※ 風雨等の影響により、フェンス等が倒れたりすることのないように施工する必要があります。

■ 掲示板の掲示（例）

指定廃棄物保管場所

- 廃棄物の種類　●●●●
- 緊急時の連絡先　●●●●
- 最大積上げ高さ　●●

最大積上げ高さの記載
屋外において容器を用いずに保管する場合に記載する。

廃棄物の種類（例）
汚泥、草木類、その他廃棄物の特性を認識できる名称を記載する。
※上記に加え、以下の場合は、各々その旨を付記する。
・腐敗性指定廃棄物
・石綿含有指定廃棄物　等

② 保管場所から指定廃棄物が飛散・流出等しないよう、次の措置を取らなければなりません。

　ア　容器に収納し、又は梱包する等の措置
　イ　屋外で容器を用いずに保管する場合にあっては、積み上げられた指定廃棄物の高さが、一定の高さを超えないようにすること。

（対策例）
- 指定廃棄物の種類によって、適切な容器への収納又は梱包等の措置を選択するとともに、崩落防止、火災防止等の観点から、適切な積上げ高さで保管を行ってください。
- 容器への収納後に中身が視認できない容器については、収納した廃棄物の種類を表示する（例えば、容器に荷札を付ける、容器の側に立札を立てる等を行う）必要があります。

■　フレキシブルコンテナへの収納について
- 焼却灰、ばいじんなどの粉状の廃棄物を収納するのに適しています。
- 汚泥等の水分を多く含む指定廃棄物を収納する場合は、積上げによる圧迫によって汚水が浸み出すことのないように、積上げ保管はできるだけ避ける必要があります。
- フレキシブルコンテナの種類は、収納する廃棄物の特性や、想定される保管期間等を考慮して、選択する必要があります。

　　焼却灰やばいじんなどの水分の少ない廃棄物や、比較的軽量な廃棄物の保管などの場合は、基本的に一般的なクロス形で対応可能と考えられますが、保管が一定の期間（複数年）にいたる場合や、水分を多く含む廃棄物や比較的重量のある廃棄物を収納する場合については、ランニング形等の耐久性の高いものを用いることが望ましい。

　　また、風雨や紫外線にさらされる屋外等で保管する場合には、UV加工のクロス形やランニング形など、対候性に優れたものを選択することが望ましい。

- フレキシブルコンテナを積み上げ保管する場合は、崩落防止や、破損防止の観点から、原則として、積み上げ高さ2～3m（2～3段積み）までとすることが望ましいものです。ただし、腐敗のおそれのある廃棄物の場合は、2m程度（フレキシブルコンテナ2段積み程度）までとするなど留意が必要です。

左：ランニング形（例）
右：クロス形（例）

■ ドラム缶への収納
- 汚泥等の水分の多い指定廃棄物を収納する場合は、耐熱性や周辺への汚水の流出防止の観点からドラム缶を選択することが望ましい。
- 有機性汚泥、家畜排せつ物、堆肥、草木類、落葉落枝等の腐敗性指定廃棄物について、特に腐敗のおそれが高い場合は、発酵に伴う蓄熱のおそれがあることから、フレキシブルコンテナによる収納を避けドラム缶（蓋付き）等の耐熱性の優れた容器に収納することが望ましい。
- ドラム缶は主として金属材料で作られているため、保管が一定の期間に亘る場合には腐食への配慮（ケミカルドラム缶の採用等）が必要です。

■ プラスチック袋への収納
- 草木類や落葉落枝等の収納にあたっては、一定の強度を有するプラスチック袋（耐久性に配慮し家庭用ごみ袋等は避けること。）の使用も考えられます。
- 収納にあたっては、二重に梱包するなどプラスチック袋が破れないように注意を払うとともに、保管が一定の期間に亘る場合には、より耐久性の高い容器に収納する必要があります。

■ 梱包用ネット等による梱包
- 稲わらなどの農地における廃棄物については、梱包用ネット等により梱包することで、廃棄物の飛散等の防止を図るとともに、倉庫やビニルハウス等の屋内に保管することが望ましい。
- 梱包にあたっては、梱包材の隙間から廃棄物が飛散等することがないよう、廃棄物の全面を覆うように梱包することが必要です。

■ 着脱式コンテナへの収納
- 後の可搬性を考慮し、フックロール車等への着脱が可能なコンテナへの収納も想定されます。
- このコンテナの場合、天井部分の覆いがないため、飛散流出防止のためのシート覆い等が必要です。

- ■ 屋外で容器を用いずに保管する場合
  - ・ 廃棄物を屋外で容器を用いずに保管する場合は、シート（後述の遮水シートで併用も可能）で覆うことにより飛散防止等を図るとともに、環境省令で定める高さを超えて、積上げを行わないこと。
  - ・ シートで覆うにあたっては、風雨等による捲れやズレ等を防ぐため、地面又は廃棄物にしっかりと固定して覆うこと。

- ■ 建屋内で容器を用いずに保管する場合
  - ・ 廃棄物を建屋内で容器を用いずに保管する場合は、指定廃棄物以外の廃棄物と混ざったり、建屋内に廃棄物が散在したりすることのないよう留意する必要があります。

③ **指定廃棄物又は指定廃棄物の保管に伴い生ずる汚水による公共の水域及び地下水の汚染を防止するため、遮水の効力、強度及び耐久力を有する遮水シートの設置等必要な措置を講ずることが必要です。**

（対策例）
- ・ 汚泥等の水分を多く含む廃棄物については、ドラム缶等の密閉性の高い容器に収納することによって汚水の流出を防止します。
- ・ 汚泥等の水分を多く含む廃棄物を密閉性の高い容器に収納することができないなど、汚水漏出のおそれがある場合は、遮水の効力、強度及び耐久力を有する遮水シートの設置等の措置を行います。この場合、汚水の受け皿（適切な排水先、吸着材）が確保されていることを確認します。

- ■ 密閉性の高い容器への収納
  - ・ 保管によって汚水の流出が懸念される汚泥等の水分を多く含む廃棄物については、ドラム缶へ収納することにより、汚水の流出を防止します。
    ただし、保管期間中のドラム缶の腐食が懸念される場合は、遮水シート等との併用が望ましい。
  - ・ 水分を含む廃棄物をフレキシブルコンテナに収納する場合は、想定される保管期間の長さに応じて二重構造や内側コーティング仕様のクロス形フレキシブルコンテナや、ランニング形のフレキシブルコンテナを選択することにより、汚水の流出防止を図ってください。

- ■ 密閉性の高い容器へ収納できない場合など：遮水シートの設置
  - ・ 汚泥等の水分を多く含む廃棄物を密閉性の高い容器に収納することができないなど、汚水漏出のおそれがある場合は、保管場所の底面に遮水シートを設置することに

より、廃棄物又は廃棄物の保管に伴い生ずる汚水の流出を防止します。
・ 遮水シートの構造、材質は、最終処分場における遮水工用のシートとして求められる基準を満たすシートを参考に、保管の条件に適したものを選択します。

※ 遮水シート設置にあたっての留意点
  ・ 保管する指定廃棄物がシートの外に出ることのないよう、十分な広さに設置します。
  ・ 地面の凹凸がある場合は予め整地した上で設置することによるシートの破損を防ぎます。
  ・ 遮水シートは一重を基本とするが、保管が一定の期間に亘る場合は、二重敷設も検討します。
  ・ 遮水シートの厚さは、保管場所の条件や想定される保管期間等を考慮し、適切なものを選択します。
  ・ 廃棄物から漏出した汚水が遮水シート上に溜まることを防ぐため、次のような措置を取ります。

◆ 土壌（一定の粘土分を含むもの。30cm厚以上）を遮水シートの上に敷き、その上に容器を設置します。なお、ベントナイトやゼオライトなどの物質の混合土を用いることも有効です。
◆ 汚水の受け皿（汚水受け、排水管等）を確保した上で、保管場所に傾斜をつけ、汚水が当該受け皿へ流入するようにします。

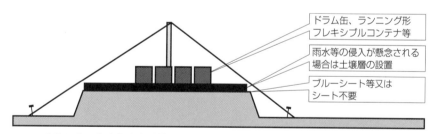

水分の多い廃棄物を密閉性の高い容器に収納した場合の汚水漏出防止(例)

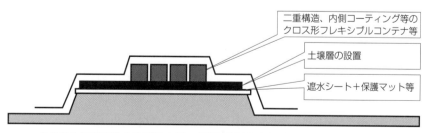

水分を含む廃棄物を密閉性の低い容器に収納した場合の汚水漏出防止(例)

■　ベントナイト層の設置
・　遮水シートに替えて、ベントナイト層を設置する方法もあります。特に水分を多く含む廃棄物の保管期間が一定の期間に亘る場合は、ベントナイト層（最終処分場の遮水層で求められる効力に準ずる程度のもの）の設置を検討することが望ましい。

■　その他の措置
・　水分の少ない指定廃棄物を屋内（コンクリート床構造）に保管する場合など、指定廃棄物の性状や現場の状況から、遮水シートやベントナイトの設置と同等の汚水流出防止を確保できる場合には、遮水シート等の設置をしないで保管することが可能と考えられます。

第 3 章　除染等作業の具体例と留意点

〈参考〉

平成 23 年 3 月 11 日に発生した東北地方太平洋沖地震に伴う原子力発電所の事故により放出された放射性物質による環境の汚染への対処に関する特別措置法（放射性物質汚染対処特措法）の概要

目的
放射性物質による環境の汚染への対処に関し、国、地方公共団体、関係原子力事業者（＝東京電力）等が講ずべき措置等について定めることにより、環境の汚染による人の健康又は生活環境への影響を速やかに低減する

責務
① 国
　原子力政策を推進してきたことに伴う社会的責任に鑑み、必要な措置を実施
② 地方公共団体
　国の施策への協力を通じて、適切な役割を果たす
③ 関係原子力事業者
　誠意をもって必要な措置を実施するとともに、国又は地方公共団体の施策に協力

基本方針の策定等
○環境大臣は、放射性物質による環境の汚染への対処に関する基本方針の案を策定し、閣議の決定を求める
○環境大臣は、放射性物質により汚染された廃棄物、土壌等の処理に関する基準を設定
○国は、統一的な監視及び測定の体制を速やかに整備し、実施

放射性物質により汚染された廃棄物の処理

原子力事業所内及びその周辺に飛散した廃棄物の処理
関係原子力事業者が実施

特定廃棄物

① 対策地域内廃棄物

環境大臣による汚染廃棄物対策地域※の指定
※廃棄物が特別な管理が必要な程度に放射性物質により汚染されている等一定の要件に該当する地域を指定

▼

環境大臣による対策地域内廃棄物処理計画の策定

▼

国が対策地域内廃棄物処理計画に基づき処理

② 指定廃棄物

下水道の汚泥、焼却施設の焼却灰等の汚染状態の調査（義務）	左記以外の廃棄物の調査（任意）
環境大臣に報告 ▼	▼ 申請

環境大臣による指定廃棄物の指定
※汚染状態が一定基準（8000Bq/kg）を超える廃棄物

▼

国が処理

不法投棄等の禁止

特定廃棄物以外の汚染レベルの低い廃棄物
廃棄物処理法の規定を適用（市町村等が処理、一定の範囲については特別の技術基準を適用）

放射性物質により汚染された土壌等（草木、工作物等を含む）の除染等の措置等

原子力事業所内の土壌等の除染等の措置及びこれに伴い生じた除去土壌等の処理

関係原子力事業者が実施

①除染特別地域

- 環境大臣による**除染特別地域の指定**
  - ◆環境の汚染状態が著しいと認められる地域として一定の要件に該当する地域を指定
- 環境大臣による特別地域内**除染実施計画の策定**
  - ◆除染等の措置等の実施に関する方針、目標等を定める
  - ◆関係行政機関の長との協議
  - ◆関係地方公共団体の長の意見聴取
- **国による除染等の措置等の実施**
  - ◆関係省庁とも分担しつつ、実施

②汚染状況重点調査地域

- 環境大臣による**汚染状況重点調査地域の指定**
  - ◆環境の汚染状態が一定の要件に適合しない又はそのおそれが著しいと認められる地域（除染特別地域以外）を指定
- 都道府県知事等（※）による**汚染状況の調査測定**
  ※政令で定める市町村の長を含む
- 都道府県知事等による**除染実施計画策定**
- 国、都道府県知事、市町村長等は除染実施計画に基づき**土壌等の除染等の措置**を実施
  ※委託基準に従って委託可能

〈対策実施主体〉
- 国管理地　　国
- 都道府県管理地　都道府県知事
- 市町村管理地　市町村長
- 独法等管理地　独法等
- その他の土地　市町村長
※農用地は、市町村長の要請で都道府県知事が実施可能
※土地所有者自ら除染等の措置を行うことも可能
※合意があれば上記主体は変更可能

放射性物質により汚染された土壌等（草木、工作物等を含む）の除染等の措置等

除去土壌等の処理

○除去土壌

措置の実施者による
収集・運搬・保管・処分

※やむを得ず土地の所有者等に保管させることも想定

○除染作業に伴い発生した廃棄物

※やむを得ず土地の所有者等に保管させることも想定

- 汚染廃棄物対策地域内 ➡ 国が処理
- 対策地域外 汚染廃棄物
  - 廃棄物の汚染状態が一定基準以上 ➡ 申請により、指定廃棄物の指定を受けることも可能（国が処理）
  - 廃棄物の汚染状態が一定基準未満 ➡ 廃棄物処理のスキームに基づき処理

不法投棄等の禁止

国による措置の代行

国は、都道府県知事、市町村長又は環境省令で定める者から要請があり、かつ、次に掲げる事項を勘案して必要があると認めるときは、除染等の措置等を代行することができる。
(1) 都道府県、市町村又は環境省令で定める者における除染等の措置等の実施体制
(2) 当該除染等の措置等に関する専門的知識及び技術の必要性

（以上、環境省「放射性物質汚染対処特措法について」より）

第4章 除染等業務従事者に対する指揮の方法に関すること

1 作業の指揮及び指示に関すること

(1) 作業指揮の基本的事項
① 作業指揮の目的と実施すべき事項は次のとおりです。
　ア 作業計画の作成とその内容の確認をする。
　イ 関係請負人など関係者との連絡・打ち合わせをする。
　ウ 作業者と打ち合わせ、作業を割り当てる。
　エ 作業者に安全衛生を含め作業を行う上で留意すべきことを指示する。
　オ 作業の状況及び保護具、機械等の使用状況について点検・確認する。

② 作業指揮の能力を身につけます。
　ア 仕事についての知識や技能の向上に努める(放射線測定機器・機械等・車両・作業方法・保護具など)。
　イ 仕事に対する計画性をもつ。
　ウ 統率力・指導力・実行力・判断力及び協調性を高める。

③ 安全衛生の確保を組み込んだ指揮を行います。
　ア 被ばく管理・作業時間管理、夏季の熱中症予防対策を含めた安全衛生管理を推進する。
　イ 良好な人間関係・職場規律・作業規律の維持及び動機づけに努める。

(2) 作業前打ち合わせ
　作業の開始前に、現場に近い適当な場所に全員が集まってツール・ボックス・ミーティング(TBM)を開き、作業の打ち合わせを行います。TBMは、次のようにして行います。
① 現場に近く現場が見通せる待機場所や休憩場所などに、作業指揮者が中心となって全員が集まる。
② 当日の作業内容と、その段取り・手順・終了予定時間について説明し打ち合わせる。
③ 誰が、いつ、どこで、何を、どのようにするか、作業の分担と作業方法を打ち合わせてはっきりさせておく。
④ 放射線被ばくについて注意することや危険な箇所について安全上注意することを、対処の方法も含め詳しく説明し打ち合わせる。
⑤ 作業指揮者と作業者及び作業者相互の連絡の方法や合図を決めておく。

⑥ 現場には、関係者以外の者は立ち入り禁止であることを確認しておく。
⑦ 隣接する場所で同時に行われている工事などがあれば、その関連で注意することがあれば確認しておく。現場の近くを通る者や現場に立ち入る者で第三者に対して注意することがあれば確認しておく。
⑧ 作業を変更しなければならない場合の対処の方法や、万一事故等が起きたときの応急措置と病院等への搬送方法を確認しておく。
⑨ 打ち合わせたことを全員が納得したか確認する。また、作業者が分からないことがあれば質疑応答を行って理解を深める。質疑によってはさらに全員で打ち合わせすることが必要であれば、納得のいくように打ち合わせを行う。

昼食後や休憩後、また、作業内容や作業方法を変更するときは、作業途中にも打ち合わせが必要となります。

(3) 作業の指示

作業前打ち合わせにおいて、作業指揮者の指示すべき事項は次のとおりです。
① 作業方法と作業に必要な有資格者・人員の配置
② 被ばく管理、夏季の熱中症予防対策などを含めた安全衛生の確保のために遵守すべき事項
③ 保護具の適切な着用
④ 異常事態の発生時などにおける関係機関への連絡方法や緊急時の対応措置

作業の指示を行う場合に、留意すべき事項は次のとおりです。
① 作業者の能力に適した指示をすること。やる気のある作業者には努力を要する目標を設定して与えることも必要です。
② 指示は、作業者が理解しやすいよう具体的にわかりやすくすること。ち密さ・正確さ・期間厳守などを要するものは、ことばで指示するだけでなく、メモ書きなどで示します。
③ 指示しても、仕事の責任は作業指揮者にあること。指示された作業者は指示どおり仕事を仕上げる責任がありますが、指示した作業指揮者は、指示どおり作業させる責任があります。
④ 作業指揮者自身が処置や判断に困ることや不確実なことを指示しないこと。
⑤ 指示が絶えず変わることのないようにすること。先に指示したことが、手配・段取りの変更などのため、改めて指示しなければならない場合は、その変更した理由を説明し、納得させること。

(4) 作業前点検

　機械等の安全装置、保護具などに欠陥が生じると、作業の遂行に支障を及ぼすとともに、災害・事故を引き起こすおそれがあります。

　これらの欠陥による災害・事故を防止するため、作業前に点検を行い、作業中の使用状況を点検し、異常を認めたときは、直ちに補修し又は取り替えるなどの適切な是正措置を行う必要があります。

　点検は、用具・機械等、保護具などの対象に応じてそれぞれ担当者を決めて点検させる必要があります。

　点検を行う時期は、点検の対象物によって異なるので、実施する時期を定めておきます。また、点検の対象ごとに点検箇所、点検内容・点検方法及び判定基準などをあらかじめ定め、これを表にまとめておくとよいでしょう。

① 日常点検

　安全帯、重機類、高所作業車・ワイヤーロープなどは、日常的に繰り返し使用される結果、破損・磨耗などが生じ、また、経年劣化を生じるので、作業開始前に、作業指揮者が中心となって作業者自らあるいは指名された担当者が異常の有無を点検する必要があります。

② 定期自主検査

　労働安全衛生法令で定期自主検査が定められているものは、あらかじめその時期などを確認し確実に実施します。定期自主検査の結果、異常を認めたときは、補修その他必要な措置を講じた後でなければ、使用してはならないこととされています。

　検査の結果については、次の事項を記録しておく。法令で定められた定期自主検査では、保存期間も定められているので留意します。

1. 検査年月日
2. 検査箇所
3. 検査方法
4. 検査の結果
5. 検査を実施した者の氏名
6. 検査の結果に基づいて補修等の措置を講じたときはその内容

(5) 作業場所の点検

　安全衛生を確保して作業を遂行するためには、被ばく管理を徹底することのほかにも、安全衛生という観点から作業場所の状態を十分把握しておくことが重要です。そのため作業の開始に先立って、事前に作業場所を点検し、必要に応じて事前に対策を講じておくことが大切です。作業場所の点検項目としては、例えば、次のものがあります。

① 転倒、転落・墜落のおそれのある箇所はないか。
② 重機などと接近・接触するおそれはないか、道路などでは通行する車両と離隔する十分なスペースがあるか。
③ 樹木上での作業では、樹木などの根元の腐食などにより倒れるおそれがないか。
④ 作業場所に危険有害のもととなる地下埋設物がないか。
⑤ 消火設備、救急用具などが確保されているか。
⑥ 異常事態発生時の避難・脱出経路は確保されているか。

(6) 作業中の指揮

作業中の指揮に際し、留意すべき事項は次のとおりです。
① 作業中は、常に作業が見渡せる場所に位置し、指揮に専念すること。
② 機械類は、目的に合ったものを正しく使用しているか確かめ、目的外使用を避けること。
③ 作業の進行状況を確かめ、指示したとおり作業しているか監視すること。
④ 作業場所周辺の状況の変化について、常に気を配ること。
⑤ 作業状況の刻々の変化に対応し、必要な指示命令をはっきりと、要点をもらさず行うこと。
⑥ 作業の変更をしなければならない場合は、直ちにそれに応じた処置を指示すること。
⑦ 不安全状態・不安全行動を発見したら、直ちに注意し、必要に応じて作業を中止させ、正常な状態に戻すこと。
⑧ 作業中は、常に整理整とんを心がけて、作業しながら片づけていくようにむだな被ばくを避けるよう指示すること。

2　教育及び指導の方法に関すること

(1)　なぜ教育及び指導が必要か

　　作業者が「安全に、正しく、かつ能率よく」仕事ができないのは、知らない（知識）、できない（技能）、やらない（態度）などの問題点があるからであり、この原因と対策をまとめると、次の表のとおりになります。

　　これらの問題点を解決するには、日ごろから効果の上がる教育及び指導の方法を計画し、実行し、成果を確かめて、作業に必要な知識・技能・態度の向上に努め、「作業安全」「作業能率」「品質確保」を図らなければなりません。

仕事ができない原因と対策

作業者の状況	原　因	対　策
知識・技能不足 知らない、できない 例：新規入場者	教えなかった 覚えていなかった 忘れてしまった	知識・技能を教育する 適切な作業の分担
技能不足 できない （知っているができない）	未経験・未熟練 能力不足・技能不足 仕事の負担が大きい	技能を訓練する
態度不良 やらない （やればできるのにやらない）	うっかりして勘違い、早合点、侮る、まあよかろう、手順の省略、ずぼらして、面倒だ、気をつけてやれば大丈夫	安全意識の高揚、 繰り返しの教育指導、習慣化

(2)　どのようなときに教育・指導するのか

　　教育・指導しなければならない具体的な状況をあげると、次のとおりです。
　① 仕事についての知識や技能が不足しているとき。
　② 慣れない作業方法や機械等を使用するとき。
　③ 作業場所・作業環境が普段と異なるとき。
　④ 指示どおりにできないとき。また、ムリ・ムダ・ムラの多い作業をしているとき。
　⑤ 機械等の操作ミスによる故障を起こしたとき。
　⑥ 普段の慣れた作業と違った放射線などの危険性を伴う特殊な作業をするとき。
　⑦ 新規入場者や技能の未熟練者が配属されたとき。
　⑧ 安全衛生意識が低いとき。
　⑨ 安全作業が習慣化していないとき。また、基本動作が身についていないとき。
　⑩ 不安全状態・不安全行動が発生しているとき。
　⑪ ヒヤリハット、異常事態などが発生したとき。また、他の職場で発生した異常事態が起こるおそれのあるとき。

このような場合の効果的な教育・指導手法としては、OJT（現場訓練）があり、日常の作業の場において、機会あるごとに教育・指導に努めることが大切です。

(3) いつ教育及び指導をするのか
教育・指導を行う機会をあげると、次のとおりです。
① 技能講習、特別教育などの研修会、全員朝礼、班ぐるみ安全訓練会などに積極的に参加させ、知識・技能を身につけさせるとともに、その習得の程度を確認し、不足の点は追加して教育・指導する。
② 班朝礼、職場安全衛生会議、ツール・ボックス・ミーティング（TBM）など、班単位で教育・指導する。
③ 作業の指示をする際や報告を受けるとき、作業中の指揮の際などに、解説を加えたり、注意を与えたり、質問をさせたり、話し合うようにしたりしながら、日常作業の中で教育・指導する。
④ 作業指揮者の行動は、そのまま部下の手本となるものであるから、率先垂範することによって、作業者が見習うようにする。
⑤ 実作業で、作業ごとに、指揮者自ら又は教育指導担当者を決めて、正しい基本動作により作業手順どおりの作業をするよう教育・指導する。
⑥ 新規入場者や未熟練者に対しては、職場になじませながら基礎的な知識を付与し、また、基本動作を実習させる。

(4) 効果的な教育及び指導の方法
効果的に教育・指導を進めるための「教え方の4段階」、及びその際に留意すべき「教育・指導の8原則」は、次のとおりです。

〔教え方の4段階〕
第1段階　習う準備をさせる（教えられる者は、初めての作業に不安を感じ、尻ごみしているものであるから、それを解きほぐし落ち着かせて、習う気持ちにさせる）。
・気楽な気持ちにさせること。
・何の作業をやるかを話すこと。
・その作業について知っている知識の程度を確かめること。
・作業を覚えたい気持ちにさせること。
第2段階　作業を説明する（知っている程度や、覚える早さに応じて、ていねいに説明する）。
① 言ってきかせること。
・主な手順ごとに、1ステップを1つずつ区切って急所を順序よく話すこと。

- 急所は強調する。
- 多くの内容を一度に話さない。
- 耳新しい専門用語は理解しやすいよう説明を加えて使う。
- 必要に応じて繰り返して話す。
- はっきりと根気よく話す。
- 一度に多くのことを教えない、理解できる範囲にとどめる。

② やってみせること。
- ゆっくり区切って、説明しながらやって見せる。
- 要点は、身ぶり・手ぶりを大きく、詳しく行う。
- 必要に応じて繰り返す。

③ 書いたものを見せること。
- 要点をはっきり示す。
- 文章は箇条書きにする。
- 順序よく、配置を考えてわかりやすいように書く。
- 絵・写真・図面をできるだけ用いる。
- 色彩を入れて記憶に残りやすくする。

第3段階 やらせてみる（頭で理解したら、今度は実際にやらせて、自分でできるようになるまで教える）。
- 初めからやらせて、まちがいを直す。
- できるだけ実際の場所・方法でやらせる。
- やらせながら急所など説明をさせ、いろいろな角度からきいてみて答えさせる。
- 納得し、身につくまで何回も繰り返させる。
- よく理解しているか、正しいやり方であるかを確認する。

第4段階 教えた後をみる（何ごとも、やりっぱなしはいけない。教えたとおりやっているか、問題はないか、後の確認が大切である）。
- 仕事してみて、わからないときには、だれに聞くかを決めておく。
- 質問して、納得させるようにしむける。
- 徐々に教育・指導を減らしてゆく。
- よくできた点はほめ、自信を与える。

〔教育・指導の8原則〕

① 相手の立場に立って

　教育・指導は、相手が覚え上達してこそ、はじめて役目を果たしたといえます。一方的に話したり、やって見せたりしても、相手にその内容が伝わらず、知識・技能などを目標どおりの望ましい状態にすることができなかった場合は、教える者が一人芝居をしていた

にすぎないことになります。

② 動機づけを大切に（意欲を呼び起こす）

人は自ら覚えようという気にならなければ効果的に覚えられません。覚えようという気にさせるためには、その目的や重要性をよく理解させ納得させる必要があります。

・なぜ、それを覚える必要があるのか、どこに意味があるのか、要点を示します。
・その仕事が社会や本人、会社にとって、どんな価値や影響があるのか。

③ やさしいことから難しいことへ（スモールステップ）

その人のすでに習得している知識や技能を土台にして、そこから相手が理解し習得できる程度に合わせて、教える内容の程度を決めるようにします。

④ 一時に一事を

一度にあれもこれも教えようとすると混乱しかねないので、能力に合わせて相手が理解できる速さで、1回に1つのことを教えていくと理解し覚えやすいでしょう。

⑤ 反復する

何回も根気よく、言ってきかせたり、やって見せたり、やらせたりというように、反復することで、知識も技能も態度も身について習慣化できます。

⑥ 印象の強化

教える内容とは関係のないことを一緒に説明すると、肝心な重点・急所などがぼやけてしまうことがあるので、教える内容に絞って説明します。

⑦ 五感の活用

視聴覚による教育訓練技法（チャート・スライド・パワーポイント・書画カメラ・ビデオ・DVD・映画・実験模型等）を活用すると効果的です。

⑧ 機能的に理解させる

なぜそうしなければならないかをよく納得させておかないと、度忘れ・勘違い・早合点・手抜き・自己判断による行動などを起こしがちとなります。

(5) 教育・指導効果の持続

教育・指導は、教えた事項が確実に実施されて、はじめて完遂したといえます。したがって、教えた事項が現場作業の中で実際に実施されているかどうかを、確認しなければなりません。

もし教育・指導したとおりにやっていないことを発見した場合は、直ちに、それが「正しくない、不安全なやり方」であることを指摘し、是正させなければなりません。「この程度ならいいだろう」と、安易に妥協してこの是正措置を怠ると、それを黙認したことになり、再び同様の行為を発見した際の是正をますます困難にします。

また、こんなことぐらいと思って見逃した不安全行動が大災害につながったケースも少なくありません。

このような不安全行動を発見した場合に考えるべきことは、なぜそのような不安全行動をしたかということです。不安全行動であることを知らなかったのだとすれば、それは教育・指導の不徹底を意味します。不安全行動が教育・指導の不徹底によることが判明した場合には、作業者全員に対し、追加の教育・指導を実施すべきです。また不安全行動であることを知りながら、あえてそのような行動をとったのだとすれば、個別の教育・指導の徹底をいっそう図らなければなりません。

3　保護具の適切な使用に係る指導方法

　保護具は、放射性物質を含む粉じんの吸入を防ぐ防じんマスク、除去土壌等の身体への付着を防ぐ保護衣など除染等作業には不可欠のものです。

　防じんマスクなどは、81ページに定められたものを選定し、作業者に身体にフィットした、作業のしやすい、損傷などがなく、除去土壌等で汚染されていないものを使用します。

　作業指揮者は、作業者が作業中に適切な方法で使用していることを監視し確認する必要があります。使用していなかったり、適切でない方法で使用している場合には、直ちに、適切な方法で使用させます。

　詳しくは、第2章の3の（3）の④及び参考資料5の「防じんマスクの選択、使用等について」を参照してください。なお、保護具メーカーには、保護具の選択、使用などについてアドバイスする者がいますので、直接、具体的なアドバイスをしてもらうとよいでしょう。

第5章 異常時における措置に関すること

1 労働災害が発生した場合の応急の措置

　労働災害などの異常事態が発生したときには、被災者の救済のための緊急時としての対応が求められます。被災者の救済には、使用している機械等が原因であればその機械等を停止するなど安全な状態にし、汚染の拡大による被ばくを避けることのできる場所や被害を大きくさせない場所など安全な場所へ搬出し、応急手当を行います。異常事態を認め、直ちに医療機関へ搬送する必要がある場合には、安全な場所へ搬出すると同時に、救急車の出動要請、救急車が収容に来るまでの間の応急手当、場合によっては救命処置が必要となります。医療機関が近くにあれば直接搬送することとなります。このような事態を想定して、最寄りの消防機関の連絡先、医療機関が近くにあれば所在地と連絡先などを、あらかじめ調べて、見やすい場所に掲示しておくとよいでしょう。

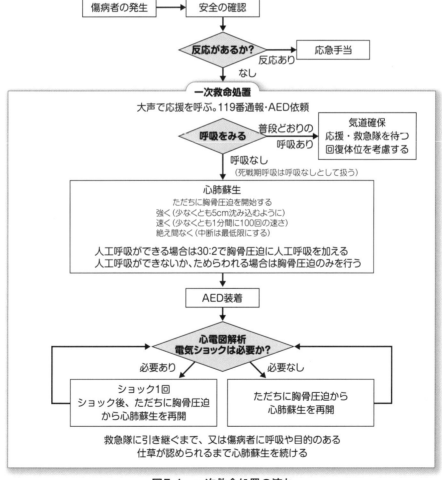

図5-1　一次救命処置の流れ

2 応急手当
(1) 放射線被ばく

除染等業務従事者が次のいずれかに該当する場合、速やかに医師の診察又は処置を受けさせなければなりません。

- 被ばく線量限度を超えて実効線量を受けた場合
- 事故由来の放射性物質を誤って吸入摂取し、又は経口摂取した場合（※）
- 事故由来の放射性物質により汚染された後、洗身等によっても汚染を 40Bq／cm²以下にすることができない場合
- 傷創部が事故由来の放射性物質により汚染された場合

（※）事故により土砂を被り、鼻スミアテスト（71 ページ参照）で基準を超えた場合や、大量の土砂や汚染水が口に入った場合などを想定しています。

(2) 外傷の応急手当
① 創傷と多量出血

けがをした場合には、傷口から放射性物質が入るおそれもあるため、連絡を受けた作業指揮者は作業を中止し、作業場所から速やかに退出させます。

【応急手当】

ア 切り傷（切創）、擦り傷（擦過傷）、刺し傷（刺創）

日常的に起こりやすいものです。応急手当は、まず出血しているときは止血をします。傷口が汚いときは水道水で洗い流します。この際、出血を助長することがあるため手際良く行い、傷口を押し開いたり、傷の奥に触れてはいけません。

洗浄後は市販の消毒薬があれば消毒し、清潔なガーゼで傷口を覆い包帯を巻いておきます。古釘や木片を踏んだ刺創、泥で汚れた深い創では、破傷風の危険性があるため、医療機関で受診します。

イ 多量出血

多量出血とは、500cc（成人）以上の出血で、たくさんの量の血液が血管の外に出ることです。全血液量の3分の1を短時間に失うと生命が危険な状態となり、2分の1を失うと死に至るといわれています。応急手当はこの出血を最小限にとどめるために早急に開始し、確実に行います。

出血は外出血と内出血に大別されます。外出血とは血液が体外に流出する場合を指し、内出血とは胸腔、腹腔など体腔内への出血や、皮下などの軟部組織に出血し、血液が体外に流出しない場合をいいます。外出血は一般の人でも応急手当が十分に可能ですが、内出血は判断が難しく、内蔵損傷が疑われるときは、医療機関で受診します。

② 骨折

骨折とは骨組織の連続性が断たれた状態です（骨折の分類は**図5-2**）。骨折部に一致して疼痛、圧痛、腫脹、皮下出血などを認められます。完全骨折では変形や骨折端どうしが擦れ合う音である軋轢音（あつれきおん）などを認められます。骨折に伴い神経、血管、筋肉、腱に損傷を合併することがあり、ショックなど全身状態に注意することも必要です。

【応急手当】

骨折部を動かさないことに心がけます。骨折部を上下関節が動かないように、副子（段ボール、折りたたみ傘、板きれ、雑誌などで代用可能）で固定します（**図5-3及び図5-4**）。この際決して整復を行わず、そのままの状態で固定します。

皮膚の損傷がひどいときは、傷と出血の手当を行います。皮膚を突出している骨は戻しません。骨折部を動かさないように固定したらただちに医療機関に搬送します。ただし、固定することが不安だったり、複雑骨折の場合は救急要請をします。

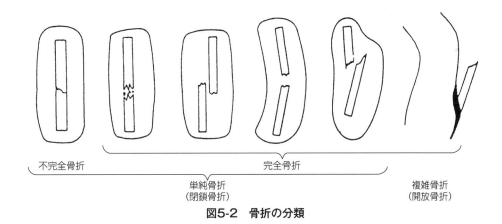

図5-2　骨折の分類

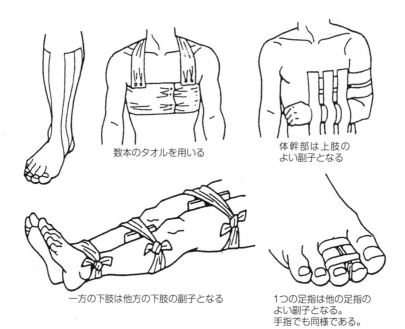

図5-3 緊急時の副子のあて方

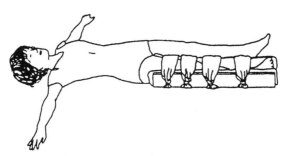

図5-4 下腿の骨折の副子のあて方

③ 脱臼、肉離れ、アキレス腱断裂

ア 脱臼

脱臼とは関節を構成する関節面の接触が完全に失われた状態です。亜脱臼では関節面の接触が一部保たれています。関節を動かすことのできない疼痛を認め、変形していることがあります。神経や血管損傷、骨折を伴うことがあります。特に肩・肘・指に起こりやすいです。頸椎・脊椎では生命に危険がおよぶこともあります。

【応急手当】

基本は、痛む関節を三角巾などで固定し、冷やし（冷却剤、氷のうなど）ながら医療機関で受診します。

イ 肉離れ

筋肉の急激な収縮などによって、筋肉をつくっている筋繊維と筋繊維の間にある結合組織の損傷で、ほとんどの場合この結合組織の切断によるものです。ストレッチやウォーミングアップ不足で起こりやすく、主に太ももやふくらはぎに症状が現れます。動かすと激しく痛むのが特徴です。

【応急手当】

損傷部を弾性包帯で圧迫し、その上からよく冷却しながら医療機関で受診します。この際決して歩かせてはいけません（安静位を保持します）。

ウ アキレス腱断裂

アキレス腱が急激で強い運動などにより切れたり、裂けたりする状態です。断裂すると、足首の後ろが凹んだり歩けなくなります（つま先立ちができません）。

【応急手当】

うつぶせに寝かせ、ふくらはぎの筋肉（腓腹筋）をゆるめる。つま先を伸ばした状態で固定し医療機関で受診します。

④ 打撲

打撲は、物に体をぶつけることにより受ける組織の損傷です。損傷の程度は軽いものから、早急に処置を必要とする生命にかかわるものさまざまです。

ア 頭部打撲

頭部打撲は日常頻発する外傷です。大部分は無症、軽症ですが、その一部はきわめて重症です。脳しんとう、頭蓋骨骨折、頭蓋内出血、脳挫傷などは、特に脳への影響が重大です。重症の場合は意識低下、吐き気・嘔吐、耳や鼻からの出血、手足の麻痺などの症状を認められます。

【応急手当】

上記の症状がある場合は、重症と判断し救急要請します。意識がはっきりしている場合でも、しばらくして意識障害が起こることがあります。なお、高齢者ではすぐに症状

が現れない場合があり、数日から1ヵ月ほど注意を要することがあります。

　イ　胸部打撲

　　胸には肋骨や胸骨で守られた心臓や肺など呼吸循環器系の大事な臓器があります。胸部打撲でも骨折や肺に損傷のない場合は、一時的に胸痛や息苦しさを訴えても、安静により回復します。しかし、単なる打撲でなく、肋骨骨折、肺の損傷があると見た目は何ともなくても、血圧低下、意識消失を起こし、生命に危険がおよぶことがあります。

　　【応急手当】

　　　上半身を45度くらい起こして寝かせ、楽な姿勢を取らせ安静にします。安静にしていても、呼吸や咳のたびに胸痛を訴える場合は肋骨骨折を疑います。胸痛、血痰、呼吸困難が続く場合は、肺や心臓の損傷を疑います。いずれもすぐに救急要請します。

　ウ　腹部打撲

　　腹部には、胃・腸・肝臓・膵臓・脾臓などがあります。強く打つと見た目は何ともなくても、内臓が破裂している場合があり、注意が必要です。

　　【応急手当】

　　　仰向けに寝かせ両膝を立てると腹筋がゆるみ楽になります。吐き気がある場合は顔を横に向け、飲食はさせません。打撲直後は症状がなくても、しばらくして、顔色が悪い、冷や汗をかく、強い腹痛、吐き気や嘔吐などの症状があればすぐに救急要請します。

⑤　急性腰痛

　無理な姿勢で重い物を持ち上げたときなど、明らかな原因がなくてもちょっとした動作で腰椎に負担がかかることで急激に発症する腰痛で、「ぎっくり腰」とも呼ばれます。多くの場合疼痛のために起立不能となり、寝返りも困難になります。しかし、椎間板ヘルニアのような神経症状を呈することはなく、あっても軽度です。

　　【応急手当】

　　　腰部を動かすことができないような激痛や起立不能な場合には、無理に動かして仰向けにする必要はなく、その場で傷病者が最も楽な姿勢をとらせます。移動させる場合は、傷病者のペースでゆっくり行い、その際の転倒には注意します。医療機関に搬送し、安静と薬物療法により、数日から1週間程度で改善することがほとんどです。冷却により痛みや腫れは緩和されやすくなります。ただし、入浴などで温めると、痛みや腫れが強くなることがあり注意が必要です。

⑥　電撃症（感電）

　電気が人体の一部を通ることを通電といい、通電による人体の損傷を電撃症といいます。電撃症は、家庭・工場内の低電圧線による感電事故、高電圧送電線や落雷により生じます。

電流そのものが生体へおよぼす障害と電流通過部の熱傷ばかりでなく、通電後の着衣の引火による熱傷や感電後の転倒、転落による二次的損傷も含まれます。また高電圧では心停止、低電位では心室細動を起こしやすいので注意が必要です。

【応急手当】

感電によって倒れた人を救助するときには、まず電源を切ることを優先します。電源が切れない場合は傷病者と電気の接触を断ち安全な場所に移します。その場合は救助者が感電しないように、まずゴム靴などで救助者自身を絶縁します。

つぎに絶縁性のある皮又はゴムの手袋をはめ、傷病者を電線から引き離します。

救い出したら、意識の有無を確認し、必要であれば心肺蘇生が重要となります。

電撃症は受傷直後は傷も小さく重大に感じられない場合がありますが、通電経路として血管、神経が損傷されていることが多く救急要請します。

(3) 急病の応急手当

① 熱中症

熱中症の病状は次ページの表のように分類されます。熱疲労と熱射病とでも症状は異なり、応急手当の方法もその症状ごとに異なりますが、いずれの場合も体温を下げることが最優先されます。また、意識が薄れたり、ショック症状が現れる重症の場合には、一刻も早く救急要請が必要となります。

【応急手当】

熱虚脱（熱失神）

涼しい場所で水分を与えて休養させます。

熱けいれん

塩分を含んだ水分（スポーツドリンクなど）の補給で、通常はすみやかに回復します。涼しい場所で休養させます。

熱疲労

涼しい場所に運び、楽な姿勢で足を高くして仰向けに寝かせる。意識があれば水分補給のために、薄い食塩水やスポーツドリンクなどを与えます。意識が薄れ皮膚も冷たくショック症状のある場合や、症状が1時間以上続くときは、すぐに救急要請するか医療機関に搬送します。

熱射病

風通しの良い涼しい場所に運びます。症状が重いときは着衣を脱がせ、熱を放出させます。水に濡らしたバスタオルなどで体をおおい、全身を冷やします。着衣やうちわであおいだり、扇風機やクーラーなどで冷やしてもよいでしょう。頸、脇の下、足の付け根など太い血管のある部分に氷やアイスパックを当てる方法が効果的です。応急手当後、すぐに救急要請し、一刻も早く医師の手当を受けます。

熱中症の症状と分類（平成21年6月19日基発第0619001号より）

分類	症　　　状	重症度
Ⅰ度	めまい・失神 （「立ちくらみ」という状態で、脳への血流が瞬間的に不十分になったことを示し、"熱失神"と呼ぶこともある。） 筋肉痛・筋肉の硬直 （筋肉の「こむら返り」のことで、その部分の痛みを伴う。発汗に伴う塩分（ナトリウム等）の欠乏により生じる。これを"熱けいれん"と呼ぶこともある。） 大量の発汗	小　↑ ｜ ｜ ｜ ｜ ↓　大
Ⅱ度	頭痛・気分の不快・吐き気・嘔吐・倦怠感・虚脱感 （体がぐったりする、力が入らないなどがあり、従来から"熱疲労"といわれていた状態である。）	
Ⅲ度	意識障害・痙攣・手足の運動障害 （呼びかけや刺激への反応がおかしい、体がガクガクと引きつけがある、真直ぐに走れない・歩けないなど。） 高体温 （体に触ると熱いという感触がある。従来から"熱射病"や"重度の日射病"といわれていたものがこれに相当する。）	

② 脳卒中

　脳血管障害は脳の血管病変が原因で生じます。多くは急激に発生し、脳卒中といわれます。脳卒中は血管障害の総称であり、くも膜下出血・脳出血と脳梗塞に分けられます。

　くも膜下出血は、脳表面のくも膜下腔に出血している病態を意味し、多くは脳動脈瘤破裂によります。

　脳出血は、脳実質内に出血した状態です。

　脳梗塞は、脳血管自体の動脈硬化性病変による脳血栓症と、心臓や動脈壁の血栓などが剥がれて脳血管を閉塞する脳塞栓症に分類されます。

　一般的に高血圧を伴うことが多く、くも膜下出血は急激で激しい痛みを伴い、特に「頭が割れるような」「ハンマーでたたかれたような」と表現される頭痛が特徴です。

　脳梗塞、脳出血は、頭痛に伴い、吐き気、手足のしびれ、麻痺、言語障害、視覚障害などの症状が認められます。

【応急手当】

　　ただちに救急要請します。着衣などをゆるめ、呼吸をしやすくします。嘔吐している場合には、顔を横向きに寝かせ、吐物が気管に入らないように気道を確保します。安静にし、体をゆさぶったり無理に起こしたりせずに救急車の到着を待ちます。

③ 腹痛

腹部には多くの臓器、組織が存在し、痛みの場所や症状はさまざまで、少し休めば治るような軽いものから、それこそ生命にかかわるような重いものまであります。腹痛の原因として、胃炎や十二指腸潰瘍、膵炎、虫垂炎、胆石、腹部大動脈瘤破裂などが考えられます。痛みには大きく分けて2種類あります。

転げまわるような痛みだが一時的に軽くなり、耐えられるものには、胆石や尿管結石などが考えられます。

一方、痛くて動けなかったり、痛みがおさまらず腹部が硬くなってエビのように体を曲げて痛がるときは、虫垂炎が進行していたり、胃・十二指腸潰瘍穿孔（胃や十二指腸に穴があく状態）や腸管が穿孔して腹膜炎を起こしている可能性があります。大変危険な状態であり、このような症状が現れたら一刻も早く救急要請するか、医療機関に搬送します。

【応急手当】

安静にし、着衣をゆるめ、枕を低く、膝下には座布団などを入れ、腹部が緊張しないような姿勢にすると痛みが軽減します。腹痛が激しいときは、手術が必要な病気の可能性もあるため、水や食物を与えてはいけません。吐き気があるときは、顔を横向きにし、嘔吐した場合は気管に入らないようにします。強い痛みが続くときは、早く救急要請します。

(4) 食中毒の応急手当

食中毒は、食物や飲み物を飲食したあと、それらに含まれる細菌や毒素などが原因で急に起こる症状です。

① 細菌性食中毒

細菌自体や細菌がつくる毒素によって起こります。細菌の種類により感染型、毒素型に分けられます。症状は吐き気、嘔吐、下痢、腹痛など消化器系の異常を訴えます。発病は細菌の種類や個人差により違いがありますが、遅くても24時間ほどで起こります。食中毒を起こす主な細菌は、サルモネラ、腸炎ビブリオ、ブドウ球菌、病原性大腸菌などで、細菌性食中毒の8～9割を占めます。一部に、猛毒をつくるボツリヌス菌など死亡率の高い細菌もあります。

② 化学性食中毒

有毒、有害な化学物質が混入した飲食物を直接又は間接的に飲食して起こります。毒性が強い場合は食後数分から症状が出ることがあります。中毒症状は胃腸症状のほか、頭痛、めまい、痙攣などの脳の神経症状を訴えることがあります。

③　自然毒食中毒

　自然界に存在する、天然の動物や植物に含まれる毒素を摂取して起こります。動物性は、フグ、カキ、植物性は、毒キノコ、青ウメ、ジャガイモの新芽などがよく知られています。症状は胃腸症状のほか、神経症状も比較的早期に現れるのが特徴です。

【応急手当】

　食中毒は予防が最重要であり、調理や食品衛生管理などある程度の知識をもつ必要があります。明らかに食中毒の症状が疑われるときは、吐かせるなどして、早めに医療機関で受診します。神経症状を認めるときは、すぐに救急要請します。

(5)　救急資材等の準備と防災組織づくり

①　救急資材の準備

　事業者は負傷病者の手当に必要な救急用具及び材料を備え、その備付け場所及び使用方法を労働者に周知させなければならない（労働安全衛生規則第633条第1項）、事業者は救急用具並びに材料を常時清潔に保たなければならない（同規則第633条第2項）ことになっています。

　さらにこれからは、事業場（企業）を含めた社会全体で、地震などの災害に備えるための環境整備と組織づくりに取り組んでいくことが求められています。「厚生労働省防災業務計画」（平成13年2月14日厚生労働省発総第11号、改正：平成21年3月10日厚生労働省発社援0310001号）によると、事業場における防災の促進を図るために、労働基準監督署長は、労働災害防止等のための監督指導に当たり、事業者に対して、地震その他の自然災害の発生に備えた避難、救助等の訓練の実施について啓発指導を行うことになっています。地震などの災害に備えるためには、自助、共助、公助の適切な組み合せが必要です。

②　緊急地震速報の有効活用

　気象庁では、緊急地震速報の一般への提供を行っています。緊急地震速報は、大きな地震による揺れが発生する前に、その揺れの予告を通報するものです。一般にはテレビやラジオ、防災行政無線などから伝えられます。

　緊急地震速報は、「周囲の状況に応じて、あわてずに、まず身の安全を確保する」ことを最大の基本とし、地震被害の軽減に有効に活用されることを目的としています。この情報提供を利用するに際して、緊急地震速報を受け画像、文字や音声などでその情報を知ったとき、どのような対応をとれば安全性が高まるかということなどについて、まずは、第1次避難方法を検討し組織的に策定しておくべきです。

③ 緊急時の対応マニュアルの作成及び訓練の実施

　緊急時に必要最低限の資材等は日頃より整備・点検しておく必要があるとともに、いざというときの対応のための組織及びルール作りとその徹底が必要です。

　作成したマニュアルの手順で訓練を日常的に繰り返し、その実行可能性などを検証しておくことも重要です。例えば、ストレッチャーや担架で搬送できない通路があり、コンビネーションストレッチャー（簡単な操作で椅子型になる）などの設置が望ましい場合もあります。このような問題点を日頃から改善する取組みが大切です。

【参考】

救急資材等（防災用資機材を含む）

救急用品・薬品			防災用品
担架＊	AED	使い捨てカイロ	携帯ラジオ
毛布	人工呼吸用マスク	胃腸薬	簡易トイレ
タオル	使い捨て手袋	軟膏（外傷薬）	テント
携帯酸素パック	アルミックシート	火傷薬＊	スコップ
洗眼器	三角巾	解熱鎮痛薬	バール
安全シャワー	止血帯＊	総合感冒薬	のこぎり
体温計	副木＊	目薬	ハンマー
はさみ	包帯＊	湿布薬	はしご
ピンセット＊	包帯止め	消毒用エタノール＊	食料、飲料水
とげ抜き	滅菌ガーゼ	薬用石鹸	ポリタンク
安全ピン	滅菌脱脂綿		小型発電機
ヘルメット	綿棒		投光器
拡声器	サージカルテープ		消火器
懐中電灯	救急ばんそうこう		防寒衣
ロープ	ウエットティッシュ		すべり止め付き軍手
タグ	冷却材（コールドパック）		

（注）＊印は、労働安全衛生規則第634条で定められている品目です。

3 一次救命処置

一次救命処置について、その流れに沿って以下説明します（**図5-1**）。

救急処置では、はじめに傷病者の状態を把握しなければなりません。

反応、呼吸、気道異物、出血等の有無を確認する。状態を確認したうえで119番に通報することとなりますが、呼吸停止（又は正常な普段どおりの呼吸をしていない）の場合には、続けて速やかに一次救命処置を実施しなければなりません。

(1) 発見時の対応手順

① 反応の確認

傷病者が発生したら、まず周囲の安全を確かめた後、傷病者に反応（なんらかの返答や目的のある仕草）があるかどうかを確認します。

反応があれば当然呼吸もしているし、心臓も動いています。したがって、反応の有無を確認することにより、心肺蘇生が必要な状況かどうかの最初の選別が行えます。傷病者の肩を軽くたたく、大声で呼びかけるなどの刺激を与えて反応があるかどうかを確かめます。

もし、このとき反応があるなら、回復体位（**図5-5**）をとらせて安静にして、必ずそばに観察者をつけて傷病者の経過を観察し、普段どおりの呼吸がなくなった場合にすぐ対応できるようにします。また、反応があっても異物による窒息の場合は、後述する気道異物除去を実施します。

② 大声で叫んで周囲の注意を喚起する

一次救命処置は、出来る限り単独で処置することは避けるべきです。もし傷病者の反応がないとわかったら、その場で大声で叫んで周囲の注意を喚起することは大切なステップです。

③ 119番通報（緊急通報）、AED手配

誰かがきたら、その人に119番通報と、近くにあればAED（Automated External Defibrillator：自動体外式除細動器）の手配を依頼し、自らは一次救命処置を開始します。

周囲に人がおらず、救助者が1人の場合は、まず自分で119番通報を行い、近くにあることがわかっていればAEDを取りに行きます。その後、一次救命処置を開始します。なお、119番通報すると、電話を通して行うべき処置の指導を受けることもできるので、落ち着いて処置します。

(2) 心停止の判断 ── 呼吸をみる

傷病者に反応がなければ、次に呼吸の有無を確認します。心臓が止まると呼吸も止まるので、呼吸がなかったり、あっても普段どおりの呼吸でなければ心停止と判断します。

呼吸の有無を確認するときには、気道確保を行う必要はなく、傷病者の胸と腹部の動きの観察に集中します。胸と腹部が（呼吸にあわせ）上下に動いていなければ「呼吸なし」と判

第5章 異常時における措置に関すること

断します。また、心停止直後にはしゃくりあげるような途切れ途切れの呼吸（死戦期呼吸）が見られることがあり、これも「呼吸なし」と同じ扱いとします。なお、呼吸の確認は迅速に、10秒以内で行う（迷うときは「呼吸なし」とみなします）。

　傷病者に普段どおりの呼吸を認めるときは、気道確保（(4)①参照）を行い、応援や救急隊の到着を待ちます。この間、傷病者の呼吸状態を継続観察し、呼吸が認められなくなった場合には、ただちに後述する心肺蘇生を開始します。応援を求めるために、やむを得ず現場を離れるときには、傷病者を回復体位（**図5-5**）に保ちます。

傷病者を横向きに寝かせ、下になる腕は前に伸ばし、上になる腕を曲げて手の甲に顔をのせるようにさせる。また、上になる膝を約90度曲げて前方に出し、姿勢を安定させる。

図5-5　回復体位

(3)　心肺蘇生の開始と胸骨圧迫

　呼吸が認められず、心停止と判断される傷病者には胸骨圧迫を実施します。傷病者を仰臥位に寝かせて、救助者は傷病者の胸の横にひざまずきます。圧迫する部位は胸骨の下半分とします。この位置は、「胸の真ん中」が目安になります（**図5-6**）。

　この位置に片方の手のひらの基部（手掌基部）をあて、その上にもう片方の手を重ねて組み、自分の体重を垂直に加えられるよう肘を伸ばして肩が圧迫部位（自分の手のひら）の真上になるような姿勢をとります。そして、傷病者（成人）の胸が少なくとも5cm沈み込むように強く速く圧迫を繰り返します（**図5-7**）。

　1分間に少なくとも100回のテンポで圧迫します。圧迫を解除（弛緩）するときには、手掌基部が胸から離れたり浮き上がって位置がずれることのないように注意しながら、胸が元の位置に戻るまで充分に圧迫を解除することが重要です。この圧迫と弛緩で1回の胸骨圧迫となります。

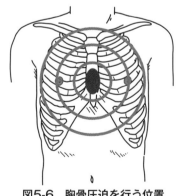

図5-6　胸骨圧迫を行う位置

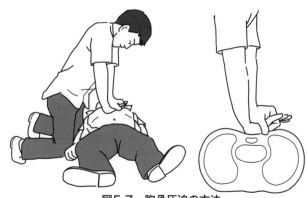

図5-7　胸骨圧迫の方法

傷病者をやわらかいふとんに寝かせている場合などに胸骨圧迫を行うと心臓が十分に圧迫されないので、板など堅い床面を背中にして行います。

(4) 気道確保と人工呼吸

人工呼吸が可能な場合は、胸骨圧迫を30回行った後、2回の人工呼吸を行います。その際は、気道確保を行う必要があります。

① **気道確保**

気道確保は、頭部後屈・あご先挙上法（**図5-8**）で行います。

頭部後屈・あご先挙上法とは、仰向けに寝かせた傷病者の額を片手でおさえながら、一方の手の指先を傷病者のあごの先端（骨のある硬い部分）にあてて持ち上げます。これにより傷病者の喉の奥が広がり、気道が確保されます。

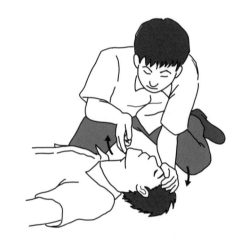

図5-8　頭部後屈・あご先挙上法による気道確保

② **人工呼吸**

気道確保ができたら、口対口人工呼吸を2回試みます。

口対口人工呼吸の実施は、気道を開いたままで行うのがこつです。前述の**図5-8**のように気道確保をした位置で、救助者が口を大きく開けて傷病者の唇の周りを覆うようにかぶせ、

図5-9　口対口人工呼吸

約1秒かけて、胸の上がりが見える程度の量の息を吹き込みます（**図5-9**）。このとき、傷病者の鼻をつまんで、息がもれ出さないようにします。

　1回目の人工呼吸によって胸の上がりが確認できなかった場合は、気道確保をやり直してから2回目の人工呼吸を試みる。2回目が終わったら（それぞれで胸の上がりが確認できた場合も、できなかった場合も）、それ以上は人工呼吸を行わず、直ちに胸骨圧迫を開始すべきです。人工呼吸のために胸骨圧迫を中断する時間は、10秒以上にならないようにします。

　この方法では、呼気の呼出を介助する必要はなく、息を吹き込みさえすれば、呼気の呼出は胸の弾力により自然に行われます。

　なお、口対口人工呼吸を行う際には、感染のリスクが低いとはいえゼロではないので、できれば感染防護具（一方向弁付き呼気吹き込み用具など）を使用することが望まれます。

(5)　心肺蘇生中の胸骨圧迫と人工呼吸

　胸骨圧迫30回と人工呼吸2回を1サイクルとして、**図5-10**のように絶え間なく実施します。このサイクルを、救急隊が到着するまで、あるいはAEDが到着して傷病者の体に装着されるまで繰り返します。なお、胸骨圧迫30回は目安の回数であり、回数の正確さにこだわり過ぎる必要はありません。

　もし救助者が人工呼吸の実施に躊躇する場合は、人工呼吸を省略し、胸骨圧迫のみを行うシンプルな蘇生法を行ってもよいでしょう。

　この胸骨圧迫と人工呼吸のサイクルは、可能な限り2人以上で実施することが望まれますが、1人しか救助者がいない時でも実施可能であり、1人で行えるよう普段から訓練をしておくことが望まれます。

　なお、胸骨圧迫は予想以上に労力を要する作業であるため、長時間1人で実施すると自然と圧迫が弱くなりがちになります。救助者が2人以上であれば、胸骨圧迫を実施している人が疲れを感じていない場合でも、約1～2分を目安に他の救助者に交替します。その場合、交代による中断時間をできるだけ短くすることが大切になります。

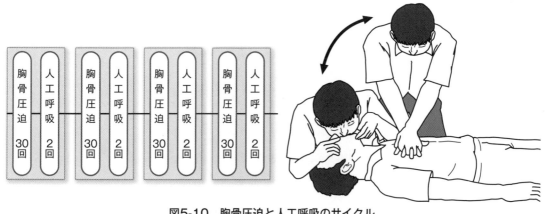

図5-10　胸骨圧迫と人工呼吸のサイクル

(6) 心肺蘇生の効果と中止のタイミング

傷病者がうめき声をあげたり、普段どおりの息をし始めたり、もしくは何らかの応答や目的のある仕草（例えば、嫌がるなどの体動）が認められるまで、あきらめずに心肺蘇生を続けます。救急隊員などが到着しても、心肺蘇生を中断することなく指示に従います。

普段どおりの呼吸や目的のある仕草が現れれば、心肺蘇生を中止して、観察を続けながら救急隊の到着を待ちます。

(7) AEDの使用

「普段どおりの息（正常な呼吸）」がなければ、直ちに心肺蘇生を開始し、AEDが到着すれば速やかに使用します。

AEDは、心停止に対する緊急の治療法として行われる電気的除細動（電気ショック）を、一般市民でも簡便かつ安全に実施できるように開発・実用化されたものです。このAEDを装着すると、自動的に心電図を解析して、除細動の必要の有無を判別し、除細動が必要な場合には電気ショックを音声メッセージで指示する仕組みとなっています。

なお、AEDを使用する場合も、AEDによる心電図解析や電気ショックなど、やむを得ない場合を除いて、胸骨圧迫など心肺蘇生をできるだけ絶え間なく続けることが重要です。

AEDの使用手順は以下のようになります。

① AEDの準備

AEDを設置してある場所では、目立つようにAEDマークが貼られた専用ボックス（**写真**）の中におかれていることもあります。ボックスを開けると警告ブザーが鳴りますが、ブザーは鳴らしっぱなしでよいので、かまわず取り出し、傷病者の元へ運んで、傷病者の頭の近くに置きます。

② 電源を入れる

AEDのふたを開け、電源ボタンを押して電源を入れます。機種によってはふたを開けるだけで電源が入るものもあります。

電源を入れたら、以降は音声メッセージと点滅ランプにしたがって操作します。

AED専用ボックスの例

③ 電極パッドを貼り付ける

　まず傷病者の胸をはだけさせ（ボタンやフック等がはずせない場合は、服を切り取る必要があります）、肌が濡れている場合は水分を拭き取り、シップ薬等ははがしてよく拭きます。次にAEDに入っている電極パッドを取り出し、1枚を胸の右上（鎖骨の下で胸骨の右）、もう1枚を胸の左下（脇の下から5～8cm下、乳頭の斜め下）に、空気が入らないよう肌に密着させて貼り付けます（**図5-11**）。

　機種によってはこの後、ケーブルをAED本体の差込口に接続する必要があるものもあるので、音声メッセージにしたがいます。

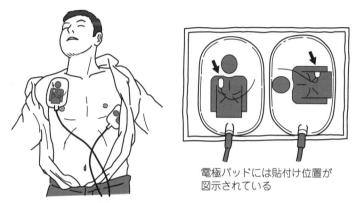

電極パッドには貼付け位置が
図示されている

図5-11　電極パッドの貼付け

④ 心電図の解析

　「体から離れてください」との音声メッセージが流れ、自動的に心電図の解析が始まります。この際、誰かが傷病者に触れていると解析がうまくいかないことがあるので、周囲の人にも離れるよう伝えます。

⑤ 電気ショックと心肺蘇生の再開

　AEDが心電図を自動解析し、電気ショックが必要な場合には「ショックが必要です」などの音声メッセージが流れ、充電が開始されます。ここで改めて、傷病者に触れている人がいないかを確認します。充電が完了すると、連続音やショックボタンの点灯とともに、電気ショックを行うようメッセージが流れますので、ショックボタンを押し電気ショックを行い

図5-12　ショックボタンを押す

ます（**図5-12**）。このとき、傷病者には電極パッドを通じて強い電気が流れ、身体が一瞬ビクッと突っ張ります。

電気ショックの後は、メッセージにしたがい、すぐに胸骨圧迫を開始して心肺蘇生を続けます。

なお、心電図の自動解析の結果、「ショックは不要です」などのメッセージが流れた場合には、すぐに胸骨圧迫を再開し心肺蘇生を続けます。

いずれの場合であっても、電極パッドはそのままはがさず、AEDの電源も入れたまま、心肺蘇生を行います。

⑥ 心肺蘇生とAEDの繰り返し

心肺蘇生を再開後、2分（胸骨圧迫30回と人工呼吸2回の組み合わせを5サイクルほど）経過すると、AEDが音声メッセージとともに心電図の解析を開始するので、④と⑤の手順を実施します。

以後、救急隊が到着して引き継ぐまで、あきらめずに④～⑥の手順を繰り返します。

なお、傷病者が（嫌がって）動き出すなどした場合には、（6）で述べた手順で救急隊を待ちますが、その場合でも電極パッドははがさず、AEDの電源も入れたままにして、再度の心肺停止が起こった際にすぐに対応できるよう備えておきます。

(8) 気道異物の除去

気道に異物が詰まるなどにより窒息すると、死に至ることも少なくありません。傷病者が強い咳ができる場合には、咳により異物が排出される場合もあるので注意深く見守ります。しかし、咳ができない場合や、咳が弱くなってきた場合は窒息と判断し、迅速に119番に通報するとともに、以下のような処置をとります。

① 反応がある場合

傷病者に反応（何らかの応答や目的のある仕草）がある場合には、まず腹部突き上げと背部叩打（はいぶこうだ）による異物除去を試みます。この際、状況に応じてやりやすい方を実施しますが、1つの方法を数度繰り返しても効果がなければ、もう1つの方法に切り替えます。異物がとれるか、反応がなくなるまで2つの方法を数度ずつ繰り返し実施します。

ア 腹部突き上げ法

傷病者の後ろから、ウエスト付近に両手を回し、片方の手でへその位置を確認します。もう一方の手で握りこぶしを作り、親指側をへその上方、みぞおちの下方の位置に当て、へそを確認したほうの手を握りこぶしにかぶせて組んで、すばやく手前上方に向かって圧迫するように突き上げます（**図5-13**）。

この方法は、傷病者の内臓を傷めるおそれがあるので、異物除去後は救急隊に伝えるか、医師の診察を必ず受けさせます。

イ　背部叩打（はいぶこうだ）法

　傷病者の後ろから、左右の肩甲骨の中間を、手掌基部で強く何度も連続して叩きます（**図5-14**）。

②　反応がなくなった場合

　反応がなくなった場合は、上記（2）〜（7）の心肺蘇生を開始します。

　途中で異物が見えた場合には、異物を気道の奥に逆に進めないように注意しながら取り除きます。ただし、見えないのに指で探ったり、異物を探すために心肺蘇生を中断してはなりません。

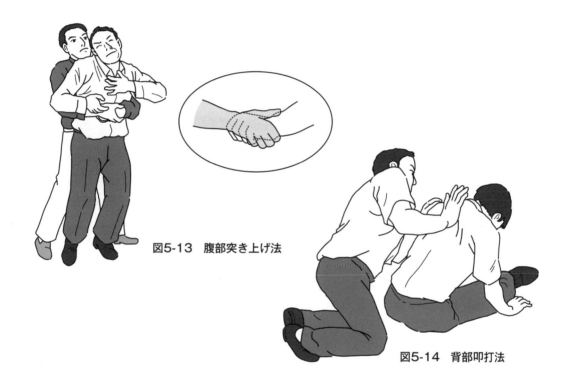

図5-13　腹部突き上げ法

図5-14　背部叩打法

参考資料①
電離放射線の生体に与える影響及び被ばく線量の管理の方法に関する知識

1　電離放射線の種類及び性質

①　放射能と放射線

　放射能と放射線の関係は、電球と光の関係によく似ています。

　電球の光に相当するのが「放射線」とすれば、電球自身は放射線を出す「放射性物質」、さらに電球が発光する能力（性質）が「放射能」に相当します。すなわち放射能とは、放射線を出す能力（性質）をさしています。

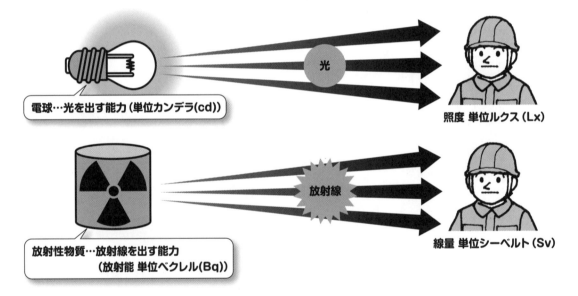

②　放射線と放射能の単位

　放射線や放射能を表す単位には、シーベルト（Sv）やベクレル（Bq）が用いられます。

　人が受けた放射線の量**シーベルト（Sv）**は、放射線が人体に与える影響の度合いを表す単位で、通常は1シーベルトの1000分の1のミリシーベルト（mSv）や100万分の1のマイクロシーベルト（μSv）が用いられます。また、1時間あたりの放射線の量（線量率）には「mSv/h」、「μSv/h」などが用いられます。

放射能の強さベクレル（Bq）は、放射性物質の持つ放射線を出す能力を表す単位で、1秒間に壊れる原子の数で強さを表します。土壌等の中に含まれる放射性物質の放射能の濃度には「Bq/kg」（単位重量あたりの強さ）が、物品の表面等に付着する放射性物質の放射能の密度には「Bq/cm^2」（単位面積あたりの強さ）が用いられます。

③ 日常生活と放射線

私たちは、日常生活の中で放射線を受けています。たとえば、宇宙から絶えず降りそそぐ宇宙線などの自然放射線や医療機関におけるエックス線撮影時の人工放射線があります。しかし、これらの放射線の存在は、人間の五感で感じることができません。

放射線の種類を自然放射線や人工放射線などと呼ぶのは、放射線を出すもとが天然か、人工的につくられたものかの違いによって区別しているだけで、放射線そのものは、自然放射線も人工放射線も同じものです。

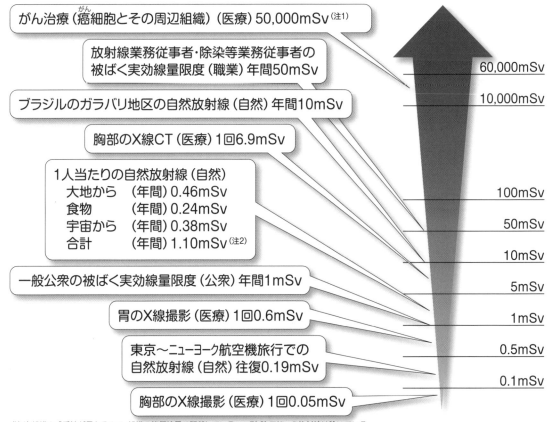

(注1) 組織の感受性が異なるので、組織の等価線量で記載している。　(注2) ラドンの放射線は除いている。

④ 放射線の利用（くらしに役立つ放射線）

■ 医療

現在使われている使い捨て注射器の滅菌や、エックス線CT撮影など、消毒、診断に幅広く利用されています。

■ 農業

野菜の品種改良やじゃがいもの発芽防止にも利用されています。

■ 工業

プラスチックやゴムの性質改良、溶接検査や鉄板などの厚み測定などに放射線が利用されています。

⑤ 放射線の種類とその性質

放射線には、いろいろな種類がありますが、主な放射線としては、α（アルファ）線、β（ベータ）線、γ（ガンマ）線、中性子線などがあります。

放射線には、物質を通り抜ける性質（透過性）があり、その透過力の強弱は、放射線の種類によって異なります。

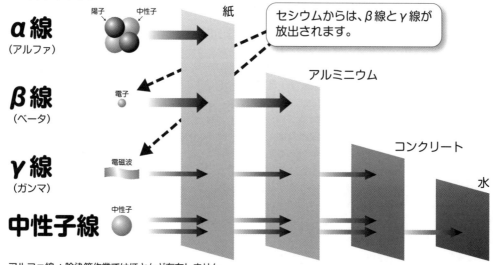

アルファ線 ：除染等作業ではほとんど存在しません。
ベータ線　 ：透過力が小さいため、通常は空気や保護衣などにほとんど吸収されます。
ガンマ線　 ：透過力が大きく、除染作業での主要な放射線となっています。
中性子線　 ：除染等作業ではほとんど存在しません。

さらに放射線が物質を透過するとき、放射線の持つエネルギーが物質に与えられ、電子がはじき出されます。この作用を電離作用といいます。放射線が生物に影響を及ぼしたり、写真乾板を感光したりするのは、この作用によるものです。

⑥ 放射線の防護

ア 外部から受ける線量の低減

作業者が受ける線量をできるだけ低くする方法には、大きく分けて次の4つがあります。

(a) 放射線源を除去する

放射線源をできるだけ除去して、作業場所における線量率の低減に心がけましょう。

(b) 遮へいをする

γ線は、密度の大きいもので遮へいすることができます。

(c) 放射線源から距離をとる

放射線源が点とみなせる場合は、放射線の強さは、距離の2乗に反比例して減少します。作業中は、高い汚染が認められる物や場所から、できるだけ距離をとるようにしましょう。

(d) 作業時間を短くする

作業中に受ける線量は、「線量率×作業時間」で決まります。作業時間の短縮に心がけることも大切です。

イ 放射性物質の身体への付着と取り込みの防止

放射性物質の身体への付着と取り込みを防ぐため、次のことに注意しましょう。

(a) 休憩場所では、身体に付着したり、体内へ取り込むおそれのある放射性物質を取り除くなど、クリーン化を図る。

(b) 保護具（防じんマスク等）は、正しく着脱する。

(c) 作業場所では、飲食、喫煙をしない。

⑦ 放射能の減衰

　放射能は、時間がたつとともに衰えていき、放射性物質から出てくる放射線の量も減少します。放射能が2分の1になるまでの時間を半減期といいますが、その長さは放射性物質の種類によって異なり、短いもので100万分の1秒、長いものでは数千億年のものもあります。

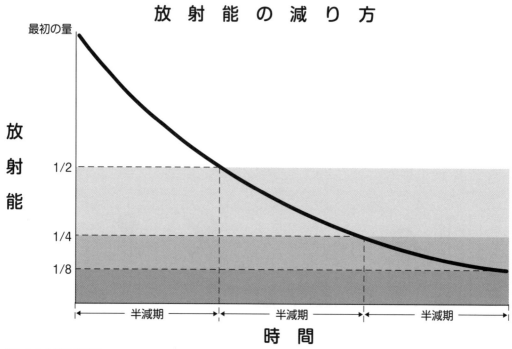

※セシウム等の半減期
　　ヨウ素131　……………　8.0 日→除染作業ではほとんど存在しません。
　　セシウム134　…………　2.1 年⎱除染作業における
　　セシウム137　…………30.2 年⎰主要な放射性物質です。
　　ストロンチウム90　……28.8 年→除染作業ではほとんど存在しません。

2 電離放射線が生体の細胞、組織、器官及び全身に与える影響

放射線による影響と線量の関係は下表のようになります。

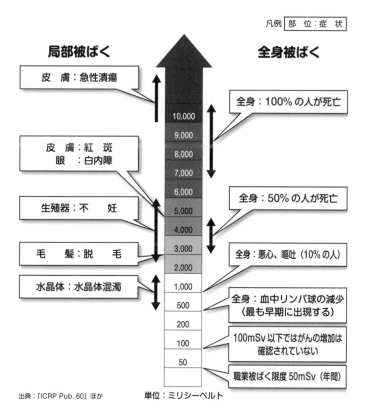

放射線を身体に受けた場合、その影響が本人に現れる「身体的影響」と、その子孫に現れる「遺伝的影響」に分けられます。さらに「身体的影響」は、放射線を受けてから症状が現れるまでの時間によって、「急性障害」と「晩発性障害」とに分けられます。

また、これとは別に「確定的影響」と「確率的影響」といった分け方があります。

放射線影響の分類

放射線影響			
身体的影響	急性影響	皮膚の紅斑 脱　毛 白血球減少 不妊 など	確定的影響
身体的影響	晩発影響	白内障 胎児の影響 など	確定的影響
身体的影響	晩発影響	白血病 が　ん	確率的影響
遺伝的影響		代謝異常 軟骨異常 など	確率的影響

(「やさしい放射線とアイソトープ」3版、p.83、日本アイソトープ協会、2001年)

「確定的影響」には、「身体的影響」である血中リンパ球・白血球の減少や、皮膚の急性潰瘍や紅斑、白内障があります。「確定的影響」は、下図に示すとおり多量の放射線を受けない限り発生することはなく（この下限値を「しきい値」といいます）、線量の増加に伴って障害の発生する確率が大きくなります。

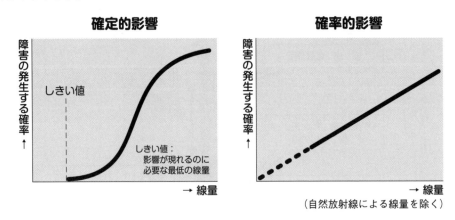

「確率的影響」には、「身体的影響」であるがん（悪性新生物）と「遺伝的影響」があります。「確率的影響」は「確定的影響」とは異なり、線量の増加に比例して、障害の発生する確率が大きくなり、「しきい値」は存在しないと考えられています。

ただし、受けた放射線量が小さい場合（100mSv未満）に障害が発生するかどうかは、はっきりとした医学的知見がなく、広島・長崎の原爆被ばく者の長期の調査からも、線量が100mSv以上の者には直線的な増加が認められていますが、100mSv未満の者にはがんの増加は認められていません。

このため、国際放射線防護委員会（ICRP）などでは、放射線防護の観点から、安全側に立ち、被ばく線量と発がんの確率の関係は直線的に増加するとした上で、職業被ばくの限度を、がんの増加が認められておらず、容認できる範囲に定めました。次に述べる「東日本大震災により生じた放射性物質により汚染された土壌等を除染するための業務等に係る電離放射線障害防止規則」（除染電離則）の被ばく限度も、ICRPの職業被ばく限度と同じに設定されています。

遺伝的影響は、生殖器に放射線を受けることにより、生殖細胞内の遺伝子が損傷し、これが子に受け継がれ、先天的な障害が現れることをいいます。これもがんと同じように受けた線量に比例してその発生の可能性が高くなりますが、現在のところ、広島・長崎の原爆など、大量の放射線を受けた場合も含め、人への遺伝的影響は確認されていません。

なお、生物には、放射線によって起きるダメージを修復するシステムがあります。放射線に被ばくしてDNAに損傷があったとしても、DNAを修復したり、異常な細胞の増殖を抑えたり、老化させたりする機能が働き、健康障害の発生を抑えているのです。

参考資料2 除染電離則など関係法令と解説

　国民を代表する機関である国会が制定した「法律」と、法律の委任を受けて内閣が制定した「政令」、及び厚生労働省など専門の行政機関が制定した「省令」などの命令をあわせて、一般に「法令」と呼んでいます。

　労働安全衛生法における政令としては、「労働安全衛生法施行令」が制定されており、労働安全衛生法の各条に定められた規定の適用範囲や用語の定義などを定めています。

　また、労働安全衛生法における省令には、すべての事業場に適用される事項の詳細を定める「労働安全衛生規則」と、特定の業務等を行う事業場のみに適用される「電離放射線障害予防規則」や「東日本大震災により生じた放射性物質により汚染された土壌等を除染するための業務等に係る電離放射線障害防止規則」などの特別規定があります。

　こうした法令とともに、さらに詳細な事項について、具体的に定め国民に知らせるために「告示」あるいは「公示」として示されることがあります。

　これらについて、労働安全衛生法関係では、一般に「厚生労働省告示」、あるいは、「技術上の指針公示」や「健康障害を防止するための指針公示」として公表されます。

　さらに、法令や告示・公示に関して、厚生労働省労働基準局長から都道府県労働局長に発出するように、上級の行政機関が下級の行政機関に対し、法令の内容の解釈や指示を与えるための通知を「通達」といい、一般に「行政通達」と呼ばれています。

　これらの関係を図示しますと、次頁のようになります。

〔法律〕（国会で制定）　　労働安全衛生法

〔政令〕（内閣で制定）　　労働安全衛生法施行令

〔省令〕（厚生労働省で制定）

- 労働安全衛生規則
- 電離放射線障害防止規則（電離則）
- 東日本大震災により生じた放射性物質により汚染された土壌等を除染するための業務等に係る電離放射線障害防止規則（除染電離則）

〔告示・公示〕

東日本大震災により生じた放射性物質により汚染された土壌等を除染するための業務等に係る電離放射線障害防止規則第2条第7項の規定に基づく厚生労働大臣が定める方法、基準及び区分（本章では「基準告示」という。）

除染等業務特別教育及び特定線量下業務特別教育規程

〔通達〕

除染業務等に従事する労働者の放射線障害防止のためのガイドライン

特定線量下業務に従事する労働者の放射線障害防止のためのガイドライン

東日本大震災により生じた放射性物質により汚染された土壌等を除染するための業務等に係る電離放射線障害防止規則等の施行について
（平成23年12月22日付け基発1222第7号）

東日本大震災により生じた放射性物質により汚染された土壌等を除染するための業務等に係る電離放射線障害防止規則等の一部を改正する省令の施行について
（平成24年6月15日付け基発0615第7号）

1 関係法令のあらまし

　放射線管理に関連する法令には、さまざまな法律がありますが、ここでは、労働安全衛生法とその関係法令のうち、電離放射線の危険から労働者を守ることを目的としているものについて説明します。

　有害な電離放射線から労働者の健康を保護するため、労働安全衛生法とこれに基づいて制定されている労働安全衛生法施行令、労働安全衛生規則、東日本大震災により生じた放射性物質により汚染された土壌等を除染するための業務等に係る電離放射線障害防止規則（以下「除染電離則」という。）などに、事業者が守らなければならない事項が定められています。

(1) 労働安全衛生法

1) 目的

第1条　この法律は、労働基準法（昭和22年法律第49号）と相まって、労働災害の防止のための危害防止基準の確立、責任体制の明確化及び自主的活動の促進の措置を講ずる等その防止に関する総合的計画的な対策を推進することにより職場における労働者の安全と健康を確保するとともに、快適な職場環境の形成を促進することを目的とする。

　労働安全衛生法は、職場で発生するすべての事故や職業病の予防のための規定を定めている、いわば労働災害防止のための基本法といえるものです。この第1条では、労働安全衛生法の目的として、さまざまな安全衛生に関する方策を講ずることによって、①労働者の安全と健康を確保し、②快適な職場環境を作っていくこと、であると定めています。

2) 事業者と労働者の義務

第3条（第1項）　事業者は、単にこの法律で定める労働災害の防止のための最低基準を守るだけでなく、快適な職場環境の実現と労働条件の改善を通じて職場における労働者の安全と健康を確保するようにしなければならない。また、事業者は、国が実施する労働災害の防止に関する施策に協力するようにしなければならない。

第4条　労働者は、労働災害を防止するため必要な事項を守るほか、事業者その他の関係者が実施する労働災害の防止に関する措置に協力するように努めなければならない。

　この条文は、労働災害の防止のために事業者が守らなければならない基本的な義務を定めたものです。事業者とは事業体のことで、その代表的なものは企業です。労働災害を防止することは事業者（企業）の義務ですが、この条文はこのことをあらためて確認するものです。また単に法律で定めている最低の基準を守っていればよいという消極的な姿勢は十分ではなく、より積極的に、快適な環境と労働条件の改善をしていくことが、事業者の義務であるとされています。

　安全と健康の確保は事業者の責任ではありますが、労働者の方も安全衛生を事業者に任

せきりにしておいて良いわけではない、ということが第4条に定められています。この条文によれば、労働者は災害防止のための必要な措置を守り、事業者などが行う災害防止措置に協力することになっています。したがって、定められた安全のための作業規定などを、労働者側で無断で変えてしまったり、定められた作業規定とは違う作業をすることなどは、労働安全衛生法に違反することになります。

3）事業者が講ずべき措置

労働安全衛生法第22条には次のような規定があります。

第22条 事業者は、次の健康障害を防止するため必要な措置を講じなければならない。
① 原材料、ガス、蒸気、粉じん、酸素欠乏空気、病原体等による健康障害
② 放射線、高温、低温、超音波、騒音、振動、異常気圧等による健康障害
③ 計器監視、精密工作等の作業による健康障害
④ 排気、排液又は残さい物による健康障害

この規定では、事業者は、放射線による健康障害を防止するための対策を取らなければならないと定めています。除染作業などではこの規定が適用されるので、事業者は労働安全衛生法に基づいた放射線障害防止のための対策を講じなければなりません。

この健康障害を防止するための対策の詳しい内容については、主に除染電離則に定められています。除染電離則は、労働安全衛生法に基づき定められた規則で、専門的な技術に関することがらは除染電離則の中で定められています。

除染電離則のあらましについては、後ほど説明します。

4）安全衛生特別教育の実施

労働安全衛生法では、いろいろな業務の中でも特に危険だったり、人体に有害だと考えられる業務については、「安全又は衛生のための特別の教育」を行うことを定めています（第59条第3項）。これを一般に「安全衛生特別教育」と呼んでいます。

安全衛生特別教育が必要とされる業務は、労働安全衛生規則などにおいて、約40種類の業務が定められています。

除染等に関係する業務では、「除染等業務」「特定線量下業務」について、安全衛生特別教育が必要とされています（除染電離則第19条及び第25条の8）。「除染等業務」とは、具体的には、次の3つです。

① 土壌等の除染等の業務
　事故由来放射性物質により汚染された土壌、草木、工作物等について講ずる当該汚染に係る土壌、落葉及び落枝、水路等に堆積した汚泥等の除去、当該汚染の拡散の防止その他の措置を講ずる業務
② 廃棄物収集等業務
　除染特別地域等に係る除去土壌又は事故由来放射性物質により汚染された廃棄物の収集、運搬又は保管に係る業務

③ 特定汚染土壌等取扱業務
　　　除染特別地域等内において、汚染土壌であって、当該土壌に含まれる事故由来放射性物質セシウム134及びセシウム137の放射能濃度の値が1万Bq/kgを超えるものを取扱う業務

　このように、これらの業務は、放射線障害防止を目的とした「安全衛生特別教育」を行うことが、事業者の義務となっています。この特別教育のカリキュラムについては、除染電離則及び告示において定められています。

(2) 東日本大震災により生じた放射性物質により汚染された土壌等を除染するための業務等に係る電離放射線障害防止規則（除染電離則）

　除染電離則は、除染等の作業に従事する労働者の放射線による健康障害をできるだけ少なくすることを目的とした規則で、労働安全衛生法に基づいて定められたものです。
　放射線や放射性物質というものの性格上、内容が技術的・専門的にならざるを得ない面がありますが、以下、重要な部分をかいつまんで説明します。

第1章　総則
1）基本原則（第1条）
　第1条　事業者は、除染特別地域等内において、除染等業務従事者及び特定線量下業務従事者その他の労働者が電離放射線を受けることをできるだけ少なくするように努めなければならない。

　この規定は、放射線に対する被ばくを可能な限り少なくすることが必要であることを述べたものです。次に示すとおり、除染等を行う作業者には被ばく限度が定められていますが、その限度内であれば被ばく低減のための対策は不要ということではなく、さらなる被ばく低減のために努力する必要があります。

　ここからは、「除染等業務」と「特定線量下業務」に分けて説明します。

第2章　除染等業務
1）除染等業務従事者の被ばく限度（第3条）
　第3条　事業者は、除染等業務従事者の受ける実効線量が5年間につき100ミリシーベルトを超えず、かつ、1年間につき50ミリシーベルトを超えないようにしなければならない。
　②　事業者は、前項の規定にかかわらず、女性の除染等業務従事者（妊娠する可能性がないと診断されたもの及び次条に規定するものを除く。）の受ける実効線量については、3月間につき5ミリシーベルトを超えないようにしなければならない。

　除染等作業に従事する労働者が受ける実効線量は、5年間で100mSv、1年間で50mSv

を超えてはならないと決められています。

　また、女性作業者については、原則として3ヶ月で5mSvを超えてはならないと決められています。

　ここでいう実効線量とは、外部被ばくによる実効線量と、内部被ばくによる実効線量の和になります。

2）線量の測定と、測定結果の確認、記録等（第5条、第6条）

第5条　事業者は、除染等業務従事者（特定汚染土壌等取扱業務に従事する労働者にあっては、平均空間線量率が2.5マイクロシーベルト毎時以下の場所においてのみ特定汚染土壌等取扱業務に従事する者を除く。第6項及び第8項並びに次条及び第27条第2項において同じ。）が除染等作業により受ける外部被ばくによる線量を測定しなければならない。

② 　事業者は、前項の規定による線量の測定に加え、除染等業務従事者が除染特別地域等内（平均空間線量率が2.5マイクロシーベルト毎時を超える場所に限る。第8項及び第10条において同じ。）における除染等作業により受ける内部被ばくによる線量の測定又は内部被ばくに係る検査を次の各号に定めるところにより行わなければならない。
　（以下略）

第6条　事業者は、1日における外部被ばくによる線量が1センチメートル線量当量について1ミリシーベルトを超えるおそれのある除染等業務従事者については、前条第1項の規定による外部被ばくによる線量の測定の結果を毎日確認しなければならない。

② 　事業者は、前条第5項から第7項までの規定による測定又は計算の結果に基づき、次の各号に掲げる除染等業務従事者の線量を、遅滞なく、厚生労働大臣が定める方法により算定し、これを記録し、これを30年間保存しなければならない。ただし、当該記録を5年間保存した後又は当該除染等業務従事者に係る記録を当該除染等業務従事者が離職した後において、厚生労働大臣が指定する機関に引き渡すときは、この限りでない。
　1～3（略）

③ 　事業者は、前項の規定による記録に基づき、除染等業務従事者に同項各号に掲げる線量を、遅滞なく、知らせなければならない。

　除染等作業に従事する労働者の被ばく線量が上限を超えないようにするため、事業者は、定められた方法により外部被ばく線量及び内部被ばく線量を測定し、また、その結果を記録した上で、30年間保存する必要があります（5年経過後又は除染等業務従事者が離職した後は、厚生労働大臣の指定する機関（公益財団法人放射線影響協会）に引き渡せます。）。

　なお、この線量は、労働者に対しても知らされることとされています。

3）事前調査と作業計画（第7条、第8条）

第7条 事業者は、除染等業務（特定汚染土壌等取扱業務を除く。）を行おうとするときは、あらかじめ、除染等作業（特定汚染土壌等取扱業務に係る除染等作業（以下「特定汚染土壌等取扱作業」という。以下同じ。）を除く。以下この項及び第3項において同じ。）を行う場所について、次の各号に掲げる事項を調査し、その結果を記録しておかなければならない。

1 除染等作業の場所の状況
2 除染等作業の場所の平均空間線量率
3 除染等作業の対象となる汚染土壌等又は除去土壌若しくは汚染廃棄物に含まれる事故由来放射性物質のうち厚生労働大臣が定める方法によって求めるセシウム134及びセシウム137の放射能濃度の値

② 事業者は、特定汚染土壌等取扱業務を行うときは、当該業務の開始前及び開始後2週間ごとに、特定汚染土壌等取扱作業を行う場所について、前項各号に掲げる事項を調査し、その結果を記録しておかなければならない。

③ 事業者は、労働者を除染等作業に従事させる場合には、あらかじめ、第1項の調査が終了した年月日並びに調査の方法及び結果の概要を当該労働者に明示しなければならない。

④ 事業者は、労働者を特定汚染土壌等取扱作業に従事させる場合には、当該作業の開始前及び開始後2週間ごとに、第2項の調査が終了した年月日並びに調査の方法及び結果の概要を当該労働者に明示しなければならない。

第8条 事業者は、除染等業務（特定汚染土壌等取扱業務にあっては、平均空間線量率が2.5マイクロシーベルト毎時以下の場所において行われるものを除く。以下この条、次条及び第20条第1項において同じ。）を行おうとするときは、あらかじめ、除染等作業（特定汚染土壌等取扱作業にあっては、平均空間線量率が2.5マイクロシーベルト毎時以下の場所において行われるものを除く。以下この条及び次条において同じ。）の作業計画を定め、かつ、当該作業計画により除染等作業を行わなければならない。
（以下略）

　事業者は、作業に先だって、作業場所の事前調査を行い、作業計画を立てることとされています。
　事前調査では、①作業場所の状況、②作業場所の平均空間線量率、③作業場所の土壌の汚染濃度を調査し、作業計画では、①作業場所とその方法、②作業者の線量の測定方法、③被ばく低減措置、④使用する機械等の種類・能力、⑤応急の措置について定めることとされています。

4）作業の指揮者（第9条）

第9条 事業者は、除染等業務を行うときは、除染等作業を指揮するため必要な能力を有すると認められる者のうちから、<u>当該除染等作業の指揮者を定め、その者に前条第一項</u>

の作業計画に基づき当該除染等作業の指揮を行わせるとともに、次の各号に掲げる事項を行わせなければならない。
1 除染等作業の手順及び除染等業務従事者の配置を決定すること。
2 除染等作業に使用する機械等の機能を点検し、不良品を取り除くこと。
3 放射線測定器及び保護具の使用状況を監視すること。
4 除染等作業を行う箇所には、関係者以外の者を立ち入らせないこと。

事業者は、作業を行う場合（特定汚染土壌等取扱業務の場合は、平均空間線量率が2.5マイクロシーベルト毎時以下の場所においてのみ行われるものを除く。）には、作業指揮者を定め、当該者に上記1～4に掲げる事項を行わせることとしています。

5）退出者、持ち出し物品の汚染検査（第14条、第15条）

第14条 事業者は、除染等業務が行われる作業場又はその近隣の場所に汚染検査場所を設け、除染等作業を行わせた除染等業務従事者が当該作業場から退出するときは、その身体及び衣服、履物、作業衣、保護具等身体に装着している物（以下この条において「装具」という。）の汚染の状態を検査しなければならない。（以下略）

第15条 事業者は、除染等業務が行われる作業場から持ち出す物品については、持出しの際に、前条第一項の汚染検査場所において、その汚染の状態を検査しなければならない。ただし、第13条第1項本文の容器を用い、又は同項ただし書の措置を講じて、他の除染等業務が行われる作業場まで運搬するときは、この限りでない。（以下略）

退出者や物品を持ち出す際に、汚染を拡大することを防止するため、事業者は汚染検査場所を設けて、退出者や持ち出し物品の汚染検査を行わなければならないこととしており、作業者も、当該検査に協力する必要があります。

6）保護具、保護具の汚染除去（第16条、第17条）

第16条 事業者は、除染等作業のうち第5条第2項各号に規定するものを除染等業務従事者に行わせるときは、当該除染等作業の内容に応じて厚生労働大臣が定める区分に従って、防じんマスク等の有効な呼吸用保護具、汚染を防止するために有効な保護衣類、手袋又は履物を備え、これらをその作業に従事する除染等業務従事者に使用させなければならない。

② 除染等業務従事者は、前項の作業に従事する間、同項の保護具を使用しなければならない。

第17条 事業者は、前条の規定により使用させる保護具が40ベクレル毎平方センチメートルを超えて汚染されていると認められるときは、あらかじめ、洗浄等により40ベクレル毎平方センチメートル以下になるまで汚染を除去しなければ、除染等業務従事者に使用させてはならない。

作業場所の状況や作業内容に応じて、着用すべき保護具や衣類などが異なります。事業者は、適切な保護具や衣類などを作業者に使用させ、また、労働者も、指示された保護具を正しい方法で使用しなければなりません。

7）喫煙等の禁止（第18条）

第18条 事業者は、除染等業務を行うときは、事故由来放射性物質を吸入摂取し、又は経口摂取するおそれのある作業場で労働者が喫煙し、又は飲食することを禁止し、かつ、その旨を、あらかじめ、労働者に明示しなければならない。

② 労働者は、前項の作業場で喫煙し、又は飲食してはならない。

放射性物質が多量に存在する可能性のある作業場所での喫煙や飲食は、内部被ばくのおそれを増加させます。事業主は、作業現場での喫煙や飲食を禁ずるとともに、労働者も、喫煙や飲食をしてはなりません。

8）健康診断（第20条）

第20条 事業者は、除染等業務に常時従事する除染等業務従事者に対し、雇入れ又は当該業務に配置替えの際及びその後６月以内ごとに１回、定期に、次の各号に掲げる項目について医師による健康診断を行わなければならない。（以下略）

常時除染等業務（特定汚染土壌等取扱業務については平均空間線量率が2.5マイクロシーベルト毎時以下の場所においてのみ行われるものを除きます。）を行う作業者は、原則として、雇入れの際と、その後６カ月に１回、定期に健康診断を受けることとしています。

第３章　特定線量下業務

1）除染等業務従事者の被ばく限度（第25条の２）

第25条の２ 事業者は、特定線量下業務従事者の受ける実効線量が５年間につき100ミリシーベルトを超えず、かつ、１年間につき50ミリシーベルトを超えないようにしなければならない。

② 事業者は、前項の規定にかかわらず、女性の特定線量下業務従事者（妊娠する可能性がないと診断されたもの及び次条に規定するものを除く。）の受ける実効線量については、３月間につき５ミリシーベルトを超えないようにしなければならない。

特定線量下業務に従事する労働者が受ける実効線量は、除染等業務と同様に５年間で100mSv、１年間で50mSvを超えてはならないと決められています。

また、女性作業者については、原則として３ヶ月で５mSvを超えてはならないと決められています。ここでいう実効線量とは、外部被ばくによる実効線量です。

2）線量の測定と、測定結果の確認、記録等（第25条の4、第25条の5）

第25条の4　事業者は、特定線量下業務従事者が特定線量下作業により受ける外部被ばくによる線量を測定しなければならない。

（以下略）

第25条の5　事業者は、1日における外部被ばくによる線量が1センチメートル線量当量について1ミリシーベルトを超えるおそれのある特定線量下業務従事者については、前条第1項の規定による外部被ばくによる線量の測定の結果を毎日確認しなければならない。

②　事業者は、前条第3項の規定による測定に基づき、次の各号に掲げる特定線量下業務従事者の線量を、遅滞なく、厚生労働大臣が定める方法により算定し、これを記録し、これを30年間保存しなければならない。ただし、当該記録を5年間保存した後又は当該特定線量下業務従事者に係る記録を当該特定線量下業務従事者が離職した後において、厚生労働大臣が指定する機関に引き渡すときは、この限りでない。

1～3（略）

③　事業者は、前項の規定による記録に基づき、特定線量下業務従事者に同項各号に掲げる線量を、遅滞なく、知らせなければならない。

　特定線量下業務に従事する労働者の被ばく線量が上限を超えないようにするため、事業者は、定められた方法により外部被ばく線量を測定し、また、その結果を毎日確認した上で、30年間保存する必要があります（5年経過後又は特定線量下業務従事者が離職した後は、厚生労働大臣の指定する機関に引き渡せます。）。

　なお、この線量は、労働者に対しても知らされることとされています。

3）事前調査（第25条の6）

第25条の6　事業者は、特定線量下業務を行うときは、当該業務の開始前及び開始後2週間ごとに、特定線量下作業を行う場所について、当該場所の平均空間線量率を調査し、その結果を記録しておかなければならない。

（以下略）

　事業者は、特定線量下業務に先だって、作業場所の事前調査を行い、作業場所の平均空間線量率を調査することとされています。また、同一の場所で継続して作業を行っている間2週間ごとにも測定し、平均空間線量率を確認することとされています。

第4章　雑則

1）記録等の引渡し等（第27条）

第27条　第6条第2項、第25条の5第2項又は第25条の9の記録を作成し、保存する事業者は、事業を廃止しようとするときは、当該記録を厚生労働大臣が指定する機関に引き渡すものとする。

② 第6条第2項、第25条の5第2項又は第25条の9の記録を作成し、保存する事業者は、除染等業務従事者又は特定線量下業務従事者が離職するとき又は事業を廃止しようとするときは、当該除染等業務従事者又は当該特定線量下業務従事者に対し、当該記録の写しを交付しなければならない。

第28条 除染等電離放射線健康診断個人票を作成し、保存する事業者は、事業を廃止しようとするときは、当該除染等電離放射線健康診断個人票を厚生労働大臣が指定する期間に引き渡すものとする。

② 除染等電離放射線健康診断個人票を作成し、保存する事業者は、除染等業務従事者が離職するとき又は事業を廃止しようとするときは、当該除染等業務従事者に対し、当該除染等電離放射線健康診断個人票の写しを交付しなければならない。

事業者は、除染等業務従事者又は特定線量下業務従事者が離職するときまたは事業を廃止するときは、被ばく線量の記録と除染等電離健康診断の結果の写しを労働者に交付することとされています。

2）調整（第29条、第30条）

第29条 除染等業務従事者又は特定線量下業務従事者のうち電離則第4条第1項の放射線業務従事者若しくは同項の放射線業務従事者であった者、電離則第7条第1項の緊急作業に従事する放射線業務従事者及び同条第3項（電離則第62条の規定において準用する場合を含む。）の緊急作業に従事する労働者（以下この項においてこれらの者を「緊急作業従事者」という。）若しくは緊急作業従事者であった者又は電離則第8条第1項（電離則第62条の規定において準用する場合を含む。）の管理区域に一時的に立ち入る労働者（以下この項において「一時立入労働者」という。）若しくは一時立入労働者であった者が放射線業務従事者、緊急作業従事者又は一時立入労働者として電離則第2条第3項の放射線業務に従事する際、電離則第7条第1項の緊急作業に従事する際又は電離則第3条第1項に規定する管理区域に一時的に立ち入る際に受ける又は受けた線量については、除染特別地域等内における除染等作業又は特定線量下作業により受ける線量とみなす。

② 除染等業務従事者のうち特定線量下業務従事者又は特定線量下業務従事者であった者が特定線量下業務従事者として特定線量下業務に従事する際に受ける又は受けた線量については、除染特別地域等内における除染等作業により受ける線量とみなす。

③ 特定線量下業務従事者のうち除染等業務従事者又は除染等業務従事者であった者が除染等業務従事者として除染等業務に従事する際に受ける又は受けた線量については、除染特別地域等内における特定線量下作業により受ける線量とみなす。

第30条 除染等業務に常時従事する除染等業務従事者のうち、当該業務に配置替えとなる直前に電離則第4条第1項の放射線業務従事者であった者については、当該者が直近に受けた電離則第56条第1項の規定による健康診断（当該業務への配置替えの日前6月以内に行われたものに限る。）は、第20条第1項の規定による配置替えの際の健

康診断とみなす。

　事業者は、電離則第2条第3項の放射線業務により受けた線量は、除染等作業又は特定線量下作業による線量とみなし、除染等作業及び特定線量下作業による被ばくと合算して、第3条、第4条、第25条の2及び第25条の3の被ばく限度を超えないようにしなければならないとされています。

(3) 除染電離則条文一覧

除染電離則条文	規制内容		除染等業務				特定線量下業務
			土壌等の除染等の業務	廃棄物収集等業務	特定汚染土壌取扱業務		
					2.5μSv/h超	2.5μSv/h以下	
3条	被ばく限度		○	○	○	○	
4条	妊娠と診断された女性の被ばく限度		○	○	○	○	
5条	線量の測定	外部被ばく線量測定	○	○	○	△(注1)	
		内部被ばく線量測定・検査	○(注2)	○(注2)	○(注2)		
6条	線量の測定結果の確認、記録等	1mSv/day超のおそれ 毎日確認	○	○	○		
		算定・記録・30年間保存	○	○	○	△(注1)	
		従事者に通知	○	○	○	△(注1)	
7条	事前調査	事前調査・結果の記録	○	○	○(注3)	○(注3)	
		結果の概要を労働者に明示	○	○	○(注3)	○(注3)	
8条	作業計画	作業計画の策定	○	○	○		
		関係労働者に周知	○	○	○		
9条	作業の指揮者		○	○	○		
10条	作業の届出（2.5μSv/h超）		○	○	○		
11条	医師の診察又は処置、所轄監督署長への報告		○	○	○		
12条	粉じんの発散を抑制するための措置		○(注4)	○(注4)			
13条	容器の使用等			○			
14条	退出者の汚染検査		○	○	○		
15条	持出し物品の汚染検査		○	○	○		
16条	保護具		○(注5)	○(注5)	○(注5)	○(注5)	
17条	保護具の汚染除去		○	○	○		
18条	喫煙等の禁止、労働者への明示		○	○	○		
19条	除染等業務に係る特別の教育		○	○	○		
20条	健康診断		○(注6)	○(注6)	○(注6)		
21条	健康診断の結果の記録、30年間保存		○	○	○		
22条	健康診断の結果についての医師からの意見聴取		○	○	○		
23条	健康診断の結果の通知		○	○	○		
24条	健康診断結果報告		○	○	○		
25条	健康診断等に基づく措置		○	○	○		
25条の2	特定線量下業務従事者の被ばく限度						○
25条の3	妊娠と診断された女性の被ばく限度						○
25条の4	線量の測定（外部被ばくによる線量測定）						○
25条の5	線量の測定結果の確認、記録等	1mSv/day超のおそれ 毎日確認					○
		算定・記録・30年間保存					○
		従事者に通知					○
25条の6	事前調査	事前調査・結果の記録					○(注3)
		結果の概要を労働者に明示					○(注3)
25条の7	医師の診察又は処置、所轄監督署長への報告						○
25条の8	特定線量下業務に係る特別の教育						○
25条の9	被ばく歴の調査						○
26条	放射線測定器の備え付け		○	○	○	○	○
27条	事業廃止の際の被ばく線量の記録の引渡し		○	○	○	△(注1)	○
	離職の際又は事業廃止の際の従事者への記録の写しの交付		○	○	○	△(注1)	○
28条	事業廃止の際の健康診断個人票の引渡し		○	○	○		
	離職の際又は事業廃止の際の従事者への健康診断個人票の写しの交付		○	○	○		
29条	調整（被ばく線量のみなし規定）		○	○	○	△(注1)	○
30条	調整（健康診断のみなし規定）		○	○	○		

(注1) 2.5μSv/時以下の場所においてのみ特定汚染土壌等取扱業務に従事する者は不要。2.5μSv/時以下のみならず、2.5μSv/時を超える場所においても業務が見込まれる者には、2.5μSv/h以下の場所においても措置が必要。

(注2) 平均空間線量率が2.5μSv/時を超える場所において、次により測定又は検査を行う。（平成23年厚生労働省告示第468号）

	50万Bq/kgを超える汚染土壌等（高濃度汚染土壌等）	高濃度汚染土壌等以外
粉じんの濃度が10mg/㎥を超える作業（高濃度粉じん作業）	3月に1回の内部被ばく測定	スクリーニング検査
高濃度粉じん作業以外の作業	スクリーニング検査	スクリーニング検査（突発的に高い粉じんにばく露された場合に限る。）

(注3) 作業開始前及び同一の場所で継続して作業中、2週間につき一度
(注4) 高濃度汚染土壌又は高濃度粉じん作業の場合
(注5) 次の保護具を使用（平成23年厚生労働省告示第468号）

	50万Bq/kgを超える汚染土壌等（高濃度汚染土壌等）	高濃度汚染土壌等以外
粉じんの濃度が10mg/㎥を超える作業（高濃度粉じん作業）	粒子捕集効率が95％以上の防じんマスク、全身化学防護服、長袖の衣服ならびに不浸透性の保護手袋及び長靴	粒子捕集効率が80％以上の防じんマスク、長袖の衣服、保護手袋及び不浸透性の長靴
高濃度粉じん作業以外の作業	粒子捕集効率が80％以上の防じんマスク、長袖の衣服並びに不浸透性の保護手袋及び長靴	長袖の衣服、保護手袋及び不浸透性の長靴

(注6) 除染電離則による健康診断のほか、特定業務従事者健康診断（安衛則第45条：6月以内ごとに1回の一般定期健康診断）の対象。

2　関係法令

(1) 労働安全衛生法（昭和47年法律第57号）（改正：平成26年法律第82号）（抄）

（目的）
第1条　この法律は、労働基準法（昭和22年法律第49号）と相まつて、労働災害の防止のための危害防止基準の確立、責任体制の明確化及び自主的活動の促進の措置を講ずる等その防止に関する総合的計画的な対策を推進することにより職場における労働者の安全と健康を確保するとともに、快適な職場環境の形成を促進することを目的とする。

（事業者等の責務）
第3条　事業者は、単にこの法律で定める労働災害の防止のための最低基準を守るだけでなく、快適な職場環境の実現と労働条件の改善を通じて職場における労働者の安全と健康を確保するようにしなければならない。また、事業者は、国が実施する労働災害の防止に関する施策に協力するようにしなければならない。
②，③　（略）

第4条　労働者は、労働災害を防止するため必要な事項を守るほか、事業者その他の関係者が実施する労働災害の防止に関する措置に協力するように努めなければならない。

（事業者の講ずべき措置等）
第20条　事業者は、次の危険を防止するため必要な措置を講じなければならない。
　1　機械、器具その他の設備（以下「機械等」という。）による危険
　2　爆発性の物、発火性の物、引火性の物等による危険
　3　電気、熱その他のエネルギーによる危険

第21条　事業者は、掘削、採石、荷役、伐木等の業務における作業方法から生ずる危険を防止するため必要な措置を講じなければならない。
②　事業者は、労働者が墜落するおそれのある場所、土砂等が崩壊するおそれのある場所等に係る危険を防止するため必要な措置を講じなければならない。

第22条　事業者は、次の健康障害を防止するため必要な措置を講じなければならない。
　1　原材料、ガス、蒸気、粉じん、酸素欠乏空気、病原体等による健康障害
　2　放射線、高温、低温、超音波、騒音、振動、異常気圧等による健康障害
　3　計器監視、精密工作等の作業による健康障害
　4　排気、排液又は残さい物による健康障害

第 23 条　事業者は、労働者を就業させる建設物その他の作業場について、通路、床面、階段等の保全並びに換気、採光、照明、保温、防湿、休養、避難及び清潔に必要な措置その他労働者の健康、風紀及び生命の保持のため必要な措置を講じなければならない。

第 24 条　事業者は、労働者の作業行動から生ずる労働災害を防止するため必要な措置を講じなければならない。

第 25 条　事業者は、労働災害発生の急迫した危険があるときは、直ちに作業を中止し、労働者を作業場から退避させる等必要な措置を講じなければならない。

第 26 条　労働者は、事業者が第 20 条から第 25 条まで及び前条第 1 項の規定に基づき講ずる措置に応じて、必要な事項を守らなければならない。

第 27 条　第 20 条から第 25 条まで及び第 25 条の 2 第 1 項の規定により事業者が講ずべき措置及び前条の規定により労働者が守らなければならない事項は、厚生労働省令で定める。
② （略）

（安全衛生教育）
第 59 条　事業者は、労働者を雇い入れたときは、当該労働者に対し、厚生労働省令で定めるところにより、その従事する業務に関する安全又は衛生のための教育を行なわなければならない。
②　前項の規定は、労働者の作業内容を変更したときについて準用する。
③　事業者は、危険又は有害な業務で、厚生労働省令で定めるものに労働者をつかせるときは、厚生労働省令で定めるところにより、当該業務に関する安全又は衛生のための特別の教育を行なわなければならない。

（就業制限）
第 61 条　事業者は、クレーンの運転その他の業務で、政令で定めるものについては、都道府県労働局長の当該業務に係る免許を受けた者又は都道府県労働局長の登録を受けた者が行う当該業務に係る技能講習を修了した者その他厚生労働省令で定める資格を有する者でなければ、当該業務に就かせてはならない。
②　前項の規定により当該業務につくことができる者以外の者は、当該業務を行なつてはならない。
③　第 1 項の規定により当該業務につくことができる者は、当該業務に従事するときは、これに係る免許証その他その資格を証する書面を携帯していなければならない。
④　（略）

(作業環境測定)
第 65 条 事業者は、有害な業務を行う屋内作業場その他の作業場で、政令で定めるものについて、厚生労働省令で定めるところにより、必要な作業環境測定を行い、及びその結果を記録しておかなければならない。
② 前項の規定による作業環境測定は、厚生労働大臣の定める作業環境測定基準に従つて行わなければならない。
③〜⑤ （略）

(作業環境測定の結果の評価等)
第 65 条の 2 事業者は、前条第 1 項又は第 5 項の規定による作業環境測定の結果の評価に基づいて、労働者の健康を保持するため必要があると認められるときは、厚生労働省令で定めるところにより、施設又は設備の設置又は整備、健康診断の実施その他の適切な措置を講じなければならない。
② 事業者は、前項の評価を行うに当たつては、厚生労働省令で定めるところにより、厚生労働大臣の定める作業環境評価基準に従つて行わなければならない。
③ 事業者は、前項の規定による作業環境測定の結果の評価を行つたときは、厚生労働省令で定めるところにより、その結果を記録しておかなければならない。

(作業の管理)
第 65 条の 3 事業者は、労働者の健康に配慮して、労働者の従事する作業を適切に管理するように努めなければならない。

(健康診断)
第 66 条 事業者は、労働者に対し、厚生労働省令で定めるところにより、医師による健康診断を行なわなければならない。
② 事業者は、有害な業務で、政令で定めるものに従事する労働者に対し、厚生労働省令で定めるところにより、医師による特別の項目についての健康診断を行なわなければならない。有害な業務で、政令で定めるものに従事させたことのある労働者で、現に使用しているものについても、同様とする。
③〜⑤ （略）

(健康診断の結果の記録)
第 66 条の 3 事業者は、厚生労働省令で定めるところにより、第 66 条第 1 項から第 4 項まで及び第 5 項ただし書並びに前条の規定による健康診断の結果を記録しておかなければならない。

(健康診断の結果の通知)
第 66 条の 6 事業者は、第 66 条第 1 項から第 4 項までの規定により行う健康診断を受

けた労働者に対し、厚生労働省令で定めるところにより、当該健康診断の結果を通知しなければならない。

(労働基準監督署長及び労働基準監督官)
第90条 労働基準監督署長及び労働基準監督官は、厚生労働省令で定めるところにより、この法律の施行に関する事務をつかさどる。

(労働基準監督官の権限)
第91条 労働基準監督官は、この法律を施行するため必要があると認めるときは、事業場に立ち入り、関係者に質問し、帳簿、書類その他の物件を検査し、若しくは作業環境測定を行い、又は検査に必要な限度において無償で製品、原材料若しくは器具を収去することができる。
②～④ (略)

第92条 労働基準監督官は、この法律の規定に違反する罪について、刑事訴訟法(昭和23年法律第131号)の規定による司法警察員の職務を行なう。

(労働者の申告)
第97条 労働者は、事業場にこの法律又はこれに基づく命令の規定に違反する事実があるときは、その事実を都道府県労働局長、労働基準監督署長又は労働基準監督官に申告して是正のため適当な措置をとるように求めることができる。
② 事業者は、前項の申告をしたことを理由として、労働者に対し、解雇その他不利益な取扱いをしてはならない。

(2) 東日本大震災により生じた放射性物質により汚染された土壌等を除染するための業務等に係る電離放射線障害防止規則（除染電離則）と解説

(平成23年厚生労働省令第152号)

(条文のあとの解説は、平成23年12月22日付け基発第1222第7号及び平成24年6月15日付け基発0615第7号に基づくもの。)

目　次

第1章　総則（第1条・第2条）

第2章　除染等業務における電離放射線障害の防止
　　第1節　線量の限度及び測定（第3条—第6条）
　　第2節　除染等業務の実施に関する措置（第7条—第11条）
　　第3節　汚染の防止（第12条—第18条）
　　第4節　特別の教育（第19条）
　　第5節　健康診断（第20条—第25条）

第3章　特定線量下業務における電離放射線障害の防止
　　第1節　線量の限度及び測定（第25条の2—第25条の5）
　　第2節　特定線量下業務の実施に関する措置（第25条の6・第25条の7）
　　第3節　特別の教育（第25条の8）
　　第4節　被ばく歴の調査（第25条の9）

第4章　雑則（第26条—第30条）

附則

第1章　総則

（事故由来放射性物質により汚染された土壌等を除染するための業務等に係る放射線障害防止の基本原則）

第1条　事業者は、除染特別地域等内において、除染等業務従事者及び特定線量下業務従事者その他の労働者が電離放射線を受けることをできるだけ少なくするように努めなければならない。

○**基本原則（第1条関係）**

　第1条は、放射線により人体が受ける線量が除染電離則に定める限度以下であっても、確率的影響の可能性を否定できないため、除染電離則全般に通じる基本原則を規定したものであること。

　基本原則を踏まえた具体的実施内容としては、除染等業務又は特定線量下業務を実施する際に、除染等業務又は特定線量下業務に従事する労働者の被ばく低減を優先し、次に掲げる事項に留意の上、あらかじめ、作業場所における除染等の措置が実施されるよう努めることがあること。

ア　ICRPで定める正当化の原則（以下「正当化原則」という。）から、一定以上の被ばくが見込まれる作業については、被ばくによるデメリットを上回る公益性や必要性が求められることに基づき、除染等業務従事者の被ばく低減を優先して、作業を実施する前にあらかじめ、除染等の措置を実施するよう努めること。

　　ただし、特定汚染土壌等取扱業務のうち、除染等の措置を実施するために最低限必要な水道や道路の復旧等については、除染や復旧を進めるために必要不可欠という高い公益性及び必要性に鑑み、あらかじめ除染等の措置を実施できない場合があるとともに、覆土、舗装、農地における反転耕等、除染等の措置と同等以上の放射線量の低減効果が見込まれる作業については、除染等の措置を同時に実施しているとみなしても差し支えないこと。

イ　正当化原則に照らし、最低限必要な水道や道路の復旧等以外の特定汚染土壌取扱業務を継続して行う事業者は、労働時間が長いことに伴って被ばく線量が高くなる傾向があること、必ずしも緊急性が高いとはいえないことも踏まえ、あらかじめ、作業場所周辺の除染等の措置を実施し、可能な限り線量低減を図った上で、原則として、被ばく線量管理を行う必要がない空間線量率（2.5マイクロシーベルト毎時以下）のもとで作業に就かせるよう努めること。

（定義）

第2条　この省令で「事業者」とは、除染等業務又は特定線量下業務を行う事業の事業者をいう。

②　この省令で「除染特別地域等」とは、平成23年3月11日に発生した東北地方太平洋沖地震に伴う原子力発電所の事故により放出された放射性物質による環境の汚染への対処に関する特別措置法（平成23年法律第110号）第25条第1項に規定する除染特別地域又は同法第32条第1項に規定する汚染状況重点調査地域をいう。

③　この省令で「除染等業務従事者」とは、除染等業務に従事する労働者をいう。

④　この省令で「特定線量下業務従事者」とは、特定線量下業務に従事する労働者をいう。

⑤　この省令で「電離放射線」とは、電離放射線障害防止規則（昭和47年労働省令第41号。以下「電離則」という。）第2条第1項の電離放射線をいう。

⑥　この省令で「事故由来放射性物質」とは、平成23年3月11日に発生した東北地方太平洋沖地震に伴う原子力発電所の事故により当該原子力発電所から放出された放射性物質（電離則第2条第2項の放射性物質に限る。）をいう。

⑦　この省令で「除染等業務」とは、次の各号に掲げる業務（電離則第41条の3の処分の業務を行う事業場において行うものを除く。）をいう。

1　除染特別地域等内における事故由来放射性物質により汚染された土壌、草木、工作物等について講ずる当該汚染に係る土壌、落葉及び落枝、水路等に堆積した汚泥等（以下「汚染土壌等」という。）の除去、当該汚染の拡散の防止その他の当該汚染の影響の低減のために必要な措置を講ずる業務（以下「土壌等の除染等の業務」という。）

2　除染特別地域等内における次のイ又はロに掲げる事故由来放射性物質により汚染された物の収集、運搬又は保管に係るもの（以下「廃棄物収集等業務」という。）

　　イ　前号又は次号の業務に伴い生じた土壌（当該土壌に含まれる事故由来放射性物質のうち厚生労働大臣が定める方法によって求めるセシウム134及びセシウム137の放射能濃度の値が1万ベクレル毎キログラムを超えるものに限る。以下「除去土壌」という。）

　　ロ　事故由来放射性物質により汚染された廃棄物（当該廃棄物に含まれる事故由来放射性物質のうち厚生労働大臣が定める方法によって求めるセシウム134及びセシウム137の放射能濃度の値が1万ベクレル毎キログラムを超えるものに限る。以下「汚染廃棄物」という。）

3　前二号に掲げる業務以外の業務であって、特定汚染土壌等（汚染土壌等であって、当該汚染土壌等に含まれる事故由来放射性物質のうち厚生労働大臣が定める方法によって求めるセシウム134及びセシウム137の放射能濃度の値が1万ベクレル毎キログラムを超えるものに限る。以下同じ。）を取り扱うもの（以下「特定汚染土壌等取扱業務」という。）

⑧　この省令で「特定線量下業務」とは、除染特別地域等内における厚生労働大臣が定める方法によって求める平均空間線量率（以下単に「平均空間線量率」という。）が事故由来放射性物質により2.5マイクロシーベルト毎時を超える場所において事業者が行う除染等業務その他の労働安全衛生法施行令別表第2に掲げる業務以外の業務をいう。

⑨　この省令で「除染等作業」とは、除染特別地域等内における除染等業務に係る作業をいう。

⑩　この省令で「特定線量下作業」とは、除染特別地域等内における特定線量下業務に係る作業をいう。

○定義（第2条関係）
ア　本条は、除染電離則における用語の定義を示したものであること。
イ　第2項の除染特別地域等について、現在指定されているものは別紙1（編注：除染等ガイドラインの別紙1に同じ）のとおりであること。
ウ　第7項第2号及び第3号において、除去土壌、汚染廃棄物及び特定汚染土壌等のセシウム134及びセシウム137の放射能濃度の下限値である1万ベクレル毎キログラムにつ

いては、電離則第2条第2項及び電離則別表第1で定める放射性物質の定義のうち、セシウム134及びセシウム137の放射能濃度の下限値と同じであること。
エ　第7項第2号イの「除去土壌」には、特定汚染土壌等取扱業務に伴い生じた土壌が含まれるが、作業場所において埋め戻し、盛り土等に使用する土壌等、作業場所から持ち出さない土壌は「除去土壌」には含まれないこと。
オ　第7項第3号の特定汚染土壌等取扱業務の前提となる土壌等を取り扱う業務には、生活基盤の復旧等の作業での土工（準備工、掘削・運搬、盛土・締め固め、整地・整形、法面保護）及び基礎工、仮設工、道路工事、上下水道工事、用水・排水工事、ほ場整備工事における土工関連の作業が含まれるとともに、営農・営林等の作業での耕起、除草、土の掘り起こし等の土壌等を対象とした作業に加え、施肥（土中混和）、田植え、育苗、根菜類の収穫等の作業に付随して土壌等を取り扱う作業が含まれること。ただし、これら作業を短時間で終了する臨時の作業として行う場合はこの限りでないこと。
カ　第8項で規定する特定線量下業務
（ア）　第8項の特定線量下業務の適用の基準である平均空間線量率2.5マイクロシーベルト毎時は、放射線審議会の「ICRP1990年勧告（Pub.60）の国内制度等への取り入れについて（意見具申）」（平成10年6月）に基づき設定された電離則第3条の管理区域設定基準である、3月間につき1.3ミリシーベルト（1年間につき5ミリシーベルトを3月間に割り振ったもの）を、週40時間13週で除したものであること。
　　なお、平均空間線量率は、各作業場所におけるものであり、製造業等屋内作業については、屋内作業場所の平均空間線量率が2.5マイクロシーベルト毎時以下の場合は、屋外の平均空間線量が2.5マイクロシーベルト毎時を超えていても特定線量下業務には該当しないものとして取り扱うこと。
（イ）　高速で移動することにより2.5マイクロシーベルト毎時を超える場所に滞在する時間が限定される自動車運転作業及びそれに付帯する荷役作業等については、①荷の搬出又は搬入先（生活基盤の復旧作業に付随するものを除く。）が平均空間線量率2.5マイクロシーベルト毎時を超える場所にあり、当該場所に1月あたり40時間以上滞在することが見込まれる作業に従事する場合、又は②2.5マイクロシーベルト毎時を超える場所における生活基盤の復旧作業に付随する荷（建設機械、建設資材、土壌、砂利等）の運搬の作業に従事する場合に限り、特定線量下業務に該当するものとして取り扱うこと。
　　また、平均空間線量率2.5マイクロシーベルト毎時を超える地域を単に通過する場合については、特定線量下業務には該当しないものとして取り扱うこと。
（ウ）　特定線量下業務は、事故由来放射性物質により2.5マイクロシーベルト毎時を超える場所における業務であることから、エックス線装置等の管理された放射線源により2.5マイクロシーベルト毎時を超えるおそれのある場所は、引き続き電離則第3条第1項の管理区域として取り扱うこと。

○除去土壌及び汚染廃棄物の放射能濃度を求める方法（基準告示第1条関係）
ア　第2条第7項第2号又は第3号における「厚生労働大臣が定める方法」については、基準告示第1条によること。
イ　基準告示第1条第1項の「除去土壌のうち最も放射能濃度が高いと見込まれるもの」には、空間線量率の測定点のうち最も高い空間線量率が測定された地点におけるもの、若しくは雨水、泥等が滞留しやすい場所、植物及びその根元等におけるものがあること。
ウ　試料は、作業場所ごとに（作業場の面積が1,000平方メートルを上回る場合は1,000平方メートルごとに）数点採取すること。ただし、作業場の面積が1,000平方メートルを大きく上回る場合であって、作業場が農地であるなど、汚染土壌等、除去土壌又は汚染廃棄物の放射能濃度が比較的均一であると見込まれる場合は、試料を採取する箇所数は1,000平方メートルごとに少なくとも1点として差し支えないこと。
エ　基準告示第1項第2号による分析方法は、同項第1号に定める分析を実施することが困難な場合のための簡易な方法として定めたものであり、その具体的な実施手順としては、除染等ガイドラインの別紙6-1で定めるものがあること。
オ　基準告示第1条第3項による分析方法は、平均空間線量率が2.5マイクロシーベルト毎時以下の場所のうち、森林、農地等のように汚染土壌等が比較的均質な場合は、汚染土壌等の放射能濃度がその直上の空間線量率に比例することが明らかになっていることから、平均空間線量率から汚染土壌等の放射能濃度を簡易に算定する方法として定めたものであり、その具体的な実施手順としては、除染等ガイドラインの別紙6-2（農地土壌）又は6-3（森林土壌等）で定めるものがあること。

　　ただし、特定汚染土壌等取扱業務であって、耕起されていない農地の地表近くの土壌のみを取り扱う作業、森林の落葉層や地表近くの土壌のみを取り扱う作業又は生活圏（建築物、工作物、道路等の周辺）での作業については、基準告示第1条第1項第2号に基づく測定である、除染等ガイドライン別紙6-1の簡易測定により、実際に作業で取り扱う汚染土壌等の放射能濃度を求める必要があること。

○平均空間線量率の計算方法（第2条第8項及び基準告示第2条関係）
ア　第2条第8項の平均空間線量率の算定方法は、基準告示第2条に定めるところによること。
イ　基準告示第2条第1号及び第2号は、作業場が農地等であるなど、汚染の状況が比較的均一であると見込まれる場合における平均空間線量率の算定方法を定めたものであること。
ウ　基準告示第2条第1号ロは、特定汚染土壌等取扱作業又は特定線量下作業を行う場合であって、汚染の状況が比較的均一であると見込まれる場合における平均空間線量率の算定方法を定めたものであること。この場合、これら業務は、土壌等の除染等の業務と異なり、作業場の区域の全域にわたって行われるとは限らず特定の場所で行われるため、作業場の区域のうち、実際に作業を行う場所において最も空間線量率が高いと見込

まれる3地点の空間線量率の測定結果により平均空間線量率を算定することとしていること。
エ 基準告示第2条第3号は、作業場内の空間線量率に著しい差が生じていると見込まれる場合における時間平均による平均空間線量率の算定方法を定めたものであり、算定に当たっては以下の事項に留意すること。
① 「作業場の特定の場所に事故由来放射性物質が集中している場合」には、住宅地等における雨水が集まる場所及びその排出口、植物及びその根元、雨水・泥・土がたまりやすい場所、微粒子が付着しやすい構造物等やその近傍等が含まれること。
② 空間線量率が高いと見込まれる場所の地上1メートルの位置（特定測定点）を1,000平方メートルごとに数点測定すること。
③ 最も被ばく線量が大きいと見込まれる代表的個人について算定すること。
④ 同一場所での作業が複数日にわたって行われる場合は、最も被ばく線量が大きい作業を実施する日を想定して算定すること。

第2章　除染等業務における電離放射線障害の防止
第1節　線量の限度及び測定
（除染等業務従事者の被ばく限度）
第3条　事業者は、除染等業務従事者の受ける実効線量が5年間につき100ミリシーベルトを超えず、かつ、一年間につき50ミリシーベルトを超えないようにしなければならない。
② 事業者は、前項の規定にかかわらず、女性の除染等業務従事者（妊娠する可能性がないと診断されたもの及び次条に規定するものを除く。）の受ける実効線量については、3月間につき5ミリシーベルトを超えないようにしなければならない。

○**除染等業務従事者の被ばく限度（第3条関係）**
ア　第3条第1項に定める被ばく限度は、国際放射線防護委員会（ICRP）の2007年勧告において、現存被ばく状況（放射線源がその管理についての決定をしなければならない時に既に存在する、緊急事態後の長期被ばく状況を含む被ばく状況）においては、計画被ばく状況（放射線源が管理されている被ばく状況）の職業被ばく限度を適用すべきであるとしていることを踏まえ、電離則第4条及び第6条に定める放射線業務従事者の被ばく限度と同じ被ばく限度を採用したものであること。
イ　眼の水晶体の等価線量限度については、除染等作業では指向性の高い線源がないため、眼のみが高線量の被ばくをすることは考えられないこと、皮膚の等価線量限度については、除染等作業においては、ベータ線による皮膚の等価線量がガンマ線による実効線量の10倍を超えることは考えられないことから、第3条の実効線量限度を満たしていれば、眼の水晶体及び皮膚に対する等価線量限度を超えるおそれがないことから、定めていないものであること。

ウ 第1項の「5年間」については、異なる複数の事業場において除染等業務に従事する労働者の被ばく線量管理を適切に行うため、全ての除染等業務を事業として行う事業場において統一的に平成24年1月1日を始期とし、「平成24年1月1日から平成28年12月31日まで」とすること。平成24年1月1日から平成28年12月31日までの間に新たに除染等業務を事業として実施する事業者についても同様とし、この場合、事業を開始した日から平成28年12月31日までの残り年数に20ミリシーベルトを乗じた値を、平成28年12月31日までの第1項の被ばく線量限度とみなして関係規定を適用すること。

エ 第1項の「1年間」については、「5年間」の始期の日を始期とする1年間であり、「平成24年1月1日から平成24年12月31日まで」とすること。ただし、平成23年3月11日から平成23年12月31日までに受けた線量は、平成24年1月1日に受けた線量とみなして合算する必要があること。

なお、特定汚染土壌等取扱業務については、平成24年1月1日以降、平成24年6月30日までに受けた線量を把握している場合は、それを平成24年7月1日以降に被ばくした線量に合算して被ばく管理すること。

オ 「1年間」又は「5年間」の途中に新たに自らの事業場において除染等業務に従事することとなった労働者については、当該「5年間」の始期より当該除染等業務に従事するまでの被ばく線量を当該労働者が前の事業者から交付された線量の記録の写し(労働者がこれを有していない場合は前の事業場から再交付を受けさせること。)により確認する必要があること。

なお、ウ及びエに関わらず、放射線業務を主として行う事業者については、事業場で統一された別の始期により被ばく線量管理を行っても差し支えないこと。

カ 実効線量が1年間に20ミリシーベルトを超える労働者を使用する事業者に対しては、作業環境、作業方法及び作業時間等の改善により当該労働者の被ばくの低減を図る必要があること。

キ 上記ウ及びエの始期について、除染等業務従事者に周知させる必要があること。

○被ばく限度(第3条第2項関係)

ア 第2項については、妊娠に気付かない時期の胎児の被ばくを特殊な状況下での公衆の被ばくと同等程度以下となるようにするため、「3月間につき5ミリシーベルト」としたこと。なお、「3月間につき5ミリシーベルト」とは、「5年間につき100ミリシーベルト」を3月間に割り振ったものであること。

イ 「3月間」の最初の「3月間」の始期は第1項の「1年間」の始期と同じ日にすること。「1年間」の始期は「1月1日」であるので、「3月間」の始期は「1月1日、4月1日、7月1日及び10月1日」となること。

ウ イの始期を除染等業務従事者に周知させること。

エ 第2項の「妊娠する可能性がない」との医師の診断を受けた女性についての実効線量の限度は第1項によることとなるが、当該診断の確認については、当該診断を受けた女性の任意による診断書の提出によることとし、当該女性が当該診断書を事業者に提出す

る義務を負うものではないこと。

> **第4条** 事業者は、妊娠と診断された女性の除染等業務従事者の受ける線量が、妊娠と診断されたときから出産までの間（以下「妊娠中」という。）につき次の各号に掲げる線量の区分に応じて、それぞれ当該各号に定める値を超えないようにしなければならない。
> 1 内部被ばくによる実効線量　1ミリシーベルト
> 2 腹部表面に受ける等価線量　2ミリシーベルト

○被ばく限度（第4条関係）
　妊娠と診断された女性については、胎児の被ばくを公衆の被ばくと同等程度以下になるようにするため、他の労働者より厳しい限度を適用することとしたこと。

> （線量の測定）
> **第5条** 事業者は、除染等業務従事者（特定汚染土壌等取扱業務に従事する労働者にあっては、平均空間線量率が2.5マイクロシーベルト毎時以下の場所においてのみ特定汚染土壌等取扱業務に従事する者を除く。第6項及び第8項並びに次条及び第27条第2項において同じ。）が除染等作業により受ける外部被ばくによる線量を測定しなければならない。
> ② 事業者は、前項の規定による線量の測定に加え、除染等業務従事者が除染特別地域等内（平均空間線量率が2.5マイクロシーベルト毎時を超える場所に限る。第8項及び第10条において同じ。）における除染等作業により受ける内部被ばくによる線量の測定又は内部被ばくに係る検査を次の各号に定めるところにより行わなければならない。
> 1 汚染土壌等又は除去土壌若しくは汚染廃棄物（これらに含まれる事故由来放射性物質のうち厚生労働大臣が定める方法によって求めるセシウム134及びセシウム137の放射能濃度の値が50万ベクレル毎キログラムを超えるものに限る。次号において「高濃度汚染土壌等」という。）を取り扱う作業であって、粉じん濃度が10ミリグラム毎立方メートルを超える場所において行われるものに従事する除染等業務従事者については、3月以内（1月間に受ける実効線量が1.7ミリシーベルトを超えるおそれのある女性（妊娠する可能性がないと診断されたものを除く。）及び妊娠中の女性にあっては1月以内）ごとに一回内部被ばくによる線量の測定を行うこと。
> 2 次のイ又はロに掲げる作業に従事する除染等業務従事者については、厚生労働大臣が定める方法により内部被ばくに係る検査を行うこと。

イ　高濃度汚染土壌等を取り扱う作業であって、粉じん濃度が10ミリグラム毎立方メートル以下の場所において行われるもの
　　ロ　高濃度汚染土壌等以外の汚染土壌等又は除去土壌若しくは汚染廃棄物を取り扱う作業であって、粉じん濃度が10ミリグラム毎立方メートルを超える場所において行われるもの
③　事業者は、前項第二号の規定に基づき除染等業務従事者に行った検査の結果が内部被ばくについて厚生労働大臣が定める基準を超えた場合においては、当該除染等業務従事者について、同項第1号で定める方法により内部被ばくによる線量の測定を行わなければならない。
④　第1項の規定による外部被ばくによる線量の測定は、1センチメートル線量当量について行うものとする。
⑤　第1項の規定による外部被ばくによる線量の測定は、男性又は妊娠する可能性がないと診断された女性にあっては胸部に、その他の女性にあっては腹部に放射線測定器を装着させて行わなければならない。
⑥　前2項の規定にかかわらず、事業者は、除染等業務従事者の除染特別地域等内（平均空間線量率が2.5マイクロシーベルト毎時以下の場所に限る。）における除染等作業により受ける第1項の規定による外部被ばくによる線量の測定を厚生労働大臣が定める方法により行うことができる。
⑦　第2項の規定による内部被ばくによる線量の測定に当たっては、厚生労働大臣が定める方法によってその値を求めるものとする。
⑧　除染等業務従事者は、除染特別地域等内における除染等作業を行う場所において、放射線測定器を装着しなければならない。

○線量の測定（第5条関係）

ア　第1項の外部被ばく線量の測定については、土壌の除染等の業務又は廃棄物収集等業務と同様に、特定汚染土壌等取扱業務のうち、事業の性質上、作業場所を限定することができない生活基盤の復旧作業等、電離則の管理区域設定基準と同じ2.5マイクロシーベルト毎時を超える場所において労働者を作業に従事させることが見込まれる事業者に対して、外部被ばく線量の測定を義務付けたものであること。一方、営農等の作業場所が特定されている作業であって、2.5マイクロシーベルト毎時以下の場所のみで作業に従事する労働者については、外部被ばく測定を義務付けていないものであること。

イ　第1項の「除染特別地域等内における除染等作業により受ける外部被ばく」とは、除染等作業に従事する間（拘束時間）における外部被ばくであり、いわゆる生活時間における被ばくについては含まれないこと。

ウ　第2項の2.5マイクロシーベルト毎時は、電離則第3条の管理区域設定基準である、3月間につき1.3ミリシーベルト（1年間につき5ミリシーベルト）を、1年間の労働時間である、週40時間52週間で割戻したものであること。

エ 第2項第1号の女性(妊娠する可能性がないと診断されたものを除く。)について1月以内ごとに1回、それ以外の者は3月以内ごとに1回の測定を行うのは、それぞれの被ばく線量限度を適用する期間より短い期間で線量の算定、記録を行うことにより、当該被ばく線量限度を超えないように管理するためであること。ただし、1月間に1.7ミリシーベルトを超えるおそれのない女性については、3月で5ミリシーベルトを超えるおそれがないので、3月以内ごとに1回の測定を行えば足りること。なお、「1月間に受ける実効線量が1.7ミリシーベルトを超えるおそれのある」ことの判断に当たっては、個人の被ばく歴、当該者が今後就くことが予定されている業務内容及び作業場の平均空間線量率等から合理的に判断すれば足りるものであること。

○内部被ばく測定(第5条第2項第1号及び第2号関係)

ア 第5条第2項第1号は、粉じん濃度が10ミリグラム毎立方メートルを超える場所において、高濃度汚染土壌等(放射能濃度が50万ベクレル毎キログラムを超えるものに限る。以下同じ。)を取り扱う作業を実施する状況では、防じんマスクが全く使用されない無防備な状況を想定した場合、内部被ばく実効線量が1年につき1ミリシーベルトを超える可能性があることから、3月以内ごとに1回の内部被ばく測定を義務付けたものであること。

なお、放射能濃度50万ベクレル毎キログラムを超える高濃度汚染土壌等は、計画的避難区域又は警戒区域以外の地域では、ほとんど観測されていないこと。

イ 第5条第2項第2号は、アの想定結果を踏まえ、粉じん濃度が10ミリグラム毎立方メートルを超える場所における作業又は高濃度汚染土壌等を取り扱う作業を行う場合にあっては、直ちに同条第2項第1号の内部被ばく測定を行うのではなく、1日の作業終了時に同条第2項第2号のスクリーニング検査を実施し、スクリーニング検査の基準値を超えたことがあった場合は、3月以内ごとに1回、内部被ばく測定を義務付けたものであること。

なお、粉じん濃度が10ミリグラム毎立方メートルを超える場所でなく、かつ、高濃度汚染土壌等を取り扱う作業を行わない場合であっても、突発的に高い濃度の粉じんにばく露された場合にはスクリーニング検査を実施することが望ましいこと。

ウ 第5条第2項において、粉じん濃度が10ミリグラム毎立方メートルを超える場所における作業に該当するかどうかの判断については、以下のとおりとすること。

① 土壌等のはぎ取り、アスファルト・コンクリートの表面研削・はつり、除草作業、除去土壌等のかき集め・袋詰め、建築・工作物の解体等を乾燥した状態で行う場合は、粉じん濃度が10ミリグラム毎立方メートルを超えるものとみなして第5条第2項各号に定める措置を講ずること。

② ①にかかわらず、作業中に粉じん濃度の測定を行った場合は、その測定結果によって高濃度粉じん作業に該当するかどうか判断すること。測定による判断方法については、ガイドラインの別紙3で定める方法があること。

○スクリーニング検査（第5条第2項第2号及び第5条第3項関係）

ア　第5条第2項第2号の厚生労働大臣が定める方法による内部被ばくに係る検査は、基準告示第3条によること。

イ　第5条第3項の厚生労働大臣が定める基準は、基準告示第4条に規定されていること。同条において、スクリーニング検査の基準値は、防じんマスク又は鼻腔内に付着した放射性物質の表面密度について、除染等業務従事者が1日の除染等作業により受ける内部被ばくによる線量の合計が、3月間に換算して1ミリシーベルトを十分下回るものとなることを確認するに足る数値であるが、その判断基準値の設定に当たっての目安としては以下のものがあること。

　①　防じんマスクの表面密度の判断基準の設定の目安には、10,000カウント毎分（通常、防護係数は3を期待できるところ防護係数を2とする厳しい仮定を置き、防じんマスクの表面に50％が付着して残りの50％を吸入すると仮定して試算した場合、3月間につき内部被ばく実効線量は約0.01ミリシーベルト相当）があること。

　②　鼻腔内に付着した放射性物質の表面密度の測定（以下「鼻スミアテスト」という。）の判断基準値の目安には、2次スクリーニング検査とすることを想定し、1,000カウント毎分（内部被ばく実効線量約0.03ミリシーベルト相当）又は10,000カウント毎分（内部被ばく実効線量約0.3ミリシーベルト相当）があること。

ウ　第5条第3項に定める、厚生労働大臣の定める基準を超えた場合の措置については、判断基準値にイの目安を使う場合には以下の方法があること。

　①　防じんマスクによる検査結果が判断基準値を超えた場合は、鼻スミアテストを実施すること。

　②　鼻スミアテストにより10,000カウント毎分を超えた場合は、3月以内ごとに1回、内部被ばく測定を実施すること。なお、女性（妊娠する可能性がないと診断されたものを除く。）にあっては、鼻スミアテストの基準値を超えた場合は、直ちに内部被ばく測定を実施すること。

　③　鼻スミアテストにより、1,000カウント毎分を超えて10,000カウント毎分以下の場合は、その結果を記録し、1,000カウント毎分を超えることが数回以上あった場合は、3月以内ごとに1回内部被ばく測定を実施すること。

○線量の測定（第5条第4項、第5項及び第7項関係）

ア　第4項の「1センチメートル線量当量」は、セシウム134及びセシウム137による被ばくが1センチメートル線量当量による測定のみで足りることから定められたものであること。

イ　第5項に規定する部位に放射線測定器を装着するのは、当該部位に受けた1センチメートル線量当量から、実効線量及び女性の腹部表面の等価線量を算定するためであること。

ウ　第7項に規定する厚生労働大臣が定める内部被ばく線量の測定の方法は、基準告示第6条によること。

○平均空間線量率が2.5マイクロシーベルト毎時以下の地域における外部被ばく線量測定（第5条第6項関係）

ア　第5条第6項の厚生労働大臣が定める方法は、基準告示第5条によること。

イ　基準告示第5条第1号の方法により外部被ばくを評価する場合、第5条第5項の放射線測定器を装着する場所が性別等により異なることから、女性（妊娠する可能性がないと診断されたものを除く。）の除染等作業従事者がいる作業場においては、放射線測定器を胸部又は腹部に装着する者をそれぞれ少なくとも1人ずつ選定すること。

ウ　基準告示第5条第2号の方法により外部被ばく線量を評価する場合、各除染等業務従事者の労働時間を把握し、それを基準告示第2条で定める方法により算定した平均空間線量率に乗じて個々の除染等業務従事者の外部被ばく線量を算定すること。

> （線量の測定結果の確認、記録等）
> **第6条**　事業者は、1日における外部被ばくによる線量が1センチメートル線量当量について1ミリシーベルトを超えるおそれのある除染等業務従事者については、前条第1項の規定による外部被ばくによる線量の測定の結果を毎日確認しなければならない。
> ②　事業者は、前条第5項から第7項までの規定による測定又は計算の結果に基づき、次の各号に掲げる除染等業務従事者の線量を、遅滞なく、厚生労働大臣が定める方法により算定し、これを記録し、これを30年間保存しなければならない。ただし、当該記録を5年間保存した後又は当該除染等業務従事者に係る記録を当該除染等業務従事者が離職した後において、厚生労働大臣が指定する機関に引き渡すときは、この限りでない。
> 1　男性又は妊娠する可能性がないと診断された女性の実効線量の3月ごと、1年ごと及び5年ごとの合計（5年間において、実効線量が1年間につき20ミリシーベルトを超えたことのない者にあっては、3月ごと及び1年ごとの合計）
> 2　女性（妊娠する可能性がないと診断されたものを除く。）の実効線量の1月ごと、3月ごと及び1年ごとの合計（1月間に受ける実効線量が1.7ミリシーベルトを超えるおそれのないものにあっては、3月ごと及び1年ごとの合計）
> 3　妊娠中の女性の内部被ばくによる実効線量及び腹部表面に受ける等価線量の1月ごと及び妊娠中の合計
> ③　事業者は、前項の規定による記録に基づき、除染等業務従事者に同項各号に掲げる線量を、遅滞なく、知らせなければならない。

○線量の測定結果の確認、記録等（第6条関係）

ア　第1項は、1日における外部被ばくによる線量が1センチメートル線量当量について1ミリシーベルトを超えるおそれのある除染等業務従事者については、3月ごと又は1月ごとの線量の確認では、その間に第3条及び第4条に規定する被ばく限度を超えて被ばく

するおそれがあることから、線量測定の結果を毎日確認しなければならないこととしたものであること。このような除染等業務従事者について、事業者は、警報装置付き放射線測定器を装着させる等により、一定限度の被ばくを避けるよう配慮すること。

イ 第2項は、放射線による確率的影響は晩発性であることに鑑みて、保存年限を30年間とし、また、被ばく限度が5年間につき100ミリシーベルトであることから、最低限5年間は事業者において記録を保管することを義務付けていたところであるが、地域によっては除染等業務が今後5年間継続して実施されるとは限らないことを踏まえ、今回の改正により、除染等業務従事者が離職した後には、厚生労働大臣が指定する機関に当該従事者に係る記録を引き渡すことを可能としたこと。

ウ 第2項第1号において、3月ごとの合計を算定、記録し、同項第2号及び第3号において女性（妊娠する可能性がないと診断されたものを除く。）について1月ごとの合計を算定、記録するのは、それぞれの被ばく線量限度を適用する期間より短い期間で線量の算定、記録を行うことにより、当該被ばく線量限度を超えないように管理するものであること。

エ 第2項第1号において、5年間のうちどの1年間についても実効線量が20ミリシーベルトを超えない者については、当該5年間の合計線量の確認、記録を要しないこととしているが、5年間のうち1年間でも20ミリシーベルトを超えた者については、それ以降は、当該5年間の初めからの累積線量の確認、記録を併せて行うこと。

オ 第2項第1号の記録については、3月未満の期間を定めた労働契約又は派遣契約により労働者を使用する場合には、被ばく線量の算定を1月ごとに行い、記録すること。

第2節 除染等業務の実施に関する措置

(事前調査等)

第7条 事業者は、除染等業務(特定汚染土壌等取扱業務を除く。)を行おうとするときは、あらかじめ、除染等作業(特定汚染土壌等取扱業務に係る除染等作業(以下「特定汚染土壌等取扱作業」という。以下同じ。)を除く。以下この項及び第3項において同じ。)を行う場所について、次の各号に掲げる事項を調査し、その結果を記録しておかなければならない。

1　除染等作業の場所の状況
2　除染等作業の場所の平均空間線量率
3　除染等作業の対象となる汚染土壌等又は除去土壌若しくは汚染廃棄物に含まれる事故由来放射性物質のうち厚生労働大臣が定める方法によって求めるセシウム134及びセシウム137の放射能濃度の値

② 事業者は、特定汚染土壌等取扱業務を行うときは、当該業務の開始前及び開始後2週間ごとに、特定汚染土壌等取扱作業を行う場所について、前項各号に掲げる事項を調査し、その結果を記録しておかなければならない。

③ 事業者は、労働者を除染等作業に従事させる場合には、あらかじめ、第1項の調査が終了した年月日並びに調査の方法及び結果の概要を当該労働者に明示しなければならない。

④ 事業者は、労働者を特定汚染土壌等取扱作業に従事させる場合には、当該作業の開始前及び開始後2週間ごとに、第2項の調査が終了した年月日並びに調査の方法及び結果の概要を当該労働者に明示しなければならない。

○事前調査(第7条関係)

ア　第7条は、除染等業務においては、作業場ごとに放射線源の所在が異なるとともに、作業場の形状や作業内容により労働者ごとに被ばくの状況が異なるため、除染等業務を行う前に、除染等作業の場所の状況、平均空間線量率、作業の対象となる汚染土壌等又は除去土壌若しくは汚染廃棄物におけるセシウム134及びセシウム137の放射能濃度の値を調査し、その結果を記録することを義務付けたものであること。

イ　第1項第1号の「除染等作業の場所の状況」には、除染等作業を行う場所の地表、草木、建築物・工作物、雨水の集合場所、傾斜、作業場所の周辺の状況のほか、水道・電気、作業場所までの道路の使用可能性等が含まれること。

ウ　第2項の特定汚染土壌等取扱業務については、営農等、同一の場所において継続して業務を行うことがあるため、作業の開始前のみならず、開始後2週間ごとに、作業の場所の状況、平均空間線量率及び汚染土壌等の濃度を調査することを義務付けたものであり、第4項は、その結果を労働者に明示することを義務付けたものであること。

エ　第2項により調査する第1項第1号の作業の場所の状況については、作業を行う場所の地表、草木、雨水の集合場所、傾斜、作業場所の周辺の状況のほか、作業場所まで

の道路の使用可能性等が含まれるが、2週間ごとに行う調査は、調査後に状況に変動があった事項について実施すれば差し支えないこと。

オ　第2項により調査する第1項第2号の平均空間線量率については、作業場所が2.5マイクロシーベルト毎時を超えて被ばく線量管理が必要か否かを判断するために行われるものであるため、文部科学省（編注：現在は原子力規制委員会、以下同様）が公表している航空機モニタリング等の結果を踏まえ、事業者が、作業場所が明らかに2.5マイクロシーベルト毎時を超えていると判断する場合、作業場所に係る航空機モニタリング等の結果をもって平均空間線量率の測定に代えることができること。

　また、継続して作業を行っている間2週間につき一度行う測定については、天候等による測定値の変動に備え、測定値が2.5マイクロシーベルト毎時のおよそ9割を下回れば、測定を行わないこととして差し支えないこと。ただし、台風や洪水、地滑り等、周辺環境に大きな変化があった場合は、測定を実施する必要があること。

カ　第2項により調査する第1項3号の汚染土壌等の放射能濃度について、継続して作業を行っている間2週間に一度行う測定は、測定値が1万ベクレル毎キログラムを明らかに下回る場合は、その後の測定を行わないこととして差し支えないこと。それ以外の場合には、測定値が概ね10週間にわたって1万ベクレル毎キログラムを下回れば、測定を行わないこととして差し支えないこと。ただし、台風や洪水、地滑り等、周辺環境に大きな変化があった場合は、測定を実施する必要があること。

　なお、事前調査は、汚染土壌等の濃度が1万ベクレル毎キログラム又は50万ベクレル毎キログラムを超えているかどうかを判断するために行われるものであるため、除染ガイドライン別紙6-2又は6-3の早見表その他の知見に基づき、土壌の掘削深さ及び作業場所の平均空間線量率等から、作業の対象となる汚染土壌等の放射能濃度が1万ベクレル毎キログラムを明らかに下回り、特定汚染土壌等取扱業務に該当しないことを明確に判断できる場合にまで、作業前の放射能濃度測定を義務付ける趣旨ではないこと。

キ　第2項の事前調査の結果等の労働者への明示については、書面により行うこと。

(作業計画)
第8条 事業者は、除染等業務(特定汚染土壌等取扱業務にあっては、平均空間線量率が2.5マイクロシーベルト毎時以下の場所において行われるものを除く。以下この条、次条及び第20条第1項において同じ。)を行おうとするときは、あらかじめ、除染等作業(特定汚染土壌等取扱作業にあっては、平均空間線量率が2.5マイクロシーベルト毎時以下の場所において行われるものを除く。以下この条及び次条において同じ。)の作業計画を定め、かつ、当該作業計画により除染等作業を行わなければならない。

② 前項の作業計画は、次の各号に掲げる事項が示されているものでなければならない。

1 除染等作業の場所及び除染等作業の方法
2 除染等業務従事者(特定汚染土壌等取扱業務に従事する労働者にあっては、平均空間線量率が2.5マイクロシーベルト毎時以下の場所において従事するものを除く。以下この条、次条、第20条から第23条まで及び第28条第2項において同じ。)の被ばく線量の測定方法
3 除染等業務従事者の被ばくを低減するための措置
4 除染等作業に使用する機械、器具その他の設備(次条第2号及び第19条第1項において「機械等」という。)の種類及び能力
5 労働災害が発生した場合の応急の措置

③ 事業者は、第1項の作業計画を定めたときは、前項の規定により示される事項について関係労働者に周知しなければならない。

○作業計画(第8条関係)

ア 作業計画は、第7条に規定する事前調査の結果に基づいて策定すること。
イ (編注:特定汚染土壌取扱業務の場合は)作業計画及び作業指揮者については、特定汚染土壌取扱業務の内容に照らし、特定汚染土壌等を高い頻度で取り扱い、作業計画により被ばくの低減措置が必要となる2.5マイクロシーベルト毎時を超える場所において作業を行う場合に実施を義務付けたものであること。
ウ 第2項第1号の「除染等作業等の場所」については、飲食・喫煙が可能な休憩場所、退去者及び持ち出し物品の汚染検査場所を含むこと。
エ 第2項第1号の「除染等作業の方法」には、除染等業務従事者の配置、機械等の使用方法、作業手順、作業環境等が含まれること。
オ 第2項第2号の「被ばく線量の測定方法」には、平均空間線量率の測定方法、使用する放射線測定器の種類と数量、放射線測定器の使用方法等が含まれること。
カ 第2項第3号の「被ばくを低減するための措置」には、作業時間短縮等被ばくを低減するための方法及び平均空間線量率及び労働時間による被ばく線量の推定及びそれに基づく被ばく線量目標値の設定が含まれること。

キ 第2号第5号の「労働災害が発生した場合の応急の措置」には、使用機器等の安全な停止の方法、汚染拡大防止のための措置、安全な場所への待避の方法、警報の方法、被災者の救護の措置等が含まれること。

> (作業の指揮者)
> **第9条** 事業者は、除染等業務を行うときは、除染等作業を指揮するため必要な能力を有すると認められる者のうちから、当該除染等作業の指揮者を定め、その者に前条第1項の作業計画に基づき当該除染等作業の指揮を行わせるとともに、次の各号に掲げる事項を行わせなければならない。
> 1 除染等作業の手順及び除染等業務従事者の配置を決定すること。
> 2 除染等作業に使用する機械等の機能を点検し、不良品を取り除くこと。
> 3 放射線測定器及び保護具の使用状況を監視すること。
> 4 除染等作業を行う箇所には、関係者以外の者を立ち入らせないこと。

○作業の指揮者（第9条関係）

ア 第9条は、除染等作業において、第8条の作業計画に基づく適切な作業を実施させるため、作業の指揮者を定め、その者に作業の指揮をさせることを義務付けたものであること。

イ 作業計画及び作業指揮者については、特定汚染土壌取扱業務の内容に照らし、特定汚染土壌等を高い頻度で取り扱い、作業計画により被ばくの低減措置が必要となる2.5マイクロシーベルト毎時を超える場所において作業を行う場合に実施を義務付けたものであること。

ウ 第9条の「必要な能力を有すると認められる者」とは、除染等作業に類似する作業に従事した経験を有する者であって第19条の特別教育を修了し、若しくは当該特別教育の科目の全部について十分な知識及び技能を有していると認められるもの又は以下の項目を満たす教育を受講した者であって第19条の特別教育を修了したものとすること。
　① 作業の方法の決定及び除染等業務従事者の配置に関すること
　② 除染等業務従事者に対する指揮の方法に関すること
　③ 異常な事態が発生した時における措置に関すること

> （作業の届出）
> **第10条** 事業者（労働安全衛生法（以下「法」という。）第15条第1項に規定する元方事業者に該当する者がいる場合にあっては、当該元方事業者に限る。）は、除染特別地域等内において土壌等の除染等の業務又は特定汚染土壌等取扱業務を行おうとするときは、あらかじめ、様式第1号による届書を当該事業場の所在地を管轄する労働基準監督署長（以下「所轄労働基準監督署長」という。）に提出しなければならない。

○作業の届出（第10条関係）

　第10条は、土壌等の除染等の業務及び特定汚染土壌等取扱業務の性質上、作業場が短期間で移動してしまうことにより、労働基準監督機関における作業場の把握が困難となることから、除染特別地域等内（平均空間線量率2.5マイクロシーベルト毎時を超える場所に限る。第5条第2項において規定。）において当該業務を行う事業者（元方事業者がいる場合は元方事業者）に対し、あらかじめ、事業場の所在地を管轄する労働基準監督署長（以下「所轄労働基準監督署長」という。）に作業の届出の提出を義務付けたものであること。

> （診察等）
> **第11条** 事業者は、次の各号のいずれかに該当する除染等業務従事者に、速やかに、医師の診察又は処置を受けさせなければならない。
> 　1　第3条第1項に規定する限度を超えて実効線量を受けた者
> 　2　事故由来放射性物質を誤って吸入摂取し、又は経口摂取した者
> 　3　洗身等により汚染を40ベクレル毎平方センチメートル以下にすることができない者
> 　4　傷創部が汚染された者
> ②　事業者は、前項各号のいずれかに該当する除染等業務従事者があるときは、速やかに、その旨を所轄労働基準監督署長に報告しなければならない。

○診察等（第11条関係）

ア　第11条は、除染等業務従事者に放射線による障害が生ずるおそれがある場合に、医師の診察又は処置を受けさせることを義務付けたものであること。

イ　第1項第2号の「誤って吸入摂取し、又は経口摂取した者」とは、事故等で大量の土砂等に埋まったこと等により、大量の土砂や汚染水が口に入った者又は鼻スミアテスト等を実施してその基準を超えた者等、一定程度の内部被ばくが見込まれる者に限るものであること。

第3節　汚染の防止

（粉じんの発散を抑制するための措置）
第12条　事業者は、除染等作業（特定汚染土壌等取扱作業を除く。以下この条において同じ。）のうち第5条第2項各号に規定するものを除染等業務従事者（特定汚染土壌等取扱業務に従事する労働者を除く。）に行わせるときは、当該除染等作業の対象となる汚染土壌等又は除去土壌若しくは汚染廃棄物を湿潤な状態にする等粉じんの発散を抑制するための措置を講じなければならない。

○粉じんの発散を抑制するための措置（第12条関係）

　第12条でいう「湿潤な状態」とは水を噴霧する等により表土等を湿らせた状態のことをいうものであること。また、汚染水の発生を抑制するため、通常のホース等による散水ではなく、噴霧（霧状の水による湿潤）により行うこと。

　また、「湿潤な状態にする等」の「等」には、粉じんの発散抑制効果のある化学物質の散布が含まれること。なお、噴霧するための水が入手不能な場合には、適切な保護具を使用して作業を実施すること。

（廃棄物収集等業務を行う際の容器の使用等）
第13条　事業者は、廃棄物収集等業務を行うときは、汚染の拡大を防止するため、容器を用いなければならない。ただし、容器に入れることが著しく困難なものについて、除去土壌又は汚染廃棄物が飛散し、及び流出しないように必要な措置を講じたときは、この限りでない。
②　事業者は、前項本文の容器については、次の各号に掲げる廃棄物収集等業務の区分に応じ、当該各号に定める構造を具備したものを用いなければならない。
　1　除去土壌又は汚染廃棄物の収集又は保管に係る業務　除去土壌又は汚染廃棄物が飛散し、及び流出するおそれがないもの
　2　除去土壌又は汚染廃棄物の運搬に係る業務　除去土壌又は汚染廃棄物が飛散し、及び流出するおそれがないものであって、容器の表面（容器をこん包するときは、そのこん包の表面）から1メートルの距離における1センチメートル線量当量率が、0.1ミリシーベルト毎時を超えないもの。ただし、容器を専用積載で運搬する場合であって、運搬車の前面、後面及び両側面（車両が開放型のものである場合にあっては、その外輪郭に接する垂直面）から1メートルの距離における1センチメートル線量当量率の最大値が0.1ミリシーベルト毎時を超えないように、放射線を遮蔽する等必要な措置を講ずるときは、この限りでない。
③　事業者は、第1項本文の容器には、除去土壌又は汚染廃棄物を入れるものである旨を表示しなければならない。

> ④　事業者は、除去土壌又は汚染廃棄物を保管するときは、第１項本文の容器を用い、又は同項ただし書の措置を講ずるほか、次の各号に掲げる措置を講じなければならない。
> 　１　除去土壌又は汚染廃棄物を保管していることを標識により明示すること。
> 　２　関係者以外の者が立ち入ることを禁止するため、囲い等を設けること。

○廃棄物収集等業務を行う際の容器の使用等（第13条関係）
ア　第１項本文の「容器に入れることが著しく困難なもの」には、大型の機械、容器の大きさを超える伐木、解体物等が含まれること。
イ　第１項ただし書の「飛散し、及び流出しないように必要な措置を講じたとき」とは、ビニールシートによるこん包等の措置を講じたとき等が含まれること。
ウ　第２項第２号は、除去土壌又は汚染廃棄物の運搬に係る業務においては、運搬車の遮蔽効果を踏まえ、容器を運搬車に搭載した状態の運搬車の表面線量率を規制する趣旨であること。
エ　第３項の「表示」は、他人が識別しやすい程度の大きさのものとするほか、文字の色についても他人が識別しやすい色とすること。
オ　第４項第２号の「囲い」は、複数のカラーコーンをテープ又はロープでつないだもの等簡易なもので差し支えないこと。

> （退出者の汚染検査）
> **第14条**　事業者は、除染等業務が行われる作業場又はその近隣の場所に汚染検査場所を設け、除染等作業を行わせた除染等業務従事者が当該作業場から退出するときは、その身体及び衣服、履物、作業衣、保護具等身体に装着している物（以下この条において「装具」という。）の汚染の状態を検査しなければならない。
> ②　事業者は、前項の検査により除染等業務従事者の身体又は装具が40ベクレル毎平方センチメートルを超えて汚染されていると認められるときは、同項の汚染検査場所において次の各号に掲げる措置を講じなければ、当該除染等業務従事者を同項の作業場から退出させてはならない。
> 　１　身体が汚染されているときは、その汚染が40ベクレル毎平方センチメートル以下になるように洗身等をさせること。
> 　２　装具が汚染されているときは、その装具を脱がせ、又は取り外させること。
> ③　除染等業務従事者は、前項の規定による事業者の指示に従い、洗身等をし、又は装具を脱ぎ、若しくは取り外さなければならない。

○退出者の汚染検査（第14条関係）
ア　第14条第１項の「汚染検査場所」には、汚染検査のための放射線測定器を備え付け

るほか、洗浄設備等除染のための設備、防じんマスク等の汚染廃棄物の一時保管のための設備を設けること。汚染検査場所は屋外であっても差し支えないが、汚染拡大防止のためテント等により覆われているものであること。

イ 第14条第1項の「除染等業務が行われる作業場又はその近隣の場所」には、以下の場所が含まれること。

① 除染等事業者が除染等業務を請け負った場所とそれ以外の場所の境界付近を原則とするが、地形等のため、これが困難な場合は、境界の近傍を含むこと。

② ①にかかわらず、一つの除染等事業者が複数の作業場所での除染等業務を請け負った場合、密閉された車両で移動する等、作業場所から汚染検査場所に移動する間に汚染された労働者や物品による汚染拡大を防ぐ措置が講じられている複数の作業場所を担当する集約汚染検査場所を設ける任意の場所は「作業場の近隣の場所」に含まれること。複数の除染事業者が共同で集約汚染検査場所を設ける場合、発注者が設置した汚染検査場所を利用する場合も同様とすること。

ウ 第14条第1項の「作業場から退出するとき」には、密閉された車両等を使用する等汚染拡大防止を講じた上で他の作業場所に移動する場合は該当しないこと。

エ 第2項第1号に規定する「40ベクレル毎平方センチメートル」は、GM計数管のカウント値で13,000カウント毎分と同等であると取り扱って差し支えないこと。なお、周辺の空間線量が高いため、汚染限度の測定が困難な場合は、汚染検査場所を空間線量が十分に低い場所に設置すること。

オ 洗身等によっても身体の汚染が40ベクレル毎平方センチメートル以下にできない者については、第11条第1項第3号の規定により医師の診察を受けさせる必要があることから、医師の診察を受けさせる場合においては、当該者を作業場から退出させて差し支えないこと。

（持出し物品の汚染検査）

第15条 事業者は、除染等業務が行われる作業場から持ち出す物品については、持出しの際に、前条第1項の汚染検査場所において、その汚染の状態を検査しなければならない。ただし、第13条第1項本文の容器を用い、又は同項ただし書の措置を講じて、他の除染等業務が行われる作業場まで運搬するときは、この限りでない。

② 事業者及び労働者は、前項の検査により、当該物品が40ベクレル毎平方センチメートルを超えて汚染されていると認められるときは、その物品を持ち出してはならない。ただし、第13条第1項本文の容器を用い、又は同項ただし書の措置を講じて、汚染を除去するための施設、貯蔵施設若しくは廃棄のための施設又は他の除染等業務が行われる作業場まで運搬するときは、この限りでない。

○持ち出し物品の汚染検査（第15条関係）

ア タイヤ等地面に直接触れる部分については、汚染検査後の運行経路で再度汚染される

可能性があるため、第 15 条第 1 項の「持ち出し物品」汚染検査を行わなくて差し支えないこと。
イ 除去土壌又は汚染廃棄物を運搬した車両については、荷下ろし場所において、荷台等の除染及び汚染検査を行うことが望ましいが、それが困難な場合、第 13 条に定める飛散防止の措置を講じた上で、汚染検査場所に戻り、そこで汚染検査を行うこと。

(保護具)
第 16 条 事業者は、除染等作業のうち第 5 条第 2 項各号に規定するものを除染等業務従事者に行わせるときは、当該除染等作業の内容に応じて厚生労働大臣が定める区分に従って、防じんマスク等の有効な呼吸用保護具、汚染を防止するために有効な保護衣類、手袋又は履物を備え、これらを当該除染等作業に従事する除染等業務従事者に使用させなければならない。
② 除染等業務従事者は、前項の作業に従事する間、同項の保護具を使用しなければならない。

○保護具（第 16 条関係）
ア 第 16 条第 1 項の厚生労働大臣が定める区分については、基準告示第 8 条に規定されていること。
イ 基準告示第 8 条で定める防じんマスクの捕集効率については、高濃度汚染土壌等を取り扱う作業であって、粉じん濃度が 10 ミリグラム毎立方メートルを超える場所において作業を行う場合、内部被ばく線量を 1 年につき 1 ミリシーベルト以下とするため、漏れを考慮しても、7 以上の防護係数を期待できる捕集効率 95％以上の半面型防じんマスクの着用を義務付けたものであること。
ウ 高濃度汚染土壌等を取り扱う作業又は粉じん濃度が 10 ミリグラム毎立方メートルを超える場所における作業のいずれかに該当するものを行う場合にあっては、十分な防護を実現するため、捕集効率 80％以上の防じんマスクの着用を義務付けたものであること。
エ 高濃度粉じん土壌等を取り扱うことがない作業であって、かつ、粉じん濃度が 10 ミリグラム毎立方メートル以下の場所における作業を行う場合にあっては、最大予測値の試算を行っても内部被ばく線量は最大でも 1 年につき 0.15 ミリシーベルト程度であるため、防じんマスクの着用の義務付けはないこと。ただし、じん肺予防の観点から定められている粉じん障害防止規則（昭和 54 年労働省令第 18 号）第 27 条の基準に該当しない作業（草木や腐葉土等の取扱等）であっても、サージカルマスク等を着用すること。

○保護衣等（第 16 条関係）
ア 第 16 条第 1 項の厚生労働大臣が定める区分については、基準告示第 8 条に示すとこ

ろによること。
イ 高濃度汚染土壌等を取り扱う作業を行う場合、汚染拡大を防止するため、ゴム手袋の着用を義務付けたものであること。
ウ 粉じん濃度が10ミリグラム毎立方メートルを超える場所において高濃度汚染土壌等を取り扱う作業を行う場合にあっては、汚染拡大防止のため、全身化学防護服（例：密閉形タイベックスーツ）等の防じん性の高い保護衣類の着用を義務付けたものであること。
エ 除染等作業では水を使うことが多く、汚染の人体や衣服への浸透を防止するため、また、汚染した場合の除染を容易にするため、ゴム長靴等の不浸透性の素材による靴の着用を義務付けたものであること。なお、作業の性質上、ゴム長靴等を使用することが困難な場合は、靴の上をビニールにより覆う等の措置が必要であること。

（保護具の汚染除去）
第17条 事業者は、前条の規定により使用させる保護具が40ベクレル毎平方センチメートルを超えて汚染されていると認められるときは、あらかじめ、洗浄等により40ベクレル毎平方センチメートル以下になるまで汚染を除去しなければ、除染等業務従事者に使用させてはならない。

（喫煙等の禁止）
第18条 事業者は、除染等業務を行うときは、事故由来放射性物質を吸入摂取し、又は経口摂取するおそれのある作業場で労働者が喫煙し、又は飲食することを禁止し、かつ、その旨を、あらかじめ、労働者に明示しなければならない。
② 労働者は、前項の作業場で喫煙し、又は飲食してはならない。

○**喫煙等の禁止（第18条関係）**
ア 第18条第1項の「事故由来放射性物質を吸入摂取し、又は経口摂取するおそれのある作業場」に該当しない場所は、原則として、車内等、外気から遮断された場所であるが、これが確保できない場合、以下の要件を満たす場所とすること。喫煙については、屋外であって、以下の要件を満たす場所とすること。
① 高濃度の汚染土壌等が近傍にないこと。
② 粉じんの吸引を防止するため、休憩は一斉にとることとし、作業中断後、20分間程度、飲食・喫煙をしないこと。
③ 作業場所の風上であること。風上方向に移動できない場合、少なくとも風下方向に移動しないこと。
④ 飲食・喫煙を行う前に、手袋、防じんマスク等、汚染された装具を外した上で、手を洗う等の洗浄措置を講じること。高濃度の汚染土壌等を取り扱った場合は、飲食前

に身体等の汚染検査を行うこと。
⑤ 作業中に使用したマスクは、飲食・喫煙中に放射性物質が内面に付着しないように保管するか、廃棄すること。なお、廃棄する前には、スクリーニング検査のために、マスク表面の事故由来放射性物質の表面密度を測定すること。
⑥ 作業中の水分補給については、熱中症予防等のためやむを得ない場合に限るものとし、作業場所の風上に移動した上で、手袋を脱ぐ等の汚染防止措置を行った上で行うこと。

イ 第18条第1項でいう「労働者へ明示」は、書面の交付、掲示等によること。

第4節 特別の教育

（除染等業務に係る特別の教育）
第19条 事業者は、除染等業務に労働者を就かせるときは、当該労働者に対し、次の各号に掲げる科目について、特別の教育を行わなければならない。
1　電離放射線の生体に与える影響及び被ばく線量の管理の方法に関する知識
2　除染等作業の方法に関する知識
3　除染等作業に使用する機械等の構造及び取扱いの方法に関する知識（特定汚染土壌等取扱業務に労働者を就かせるときは、特定汚染土壌等取扱作業に使用する機械等の名称及び用途に関する知識に限る。）
4　関係法令
5　除染等作業の方法及び使用する機械等の取扱い（特定汚染土壌等取扱業務に労働者を就かせるときは、特定汚染土壌等取扱作業の方法に限る。）
② 労働安全衛生規則（昭和47年労働省令第32号）第37条及び第38条並びに前項に定めるほか、同項の特別の教育の実施について必要な事項は、厚生労働大臣が定める。

○特別の教育（第19条関係）

ア 第19条第1項は、特定汚染土壌等取扱業務に従事する者に対し、除染電離則で定める措置を適切に実施するために必要とされる知識及び実技の科目について特別の教育を実施することを義務付けたものであること。
イ 第19条第2項の厚生労働大臣が定める事項については、特別教育規程によること。
ウ 第1項第1号から第4号までが学科教育、同項第5号が実技教育であり、その範囲及び時間については、特別教育規程第2条及び第3条によること。第3号及び第5号については、特定汚染土壌等取扱業務で扱う機械等の運転には労働安全衛生法（昭和47年法律第57号）第61条に定める技能講習の修了等が必要であることがほとんどであることを踏まえ、運転業務に関する部分等を除いたものであること。
なお、労働安全衛生規則（昭和47年労働省令第32号）第35条第2項の規定により、教育の事項のうち全部又は一部に関し十分な知識及び技能を有していると認められる労

働者については、当該事項についての教育を省略できるものであること。
エ　第1項第1号から第4号までの学科教育の科目については、標準的なテキストを示す予定であり、また、第5号の実技教育の実施を支援する動画を公表していること。

第5節　健康診断

（健康診断）

第20条　事業者は、除染等業務に常時従事する除染等業務従事者に対し、雇入れ又は当該業務に配置替えの際及びその後6月以内ごとに1回、定期に、次の各号に掲げる項目について医師による健康診断を行わなければならない。
1　被ばく歴の有無（被ばく歴を有する者については、作業の場所、内容及び期間、放射線障害の有無、自覚症状の有無その他放射線による被ばくに関する事項）の調査及びその評価
2　白血球数及び白血球百分率の検査
3　赤血球数の検査及び血色素量又はヘマクリット値の検査
4　白内障に関する眼の検査
5　皮膚の検査

② 前項の規定にかかわらず、同項の健康診断（定期のものに限る。以下この項において同じ。）を行おうとする日の属する年の前年1年間に受けた実効線量が5ミリシーベルトを超えず、かつ、当該健康診断を行おうとする日の属する1年間に受ける実効線量が5ミリシーベルトを超えるおそれのない者に対する当該健康診断については、同項第2号から第5号までに掲げる項目は、医師が必要と認めないときには、行うことを要しない。

○健康診断（第20条関係）

ア　第20条に規定する健康診断は、除染等業務従事者の健康状態を継続的に把握することにより、当該除染業務従事者に対する労働衛生管理を適切に実施するために行うものであること。

イ　（編注：特定汚染土壌取扱業務の場合）第20条に規定する健康診断は、特定汚染土壌等取扱業務に2.5マイクロシーベルト毎時を超える場所で従事させる場合に、当該従事者の健康状態を継続的に把握することにより、当該従事者に対する労働衛生管理を適切に実施するために行うものであること。

ウ　第1項において、雇入れ又は配置替えの際に、原則として同項各号に掲げる検査を行わせることとされているのは、労働者が除染等業務に従事した後において、電離放射線による影響と同種の影響が生じた場合に、それが除染等業務に起因するものかどうかを判断する上で、また、当該労働者が除染等業務に従事した後において、当該除染等業務に従事することによってどの程度の影響を受けたかを知る上で、必要とされることによるものであること。

エ　第1項第1号の「自覚症状の有無」及び「評価」は、同項第2号から第5号までの各検査項目の省略の可否を医師が適切に判断できるように設けられているものであること。

オ　第2項については、定期健康診断日の属する年の前年「1年間」（事業者が事業場ごとに定める日を始期とする1年間）に受けた実効線量が5ミリシーベルトを超えず、当該定期健康診断日の属する「1年間」に5ミリシーベルトを超えるおそれのない労働者に対しては、定期健康診断は原則として第1項第1号のみを行えばよく、同項第1号の検査の結果、同項第2号から第5号までの検査の一部又は全部について医師が必要と認めるときに限り当該検査を実施すれば足りるものであること。

カ　第2項の「5ミリシーベルトを超えるおそれのない」ことの判断に当たっては、個人の被ばく歴及び今後予定される業務内容、作業頻度等から合理的に判断すれば足りるものであること。

キ　第1項第1号の調査項目、第2号から第5号までの健康診断の省略の可否の判断については、「電離放射線障害防止規則第56条に規定する健康診断における被ばく歴の有無の調査の調査項目の詳細事項について」（平成13年6月22日基安労発第18号）を参考にすること。

ク　除染等業務に常時従事しない除染等業務従事者についても、雇入れ又は当該業務に配置替えの際に、第20条第1項第1号の被ばく歴の有無の調査及びその評価を実施することが望ましいこと。

ケ　特定汚染土壌等取扱業務に常時従事しない特定汚染土壌等取扱業務従事者についても、雇入れ又は当該業務に配置替えの際に、第1項第1号の被ばく歴の有無の調査及びその評価を実施することが望ましいこと。

（健康診断の結果の記録）
第21条　事業者は、前条第1項の健康診断（法第66条第5項ただし書の場合において当該除染等業務従事者が受けた健康診断を含む。以下「除染等電離放射線健康診断」という。）の結果に基づき、除染等電離放射線健康診断個人票（様式第2号）を作成し、これを30年間保存しなければならない。ただし、当該記録を5年間保存した後又は当該除染等業務従事者に係る記録を当該除染等業務従事者が離職した後において、厚生労働大臣が指定する機関に引き渡すときは、この限りでない。

○健康診断結果の記録（第21条関係）
　第21条は、放射線による確率的影響は晩発性であることに鑑みて、健康診断結果の記録の保存年限を30年間とし、また、被ばく限度が5年間につき100ミリシーベルトであることから、最低限5年間は事業者において記録を保管することを義務付けていたところであるが、地域によっては除染等業務が今後5年間継続して実施されるとは限らないこと

を踏まえ、今回の改正により、除染等業務従事者が離職した後には、厚生労働大臣が指定する機関に当該従事者に係る記録を引き渡すことを可能としたこと。

（健康診断の結果についての医師からの意見聴取）

第22条 除染等電離放射線健康診断の結果に基づく法第66条の4の規定による医師からの意見聴取は、次の各号に定めるところにより行わなければならない。

1 除染等電離放射線健康診断が行われた日（法第66条第5項ただし書の場合にあっては、当該除染等業務従事者が健康診断の結果を証明する書面を事業者に提出した日）から3月以内に行うこと。

2 聴取した医師の意見を除染等電離放射線健康診断個人票に記載すること。

○健康診断の結果についての医師からの意見聴取（第22条関係）

　医師からの意見聴取は労働者の健康状態から緊急に労働安全衛生法（昭和47年法律第57号）第66条の5第1項の措置を講ずべき必要がある場合には、できるだけ速やかに行う必要があること。また、意見聴取は、事業者が意見を述べる医師に対し、健康診断の個人票の様式の「医師の意見欄」に当該意見を記載させ、これを確認することとすること。

（健康診断の結果の通知）

第23条 事業者は、除染等電離放射線健康診断を受けた除染等業務従事者に対し、遅滞なく、当該除染等電離放射線健康診断の結果を通知しなければならない。

○健康診断の結果の通知（第23条関係）

　「遅滞なく」とは、事業者が、健康診断を実施した医師、健康診断機関等から結果を受け取った後、速やかにという趣旨であること。

（健康診断結果報告）

第24条 事業者は、除染等電離放射線健康診断（定期のものに限る。）を行ったときは、遅滞なく、除染等電離放射線健康診断結果報告書（様式第3号）を所轄労働基準監督署長に提出しなければならない。

○健康診断結果報告（第24条関係）

　第24条による報告は、事業の規模にかかわりなく、報告しなければならないこと。

> (健康診断等に基づく措置)
> **第25条** 事業者は、除染等電離放射線健康診断の結果、放射線による障害が生じており、若しくはその疑いがあり、又は放射線による障害が生ずるおそれがあると認められる者については、その障害、疑い又はおそれがなくなるまで、就業する場所又は業務の転換、被ばく時間の短縮、作業方法の変更等健康の保持に必要な措置を講じなければならない。

○健康診断等に基づく措置(第25条関係)
ア 第25条の「障害が生じており」、「その疑いがあり」及び「障害が生ずるおそれがある」の判断は、健康診断を行った医師が行うものであること。
イ 「その疑いがあり」とは、現在、異常所見が認められるが、それが除染等業務に従事した結果生じたものであるかどうか判断することが困難な場合等をいうこと。
ウ 「障害が生ずるおそれがある」とは、現在、異常所見は認められないが、その労働者が受けた線量当量から考えて障害が生ずる可能性があるとか、現在の健康状態から考えて新たに又は今後引き続き除染等業務に従事することによって障害が生ずる可能性がある等の場合をいうこと。

第3章 特定線量下業務における電離放射線障害の防止
第1節 線量の限度及び測定

> (特定線量下業務従事者の被ばく限度)
> **第25条の2** 事業者は、特定線量下業務従事者の受ける実効線量が5年間につき100ミリシーベルトを超えず、かつ、1年間につき50ミリシーベルトを超えないようにしなければならない。
> ② 事業者は、前項の規定にかかわらず、女性の特定線量下業務従事者(妊娠する可能性がないと診断されたもの及び次条に規定するものを除く。)の受ける実効線量については、3月間につき5ミリシーベルトを超えないようにしなければならない。

○特定線量下業務従事者の被ばく限度(第25条の2関係)
ア 第25条の2に定める被ばく限度は、第3条と同様に、電離則第4条に定める放射線業務従事者の被ばく限度と同じ被ばく限度を採用したものであること。また、特定線量下業務では、汚染土壌等を取り扱わないため、内部被ばくに係る限度は設定していないこと。
イ 第1項の「5年間」については、異なる複数の事業場において特定線量下業務に従事する労働者の被ばく線量管理を適切に行うため、全ての特定線量下業務を事業として行う事業場において統一的に平成24年1月1日を始期とし、「平成24年1月1日から平成28年12月31日まで」とすること。平成24年1月1日から平成28年12月31日

までの間に新たに除染等業務を事業として実施する事業者についても同様とし、この場合、事業を開始した日から平成28年12月31日までの残り年数に20ミリシーベルトを乗じた値を、平成28年12月31日までの第1項の被ばく線量限度とみなして関係規定を適用すること。

ウ　第1項の「1年間」については、「5年間」の始期の日を始期とする1年間であり、「平成24年1月1日から平成24年12月31日まで」とすること。ただし、平成23年3月11日以降に受けた線量は、平成24年1月1日に受けた線量とみなして合算する必要があること。

　なお、特定線量下業務については、平成24年1月1日以降、平成24年6月30日までに受けた線量を把握している場合は、それを平成24年7月1日以降に被ばくした線量に合算して被ばく管理を行う必要があること。

エ　事業者は、「1年間」又は「5年間」の途中に新たに自らの事業場において特定線量下業務に従事することとなった労働者について、当該「5年間」の始期より当該特定線量下業務に従事するまでの被ばく線量を当該労働者が前の事業者から交付された線量の記録（労働者がこれを有していない場合は前の事業場から再交付を受けさせること。）により確認すること。

　なお、イ及びウに関わらず、放射線業務を主として行う事業者については、事業場で統一された別の始期により被ばく線量管理を行って差し支えないこと。

オ　実効線量が1年間に20ミリシーベルトを超える労働者を使用する事業者に対しては、作業環境、作業方法及び作業時間等の改善により当該労働者の被ばくの低減を図る必要があること。

カ　上記イ及びウの始期については、特定線量下業務従事者に周知させる必要があること。

○女性の被ばく限度（第25条の2第2項関係）

ア　第2項については、妊娠に気付かない時期の胎児の被ばくを特殊な状況下での公衆の被ばくと同等程度以下となるようにするため、「3月間につき5ミリシーベルト」としたこと。なお、「3月間につき5ミリシーベルト」とは、「5年間につき100ミリシーベルト」を3月間に割り振ったものであること。

イ　「3月間」の最初の「3月間」の始期は第1項の「1年間」の始期と同じ日にすること。「1年間」の始期は「1月1日」であるので、「3月間」の始期は「1月1日、4月1日、7月1日及び10月1日」となること。

ウ　イの始期については、特定線量下業務従事者に周知させる必要があること。

エ　第2項の「妊娠する可能性がない」との医師の診断を受けた女性についての実効線量の限度は第1項によることとなるが、当該診断の確認については、当該診断を受けた女性の任意による診断書の提出によることとし、当該女性が当該診断書を事業者に提出する義務を負うものではないこと。

> **第 25 条の 3** 事業者は、妊娠と診断された女性の特定線量下業務従事者の腹部表面に受ける等価線量が、妊娠中につき 2 ミリシーベルトを超えないようにしなければならない。

○被ばく限度（第 25 条の 3 関係）
　妊娠と診断された女性については、胎児の被ばくを公衆の被ばくと同等程度以下になるようにするため、他の労働者より厳しい限度を適用することとしたこと。

> （線量の測定）
> **第 25 条の 4** 事業者は、特定線量下業務従事者が特定線量下作業により受ける外部被ばくによる線量を測定しなければならない。
> ② 前項の規定による外部被ばくによる線量の測定は、1 センチメートル線量当量について行うものとする。
> ③ 第 1 項の規定による外部被ばくによる線量の測定は、男性又は妊娠する可能性がないと診断された女性にあっては胸部に、その他の女性にあっては腹部に放射線測定器を装着させて行わなければならない。
> ④ 特定線量下業務従事者は、除染特別地域等内における特定線量下作業を行う場所において、放射線測定器を装着しなければならない。

○線量の測定（第 25 条の 4 関係）
ア　第 1 項の「特定線量下作業により受ける外部被ばく」とは、特定線量下作業に従事する間（拘束時間）における外部被ばくであり、いわゆる生活時間における被ばくについては含まれないこと。
イ　第 2 項の「1 センチメートル線量当量」は、セシウム 134 及びセシウム 137 による被ばくが 1 センチメートル線量当量による測定のみで足りることから定められたものであること。
ウ　第 3 項に規定する部位に放射線測定器を装着するのは、当該部位に受けた 1 センチメートル線量当量から、実効線量及び女性の腹部表面の等価線量を算定するためであること。

> （線量の測定結果の確認、記録等）
> **第 25 条の 5** 事業者は、1 日における外部被ばくによる線量が 1 センチメートル線量当量について 1 ミリシーベルトを超えるおそれのある特定線量下業務従事者については、前条第 1 項の規定による外部被ばくによる線量の測定の結果を毎日確認しなければならない。

② 事業者は、前条第3項の規定による測定に基づき、次の各号に掲げる特定線量下業務従事者の線量を、遅滞なく、厚生労働大臣が定める方法により算定し、これを記録し、これを30年間保存しなければならない。ただし、当該記録を5年間保存した後又は当該特定線量下業務従事者に係る記録を当該特定線量下業務従事者が離職した後において、厚生労働大臣が指定する機関に引き渡すときは、この限りでない。
　1　男性又は妊娠する可能性がないと診断された女性の実効線量の3月ごと、1年ごと及び5年ごとの合計（5年間において、実効線量が1年間につき20ミリシーベルトを超えたことのない者にあっては、3月ごと及び1年ごとの合計）
　2　女性（妊娠する可能性がないと診断されたものを除く。）の実効線量の1月ごと、3月ごと及び1年ごとの合計（1月間に受ける実効線量が1.7ミリシーベルトを超えるおそれのないものにあっては、3月ごと及び1年ごとの合計）
　3　妊娠中の女性の腹部表面に受ける等価線量の1月ごと及び妊娠中の合計
③　事業者は、前項の規定による記録に基づき、特定線量下業務従事者に同項各号に掲げる線量を、遅滞なく、知らせなければならない。

○線量の測定結果の確認、記録等（第25条の5関係）

ア　第1項は、1日における外部被ばくによる線量が1センチメートル線量当量について1ミリシーベルトを超えるおそれのある特定線量下業務従事者については、3月ごと又は1月ごとの線量の確認では、その間に第25条の2及び第25条の3に規定する被ばく限度を超えて被ばくするおそれがあることから、線量測定の結果を毎日確認しなければならないこととしたものであること。このような特定線量下業務従事者については、警報装置付き放射線測定器を装着させる等により、一定限度の被ばくを避けるよう配慮する必要があること。

イ　第2項は、放射線による確率的影響は晩発性であることに鑑みて、保存年限を30年間とするとともに、5年間経過後又は特定線量下業務従事者の離職後に、厚生労働大臣が指定する機関に記録を引き渡すことを可能としたこと。
　なお、同項における「厚生労働大臣が指定する機関」については、別途指定する予定であること。

ウ　第2項第1号において、3月ごとの合計を算定、記録し、同項第2号及び第3号において女性（妊娠する可能性がないと診断されたものを除く。）について1月ごとの合計を算定、記録するのは、それぞれの被ばく線量限度を適用する期間より短い期間で線量の算定、記録を行うことにより、当該被ばく線量限度を超えないように管理するものであること。

エ　第2項第1号において、5年間のうちどの1年間についても実効線量が20ミリシーベルトを超えない者については、当該5年間の合計線量の確認、記録を要しないこととしているが、5年間のうち1年間でも20ミリシーベルトを超えた者については、それ

以降は、当該5年間の初めからの累積線量の確認、記録を併せて行うこと。
オ　第2項第1号の記録については、3月未満の期間を定めた労働契約又は派遣契約により労働者を使用する場合には、被ばく線量の算定を1月ごとに行い、記録すること。

第2節　特定線量下業務の実施に関する措置

（事前調査等）

第25条の6　事業者は、特定線量下業務を行うときは、当該業務の開始前及び開始後2週間ごとに、特定線量下作業を行う場所について、当該場所の平均空間線量率を調査し、その結果を記録しておかなければならない。

②　事業者は、労働者を特定線量下作業に従事させる場合には、当該作業の開始前及び開始後2週間ごとに、前項の調査が終了した年月日並びに調査の方法及び結果の概要を当該労働者に明示しなければならない。

〇事前調査（第25条の6関係）

ア　第25条の6は、特定線量下業務においては、製造業等の屋内作業、測量等の屋外作業等、作業内容が多様であるため、作業場ごとに放射線源の所在が異なるとともに、作業場の形状や作業内容により労働者ごとに被ばくの状況が異なるため、特定線量下業務を行うときに、作業場所について、当該作業の開始前及び同一の場所で継続して作業を行っている間2週間につき一度、平均空間線量率を調査し、その結果を記録することを義務付けたものであること。

イ　第25条の6の事前調査は、作業場所が2.5マイクロシーベルト毎時を超えて被ばく線量管理が必要か否かを判断するために行われるものであるため、文部科学省が公表している航空機モニタリング等の結果を踏まえ、事業者が、作業場所が明らかに2.5マイクロシーベルト毎時を超えていると判断する場合、作業場所に係る航空機モニタリング等の結果をもって平均空間線量率の測定に代えることができるとともに、作業場所における平均空間線量率が2.5マイクロシーベルト毎時を明らかに下回り、特定線量下業務に該当しないことを明確に判断できる場合にまで、作業前の測定を義務付ける趣旨ではないこと。

ウ　継続して作業を行っている間2週間につき一度行う測定については、天候等による測定値の変動を考慮し、測定値が2.5マイクロシーベルト毎時のおよそ9割を下回れば、その後の測定を行わなくても差し支えないこと。ただし、台風や洪水、地滑り等、周辺環境に大きな変化があった場合は、測定を実施する必要があること。

エ　第2項の事前調査の結果等の労働者への明示については、書面により行うこと。

> （診察等）
> **第25条の7** 事業者は、次の各号のいずれかに該当する特定線量下業務従事者に、速やかに、医師の診察又は処置を受けさせなければならない。
>   1 第25条の2第1項に規定する限度を超えて実効線量を受けた者
>   2 事故由来放射性物質を誤って吸入摂取し、又は経口摂取した者
>   3 洗身等により汚染を40ベクレル毎平方センチメートル以下にすることができない者
>   4 傷創部が汚染された者
> ② 事業者は、前項各号のいずれかに該当する特定線量下業務従事者があるときは、速やかに、その旨を所轄労働基準監督署長に報告しなければならない。

○診察等（第25条の7関係）
ア 第25条の7は、特定線量下業務従事者に放射線による障害が生ずるおそれがある場合に、医師の診察又は処置を受けさせることを義務付けたものであること。
イ 第1項第2号の「誤って吸入摂取し、又は経口摂取した者」とは、事故等で大量の土砂等に埋まったこと等により、大量の土砂や汚染水が口に入った者等、一定程度の内部被ばくが見込まれる者に限るものであること。

> **第3節 特別の教育**
> （特定線量下業務に係る特別の教育）
> **第25条の8** 事業者は、特定線量下業務に労働者を就かせるときは、当該労働者に対し、次の各号に掲げる科目について、特別の教育を行わなければならない。
>   1 電離放射線の生体に与える影響及び被ばく線量の管理の方法に関する知識
>   2 放射線測定の方法等に関する知識
>   3 関係法令
> ② 労働安全衛生規則第37条及び第38条並びに前項に定めるほか、同項の特別の教育の実施について必要な事項は、厚生労働大臣が定める。

○特別の教育（第25条の8関係）
ア 第25条の8は、特定線量下業務に従事する者に対し、除染電離則で定める措置を適切に実施するために必要とされる知識について特別の教育を実施することを義務付けたものであること。
イ 第25条の8第2項の厚生労働大臣が定める事項については、特別教育規程によること。
ウ 第1項第1号から第3号のいずれもが学科教育であり、その範囲及び時間については、特別教育規程第5条によること。

エ　第1項第1号から第3号までの学科教育の科目については、標準的なテキストを示す予定であること。

> **第4節　被ばく歴の調査**
> **第25条の9**　事業者は、特定線量下業務従事者に対し、雇入れ又は特定線量下業務に配置換えの際、被ばく歴の有無（被ばく歴を有する者については、作業の場所、内容及び期間その他放射線による被ばくに関する事項）の調査を行い、これを記録し、これを30年間保存しなければならない。ただし、当該記録を5年間保存した後又は当該特定線量下業務従事者に係る記録を当該特定線量下業務従事者が離職した後において、厚生労働大臣が指定する機関に引き渡すときは、この限りでない。

○被ばく歴の調査（第25条の9関係）
　第29条の9による被ばく歴の調査は、事業者が、特定線量下業務従事者の過去の被ばく歴を把握するために義務付けたものであること。なお、除染等業務従事者については、第20条第1項第1号の被ばく歴の有無の項目により把握されるものであること。

> **第4章　雑則**
> （放射線測定器の備付け）
> **第26条**　事業者は、この省令で規定する義務を遂行するために必要な放射線測定器を備えなければならない。ただし、必要の都度容易に放射線測定器を利用できるように措置を講じたときは、この限りでない。

○放射線測定器の備付け（第26条関係）
　第26条ただし書の「必要の都度容易に放射線測定器を利用できるように措置を講じたとき」には、その事業場に地理的に近い所に備え付けられている放射線測定器を必要の都度使用し得るように契約を行ったとき等があること。

> （記録等の引渡し等）
> **第27条**　第6条第2項、第25条の5第2項又は第25条の9の記録を作成し、保存する事業者は、事業を廃止しようとするときは、当該記録を厚生労働大臣が指定する機関に引き渡すものとする。
> ②　第6条第2項、第25条の5第2項又は第25条の9の記録を作成し、保存する事業者は、除染等業務従事者又は特定線量下業務従事者が離職するとき又は事業を廃止しようとするときは、当該除染等業務従事者又は当該特定線量下業務従事者に対し、当該記録の写しを交付しなければならない。

> **第28条** 除染等電離放射線健康診断個人票を作成し、保存する事業者は、事業を廃止しようとするときは、当該除染等電離放射線健康診断個人票を厚生労働大臣が指定する機関に引き渡すものとする。
> ② 除染等電離放射線健康診断個人票を作成し、保存する事業者は、除染等業務従事者が離職するとき又は事業を廃止しようとするときは、当該除染等業務従事者に対し、当該除染等電離放射線健康診断個人票の写しを交付しなければならない。

○記録の引渡し等（第27条及び第28条関係）
ア 有期労働契約又は派遣契約を締結した除染等業務従事者については、第6条に定める事項のほか、当該契約期間の満了日までの当該者の線量の記録を作成し、当該者が離職するときに、当該者に当該記録の写しを交付すること。
イ 除染等業務に常時従事しない除染等業務従事者について、第20条の健康診断を実施した場合には、除染等電離放射線健康診断個人票を作成し、当該者が離職するときは、当該者に当該個人票の写しを交付すること。

> （調整）
> **第29条** 除染等業務従事者又は特定線量下業務従事者のうち電離則第4条第1項の放射線業務従事者若しくは同項の放射線業務従事者であった者、電離則第7条第1項の緊急作業に従事する放射線業務従事者及び同条第3項（電離則第62条の規定において準用する場合を含む。）の緊急作業に従事する労働者（以下この項においてこれらの者を「緊急作業従事者」という。）若しくは緊急作業従事者であった者又は電離則第8条第1項（電離則第62条の規定において準用する場合を含む。）の管理区域に一時的に立ち入る労働者（以下この項において「一時立入労働者」という。）若しくは一時立入労働者であった者が放射線業務従事者、緊急作業従事者又は一時立入労働者として電離則第2条第3項の放射線業務に従事する際、電離則第7条第1項の緊急作業に従事する際又は電離則第3条第1項に規定する管理区域に一時的に立ち入る際に受ける又は受けた線量については、除染特別地域等内における除染等作業又は特定線量下作業により受ける線量とみなす。
> ② 除染等業務従事者のうち特定線量下業務従事者又は特定線量下業務従事者であった者が特定線量下業務従事者として特定線量下業務に従事する際に受ける又は受けた線量については、除染特別地域等内における除染等作業により受ける線量とみなす。
> ③ 特定線量下業務従事者のうち除染等業務従事者又は除染等業務従事者であった者が除染等業務従事者として除染等業務に従事する際に受ける又は受けた線量については、除染特別地域等内における特定線量下作業により受ける線量とみなす。
> **第30条** 除染等業務に常時従事する除染等業務従事者のうち、当該業務に配置替え

となる直前に電離則第4条第1項の放射線業務従事者であった者については、当該者が直近に受けた電離則第56条第1項の規定による健康診断(当該業務への配置替えの日前6月以内に行われたものに限る。)は、第20条第1項の規定による配置替えの際の健康診断とみなす。

○調整
(第29条関係)
ア 第1項の規定は、電離則第2条第3項の放射線業務により受けた線量は、除染等業務又は特定線量下業務における線量とみなし、除染等作業による被ばくと合算して、第3条及び第4条並びに第25条の2及び第25条の3の被ばく限度を超えないようにすることを義務付けたものであること。また、除染電離則の施行前に行われた除染等作業により労働者が受けた線量についても、合算する必要があること。
イ 第2項及び第3項の規定は、特定線量下業務により受けた線量は除染等業務における線量とみなし、除染等業務により受けた線量は特定線量下業務における線量とみなして、それぞれ第3条及び第4条並びに第25条の2及び第25条の3の被ばく限度を超えないようにすることを義務付けたものであること。

(第30条関係)
　除染等業務に配置替えとなる直前に電離則の放射線業務に常時従事し、かつ、管理区域に立ち入る労働者であった者が直近に受けた電離則第56条第1項の規定による健康診断（6月以内に行われたものに限る。）については、除染電離則第20条第1項の規定による配置換えの際の健康診断とみなされること。この場合には、当該電離則第56条第1項の規定による健康診断が実施された日から6月以内に、除染電離則第20条第1項の規定による定期健康診断を実施する必要があること。

附　則

(施行期日)
第1条　この省令は、平成24年7月1日から施行する。

> (電離放射線障害防止規則の一部改正に伴う経過措置)
> **第4条** 前条の規定の施行の際現に電離放射線障害防止規則第3条第1項に規定する管理区域(東京電力株式会社福島第一原子力発電所に属する原子炉施設(核原料物質、核燃料物質及び原子炉の規制に関する法律(昭和32年法律第166号)第43条の3の5第2項第5号に規定する発電用原子炉施設をいう。)並びに蒸気タービン及びその附属設備又はその周辺の区域であって、その平均空間線量率が0.1ミリシーベルト毎時を超えるおそれのある場所(以下「特定施設等」という。)に限る。)において行われる前条の規定による改正前の電離放射線障害防止規則(以下「旧電離則」という。)第2条第3項の放射線業務に係る旧電離則の規定(旧電離則第31条、第32条及び第44条(同条第1項第4号に係る部分に限る。)を除く。)については、前条の規定による改正後の電離放射線障害防止規則第2条第3項の規定にかかわらず、なお従前の例による。

○電離放射線障害防止規則の一部改正に伴う経過措置

　原始附則第4条の改正により、除染電離則の施行の際現に電離則第3条第1項に規定する管理区域のうち、東京電力福島第一原子力発電所に属する原子炉施設並びに蒸気タービン及びその附属設備又はその周辺の区域であって、その平均空間線量率が0.1ミリシーベルト毎時を超えるおそれのある場所(以下「特定施設等」という。)については、(1)の改正後の電離則第2条第3項に関わらず、電離則が適用されること。このため、東京電力福島第一原子力発電所における特定施設等以外の場所については、除染電離則が適用されること。

　なお、除染特別地域等においてエックス線装置等の管理された放射線源による放射線により電離則第3条の管理区域設定基準を超えた区域については、除染電離別の除染等業務及び特定線量下業務が事故由来放射性物質に関するものに限定されていることから除染電離則の適用はなく、改正後の電離則第2条第3項により、引き続き電離則第3条の管理区域となること。

> (特定施設等において放射性物質を取り扱う作業に労働者を従事させる事業者に関する特例)
> **第4条の2** 特定施設等において電離放射線障害防止規則第2条第2項の放射性物質を取り扱う作業に労働者を従事させる事業者については、第11条（同条第1項第3号に係る部分に限る。）、第14条及び第15条（同条第1項ただし書を除く。）の規定を適用する。この場合において、第11条第1項中「除染等業務従事者」とあるのは「電離則第4条第1項の放射線業務従事者（次項及び第14条において単に「放射線業務従事者」という。）」と、同条第2項中「除染等業務従事者」とあるのは「放射線業務従事者」と、第14条第1項中「除染等業務が」とあるのは「密封されていない電離則第2条第2項の放射性物質を取り扱う作業が」と、「除染等作業」とあるのは「密封されていない放射性物質を取り扱う作業」と、「除染等業務従事者」とあるのは「放射線業務事業者」と、同条第2項及び第3項中「除染等業務従事者」とあるのは「放射線業務従事者」と、第15条第1項本文中「除染等業務」とあるのは「密封されていない電離則第2条第2項の放射性物質を取り扱う作業」と、同条第2項ただし書中「第13条第1項本文」とあるのは「電離則第37条第1項本文」と、「除染等業務」とあるのは「密封されていない電離則第2条第2項の放射性物質を取り扱う作業」とする。

○特定施設等において放射性物質を取り扱う作業に労働者を従事させる事業者に関する特例
　原始附則第4条の2は、東京電力福島第一原子力発電所の特定施設等において非密封線源を取り扱う作業を行った場合、事業者に、除染電離則第14条及び第15条に基づく汚染検査を実施することを義務付けるものであること。

(3) 東日本大震災により生じた放射性物質により汚染された土壌等を除染するための業務等に係る電離放射線障害防止規則第2条第7項等の規定に基づく厚生労働大臣が定める方法、基準及び区分（告示）（基準告示）

(平成23年厚生労働省告示第468号　改正：平成24年厚生労働省告示第391号)

(除去土壌等の放射能濃度を求める方法)

第1条　東日本大震災により生じた放射性物質により汚染された土壌等を除染するための業務等に係る電離放射線障害防止規則（以下「除染則」という。）第2条第7項第2号イの厚生労働大臣が定める方法は、次の各号に定めるところにより行うものとする。

1　試料（除染則第2条第7項第2号イに規定する除去土壌のうち最も放射能濃度が高いと見込まれるものをいう。次号において同じ。）について作業環境測定基準（昭和51年労働省告示第46号）第9条第1項第2号に規定する方法により分析し、当該試料の放射能濃度を測定すること。

2　前号の規定にかかわらず、試料の表面の線量率と放射能濃度との間に相関関係があると認められる場合にあっては、次のイからハまでに定めるところにより算定することができること。

　イ　試料を容器等に入れ、その重量を測定すること。
　ロ　イの容器等の表面の線量率の最大値を測定すること。
　ハ　イにより測定した重量及びロにより測定した線量率から、試料の放射能濃度を算定すること。

② 　前項の規定は、除染則第2条第7項第2号ロの厚生労働大臣が定める方法について準用する。

③ 　第1項の規定は、除染則第2条第7項第3号の厚生労働大臣が定める方法について準用する。この場合において、第1項中「第2条第7項第2号イ」とあるのは「第2条第7項第3号」と、「ものとする」とあるのは「ものとする。ただし、同条第8項に規定する平均空間線量率が2.5マイクロシーベルト毎時以下の場所（森林（森林法（昭和26年法律第249号）第2条第1項に規定する森林をいう。）、農地（農地法（昭和27年法律第229号）第2条第1項に規定する農地をいう。）等に限る。）における除染則第2条第7項第3号の汚染土壌等に係る放射能濃度を測定する場合において、その放射能濃度が当該場所の態様その他の状況から判断して当該場所における空間線量率に比例すると認められるときには、当該平均空間線量率の測定結果その他の数値を用いた合理的な方法により当該汚染土壌等の放射能濃度を算定することができる」と読み替えるものとする。

④ 　第1項の規定は、除染則第5条第2項第1号の厚生労働大臣が定める方法について準用する。この場合において、第1項第1号中「除去土壌」とあるのは「汚染土壌等又は除去土壌若しくは汚染廃棄物」と読み替えるものとする。

⑤ 　第3項の規定は、除染則第7条第1項第3号の厚生労働大臣が定める方法について準用する。この場合において、第3項において読み替えて準用する第1項第1号中「特定汚染土壌等」とあるのは「汚染土壌等又は除去土壌若しくは汚染廃棄物」と読み替え

るものとする。
⑥ 第３項の規定により読み替えられた第１項の規定は、除染則第７条第２項の規定に基づき調査する同条第１項第３号に掲げる事項の厚生労働大臣が定める方法について準用する。

（平均空間線量率の計算方法）
第２条 除染則第２条第８項の厚生労働大臣が定める方法は、次の各号に定めるところにより算定するものとする。
1 測定点は、次のいずれかの位置とすること。
　イ 除染等作業（除染則第７条第１項に規定する特定汚染土壌等取扱作業を除く。）を行う作業場の区域（当該作業場の面が1,000平方メートルを超える場合にあっては、当該作業場を1,000平方メートル以下の区域に区分したそれぞれの区域をいう。）の形状が次の表の上欄（編注：左欄）に掲げる場合に応じ、それぞれ同表の下欄（編注：右欄）の位置

1 正方形又は長方形の場合	正方形又は長方形の頂点及び当該正方形又は長方形の２つの対角線の交点の地上１メートルの位置
2 1以外の場合	区域の外周をほぼ４等分した点及びこれらの点により構成される四角形の２つの対角線の交点の地上１メートルの位置

　ロ 除染等作業（特定汚染土壌等取扱作業に限る。）又は特定線量下作業を行う作業場の区域のうち、最も空間線量率が高いと見込まれる３地点の地上１メートルの位置。
2 除染則第２条８項に規定する平均空間線量率は、第１号又は前号の全ての測定点において測定した空間線量率を平均したものとすること。
3 作業場の特定の場所に事故由来放射性物質が集中している場合その他の作業場における空間線量率に著しい差が生じていると見込まれる場合にあっては、前号の規定にかかわらず、除染則第２第８項に規定する平均空間線量率は、次の式により計算することにより算定すること。

$$R = \frac{(\sum_{i=1}^{n}(B^i \times WH^i) + A \times (WH - \sum_{i=1}^{n}(WH^i)))}{WH}$$

この式において、R、n、A、B^i、WH^i及びWHは、それぞれ次の値を表すものとする。
　R　平均空間線量率（単位　マイクロシーベルト毎時）
　n　空間線量率が高いと見込まれる場所の付近の地上１メートルの位置（以下「特定測定点」という。）の数
　A　第２号の規定により算定された平均空間線量率（単位　マイクロシーベルト毎時）
　B^i　各特定測定点における空間線量率の値とし、当該値を代入してRを計算するもの

WH_i　各特定測定点の付近において除染等業務を行う除染等業務従事者のうち最も被ばく線量が多いと見込まれる者の当該場所における1日の労働時間（単位　時間）

WH　当該除染等業務従事者の1日の労働時間（単位　時間）

4　空間線量率の測定に用いる測定機器については、作業環境測定基準第8条の表の下欄に掲げる測定機器を使用すること。

（内部被ばくに係る検査の方法）

第3条　除染則第5条第2項第2号の厚生労働大臣が定める方法は、次の各号のいずれかとする。

1　1日の作業の終了時において、防じんマスクに付着した事故由来放射性物質の表面密度を放射線測定器を用いて測定すること。

2　1日の作業の終了時において、鼻腔内に付着した事故由来放射性物質の表面密度を放射線測定器を用いて測定すること。

（内部被ばくによる線量の測定の基準）

第4条　除染則第5条第3項の厚生労働大臣が定める基準は、防じんマスク又は鼻腔内に付着した事故由来放射性物質の表面密度から算定した除染等業務従事者が1日の作業終了時において除染等作業により受ける内部被ばくによる線量の合計が3月間に換算して1ミリシーベルトを十分下回る場合の数値であることとする。

（外部被ばくによる線量の測定方法）

第5条　除染則第5条第6項の厚生労働大臣が定める方法は、次の各号のいずれかとする。

1　同一の作業場における除染等業務従事者（平均空間線量率が2.5マイクロシーベルト毎時以下の場所においてのみ除染則第2条第7項第3号に規定する特定汚染土壌等取扱業務に従事する者を除く。次号において同じ。）のうち、当該作業場における除染等作業により受ける外部被ばくによる線量の合計が平均的な数値であると見込まれる者について除染則第5条第1項の規定により外部被ばくによる線量の測定を行い、当該測定の結果を、当該作業場における全ての除染等業務従事者の外部被ばくによる線量とみなす方法

2　第2条に規定する方法により算定された平均空間線量率に除染等業務従事者ごとの1日の労働時間を乗じて得られた値を当該者の外部被ばくによる線量とみなす方法

（内部被ばくによる線量の計算方法）

第6条　除染則第5条第7項の厚生労働大臣が定める方法は、昭和63年労働省告示第

93号(電離放射線障害防止規則第3条第3項並びに第8条第6項及び第9条第2項の規定に基づき厚生労働大臣が定める限度及び方法を定める件。以下「昭和63年労働省告示」という。)別表第1の第1欄に掲げる核種及び化学形等ごとに、次の式により内部被ばくによる実効線量を計算する方法とする。この場合において、吸入摂取し、又は経口摂取した事故由来放射性物質が2種類以上であるときは、それぞれの事故由来放射性物質ごとに計算した実効線量を加算することとする。

$$Ei = eI$$

この式において、Ei、e及びIは、それぞれ次の値を表すものとする。
- Ei　内部被ばくによる実効線量(単位　ミリシーベルト)
- e　昭和63年労働省告示別表第1の第1欄に掲げる核種及び化学形等に応じ、吸入摂取の場合にあっては同表の第2欄、経口摂取の場合にあっては同表の第3欄に掲げる実効線量係数(単位　ミリシーベルト毎ベクレル)
- I　吸入摂取し、又は経口摂取した事故由来放射性物質の量(単位　ベクレル)

(除染等業務に係る線量の算定方法)

第7条　除染則第6条第2項の厚生労働大臣が定める方法は、次の各号に定めるところにより算定するものとする。

1　実効線量の算定は、外部被ばくによる1センチメートル線量当量を外部被ばくによる実効線量とし、当該外部被ばくによる実効線量と前条の規定により計算した内部被ばくによる実効線量とを加算することにより行うこと。ただし、除染則第5条第5項の規定により、同項に掲げる部位に放射線測定器を装着させて行う測定を行った場合にあっては、当該部位における1センチメートル線量当量を用いて適切な方法により計算した値を外部被ばくによる実効線量とすること。

2　等価線量の算定は、腹部における1センチメートル線量当量によって行うこと。

(作業内容の区分)

第8条　除染則第16条第1項の厚生労働大臣が定める区分は、次の表の上欄(編注:左欄)に掲げるものとし、同項の保護具は同表の上欄(編注:左欄)に掲げる区分に応じ、それぞれ同表の下欄(編注:右欄)に掲げるもの又はそれと同等以上のものとする。

区　分	保　護　具
除染則第5条第2項第1号に規定する高濃度汚染土壌(以下この条において単に「高濃度汚染土壌等」という。)を取り扱う作業であって、粉じん濃度が10ミリグラム毎立方メートルを超える場所において行うもの	粒子捕集効率が95パーセント以上の防じんマスク、全身化学防護服(長袖の衣服の上から着用する衣服をいう。)、長袖の衣服並びに不浸透性の保護手袋及び長靴

高濃度汚染土壌等を取り扱う作業であって、粉じん濃度が10ミリグラム毎立方メートル以下の場所において行うもの	粒子捕集効率が80パーセント以上の防じんマスク、長袖の衣服並びに不浸透性の保護手袋及び長靴
高濃度汚染土壌等以外の汚染土壌等又は除去土壌若しくは汚染廃棄物を取り扱う作業であって、粉じん濃度が10ミリグラム毎立方メートルを超える場所において行うもの	粒子捕集効率が80パーセント以上の防じんマスク、長袖の衣服、保護手袋及び不浸透性の長靴
高濃度汚染土壌等以外の汚染土壌等又は除去土壌若しくは汚染廃棄物を取り扱う作業であって、粉じん濃度が10ミリグラム毎立方メートル以下の場所において行うもの	長袖の衣服、保護手袋及び不浸透性の長靴

(特定線量下業務に係る線量の算定方法)

第9条 除染則第25条の5第2項の厚生労働大臣が定める方法は、次の各号の定めるところにより算定するものとする。

1 実効線量の算定は、外部被ばくによる1センチメートル線量当量によって行うこと。ただし、除染則第25条の4第3項の規定により、同項に掲げる部位に放射線測定器を装着させて行う測定を行った場合にあっては、当該部位における1センチメートル線量当量を用いて適切な方法により計算した値を実効線量とすること。

2 等価線量の算定は、腹部における1センチメートル線量当量によって行うこと。

(4) 除染等業務特別教育及び特定線量下業務特別教育規程（告示）

(平成23年厚生労働省告示第469号　改正：平成24年厚生労働省告示第392号)

(除染等業務に係る特別の教育の実施)

第1条　東日本大震災により生じた放射性物質により汚染された土壌等を除染するための業務等に係る電離放射線障害防止規則（以下「除染則」という。）第19条第1項の規定による特別の教育は、学科教育及び実技教育により行うものとする。

(除染等業務に係る学科教育)

第2条　前条の学科教育は、次の表の上欄（編注：左欄）に掲げる科目に応じ、それぞれ、同表の中欄に定める範囲について同表の下欄（編注：右欄）に定める時間以上行うものとする。

科目	範囲	時間
電離放射線の生体に与える影響及び被ばく線量の管理の方法に関する知識	除染等業務を行う者（除染則第2条第8項に規定する平均空間線量率が2.5マイクロシーベルト毎時以下の場所においてのみ同条第7項第3号に規定する特定汚染土壌等取扱業務（以下単に「特定汚染土壌等取扱業務」という。）を行う者（以下「線量管理外特定汚染土壌等取扱事業者」という。）を除く。）にあっては、次に掲げるもの 　電離放射線の種類及び性質　電離放射線が生体の細胞、組織、器官及び全身に与える影響　被ばく限度及び被ばく線量測定の方法　被ばく線量測定の結果の確認及び記録等の方法	1時間
	線量管理外特定汚染土壌等取扱事業者にあっては、次に掲げるもの 　電離放射線の種類及び性質　電離放射線が生体の細胞、組織、器官及び全身に与える影響　被ばく限度	1時間
除染等作業の方法に関する知識	土壌等の除染等の業務を行う者にあっては、次に掲げるもの 　土壌等の除染等の業務に係る作業の方法及び順序　放射線測定の方法　外部放射線による線量当量率の監視の方法　汚染防止措置の方法　身体等の汚染の状態の検査及び汚染の除去の方法　保護具の性能及び使用方法　異常な事態が発生した場合における応急の措置の方法	1時間
	除去土壌の収集、運搬又は保管に係る業務（以下「除去土壌の収集等に係る業務」という。）を行う者にあっては、次に掲げるもの 　除去土壌の収集等に係る業務に係る作業の方法及び順序　放射線測定の方法　外部放射線による線量当量率の監視の方法　汚染防止措置の方法　身体等の汚染の状態の検査及び汚染の除去の方法　保護具の性能及び使用方法　異常な事態が発生した場合における応急の措置の方法	1時間

除染等作業の方法に関する知識	汚染廃棄物の収集、運搬又は保管に係る業務（以下「汚染廃棄物の収集等に係る業務」という。）を行う者にあっては、次に掲げるもの 　汚染廃棄物の収集等に係る業務に係る作業の方法及び順序　放射線測定の方法　外部放射線による線量当量率の監視の方法　汚染防止措置の方法　身体等の汚染の状態の検査及び汚染の除去の方法　保護具の性能及び使用方法　異常な事態が発生した場合における応急の措置の方法	1時間
	特定汚染土壌等取扱業務を行う者（線量管理外特定汚染土壌等取扱事業者を除く。）にあっては、次に掲げるもの 　特定汚染土壌等取扱業務に係る作業の方法及び順序　放射線測定の方法　外部放射線による線量当量率の監視の方法　汚染防止措置の方法　身体等の汚染の状態の検査及び汚染の除去の方法　保護具の性能及び使用方法　異常な事態が発生した場合における応急の措置の方法	1時間
	線量管理外特定汚染土壌等取扱事業者にあっては、次に掲げるもの 　特定汚染土壌等取扱業務に係る作業の方法及び順序　放射線測定の方法　汚染防止措置の方法　身体等の汚染の状態の検査及び汚染の除去の方法　保護具の性能及び使用方法　異常な事態が発生した場合における応急の措置の方法	1時間
除染等作業に使用する機械等の構造及び取扱いの方法に関する知識（特定汚染土壌等取扱業務に労働者を就かせるときは、特定汚染土壌等取扱作業に使用する機械等の名称及び用途に関する知識に限る。）	土壌等の除染等の業務を行う者にあっては、次に掲げるもの 　土壌等の除染等の業務に係る作業に使用する機械等の構造及び取扱いの方法	1時間
	除去土壌の収集等に係る業務を行う者にあっては、次に掲げるもの 　除去土壌の収集等に係る業務に係る作業に使用する機械等の構造及び取扱いの方法	1時間
	汚染廃棄物の収集等に係る業務を行う者にあっては、次に掲げるもの 　汚染廃棄物の収集等に係る業務に係る作業に使用する機械等の構造及び取扱いの方法	1時間
	特定汚染土壌等取扱業務を行う者にあっては、当該業務に係る作業に使用する機械等の名称及び用途	30分
関係法令	労働安全衛生法（昭和四十七年法律第五十七号）、労働安全衛生法施行令（昭和四十七年政令第三百十八号）、労働安全衛生規則（昭和四十七年労働省令第三十二号）及び除染則中の関係条項	1時間

(除染等業務に係る実技教育)
第3条 第1条の実技教育は、次の表の上欄（編注：左欄）に掲げる科目に応じ、同表の中欄に定める範囲について同表の下欄（編注：右欄）に定める時間以上行うものとする。

科　目	範　囲	時間
除染等作業の方法及び使用する機械等の取扱い（特定汚染土壌等取扱業務に労働者を就かせるときは、除染等作業の方法に限る。）	土壌等の除染等の業務を行う者にあっては、次に掲げるもの　土壌等の除染等の業務に係る作業　放射線測定器の取扱い　外部放射線による線量当量率の監視　汚染防止措置　身体等の汚染の状態の検査及び汚染の除去　保護具の取扱い　土壌等の除染等の業務に係る作業に使用する機械等の取扱い	1時間30分
	除去土壌の収集等に係る業務を行う者にあっては、次に掲げるもの　除去土壌の収集等に係る業務に係る作業　放射線測定器の取扱い　外部放射線による線量当量率の監視　汚染防止措置　身体等の汚染の状態の検査及び汚染の除去　保護具の取扱い　除去土壌の収集等に係る業務に係る作業に使用する機械等の取扱い	1時間30分
	汚染廃棄物の収集等に係る業務を行う者にあっては、次に掲げるもの　汚染廃棄物の収集等に係る業務に係る作業　放射線測定器の取扱い　外部放射線による線量当量率の監視　汚染防止措置　身体等の汚染の状態の検査及び汚染の除去　保護具の取扱い　汚染廃棄物の収集等に係る業務に係る作業に使用する機械等の取扱い	1時間30分
	特定汚染土壌等取扱業務を行う者（線量管理外特定汚染土壌等取扱事業者を除く。）にあっては、次に掲げるもの　特定汚染土壌等取扱業務に係る作業　放射線測定器の取扱い　外部放射線による線量当量率の監視　汚染防止措置　身体等の汚染の状態の検査及び汚染の除去　保護具の取扱い	1時間
	線量管理外特定汚染土壌等取扱事業者にあっては、次に掲げるもの　特定汚染土壌等取扱業務に係る作業　放射線測定器の取扱い　汚染防止措置　身体等の汚染の状態の検査及び汚染の除去　保護具の取扱い	1時間

(特定線量下業務に係る特別の教育の実施)
第4条 除染則第25条の8第1項の規定による特別の教育は、学科教育により行うものとする。

(特定線量下業務に係る学科教育)
第5条 前条の学科教育は、次の表の上欄（編注：左欄）に掲げる科目に応じ、それぞれ、同表の中欄に定める範囲について同表の下欄（編注：右欄）に定める時間以上行うものとする。

科　目	範　囲	時間
電離放射線の生体に与える影響及び被ばく線量の管理の方法に関する知識	電離放射線の種類及び性質　電離放射線が生体の細胞、組織、器官及び全身に与える影響　被ばく限度及び被ばく線量測定の方法　被ばく線量測定の結果の確認及び記録等の方法	1時間
放射線測定の方法等に関する知識	放射線測定の方法　外部放射線による線量当量率の監視の方法　異常な事態が発生した場合における応急の措置の方法	30分
関係法令	労働安全衛生法、労働安全衛生法施行令、労働安全衛生規則及び除染則中の関係条項	1時間

参考資料3
除染等業務に従事する労働者の放射線障害防止のためのガイドライン

平成23年12月22日付け基発1222第6号
最終改正：平成26年11月18日付け基発1118第6号

第1 趣旨

　平成23年3月11日に発生した東日本大震災に伴う東京電力福島第一原子力発電所の事故により放出された放射性物質に汚染された土壌等の除染等の業務又は廃棄物収集等業務に従事する労働者の放射線障害防止については、「東日本大震災により生じた放射性物質により汚染された土壌等を除染するための業務等に係る電離放射線障害防止規則」（平成23年厚生労働省令第152号。以下「除染電離則」という。）を平成23年12月22日に公布し、平成24年1月1日より施行するとともに、本ガイドラインを定めたところである。

　今般、避難区域の線引きの変更に伴い、「平成23年3月11日に発生した東北地方太平洋沖地震に伴う原子力発電所の事故により放出された放射性物質による環境の汚染への対処に関する特別措置法」（平成23年法律第110号。以下「汚染対処特措法」という。）第25条第1項に規定する除染特別地域又は同法第32条第1項に規定する汚染状況重点調査地域（以下「除染特別地域等」という。）において、生活基盤の復旧、製造業等の事業、病院・福祉施設等の事業、営農・営林、廃棄物の中間処理、保守修繕、運送業務等が順次開始される見込みとなっており、これら業務に従事する労働者の放射線障害防止対策が必要となっている。

　この点に関し、改正前の除染電離則の適用を受ける事業者は、除染特別地域等において、「土壌等の除染等の業務又は廃棄物収集等業務を行う事業の事業者」と定められており、それ以外の復旧・復興作業を行う事業者は、除染電離則の適用がなかった。このため、これら復旧・復興作業の作業形態に応じ、適切に労働者の放射線による健康障害を防止するための措置を規定するため、除染電離則の一部を改正し、平成24年7月1日より施行することとし、併せて、本ガイドラインを改正する。

　このガイドラインは、改正除染電離則と相まって、除染等業務における放射線障害防止のより一層的確な推進を図るため、改正除染電離則に規定された事項のほか、事業者が実施する事項及び従来の労働安全衛生法（昭和47年法律第57号）及び関係法令において規定されている事項のうち、重要なものを一体的に示すことを目的とするものである。

　なお、このガイドラインは、労働者の放射線障害防止を目的とするものであるが、同時に、自営業、個人事業者、ボランティア等に対しても活用できることを意図している。

　事業者は、本ガイドラインに記載された事項を的確に実施することに加え、より現場の実態に即した放射線障害防止対策を講ずるよう努めるものとする。

第2 適用等

1　このガイドラインは、次に掲げる事項に留意の上、汚染対処特措法第25条第1項に規定する除染

特別地域又は同法第32条第1項に規定する汚染状況重点調査地域（以下「除染特別地域等」という。環境省により指定された除染特別地域等については別紙1参照。）内における除染等業務を行う事業の事業者（以下「除染等事業者」という。）に適用すること。

(1) 「除染等業務」とは、土壌等の除染等の業務、特定汚染土壌等取扱業務又は廃棄物収集等業務をいうこと。

　なお、汚染対処特措法に規定する除染特別地域等における平均空間線量率が2.5μSv/hを超える場所で行う除染等業務以外の業務（以下「特定線量下業務」という。）を行う場合は、除染電離則の関係規定及び「特定線量下業務に従事する労働者の放射線障害防止のためのガイドライン」（平成24年6月15日付け基発0615第6号）が適用されること。

(2) 「土壌等の除染等の業務」とは、原発事故により放出された放射性物質（電離放射線障害防止規則（昭和47年労働省令第41号。以下「電離則」という。）第2条第2項の放射性物質に限る。以下「事故由来放射性物質」という。）により汚染された土壌、草木、工作物等について講ずる当該汚染に係る土壌、落葉及び落枝、水路等に堆積した汚泥等（以下「汚染土壌等」という。）の除去、当該汚染の拡散の防止その他の措置を講ずる業務をいうこと。

(3) 「除去土壌」とは、土壌等の除染等の措置又は特定汚染土壌等取扱業務により生じた土壌（当該土壌に含まれる事故由来放射性物質のうちセシウム134及びセシウム137の放射能濃度の値が1万Bq/kgを超えるものに限る。）をいうこと。なお、埋め戻す掘削土壌等、作業場所から持ち出さない土壌は「除去土壌」には含まれないこと。

(4) 「廃棄物収集等業務」とは、除去土壌又は事故由来放射性物質により汚染された廃棄物（当該廃棄物に含まれる事故由来放射性物質のうちセシウム134及びセシウム137の放射能濃度の値が1万Bq/kgを超えるものに限る。以下「汚染廃棄物」という。）の収集、運搬又は保管に係る業務をいうこと。なお、除染特別地域等における上下水道施設、焼却施設、中間処理施設、埋め立て処分場における業務等、除去土壌又は汚染廃棄物等の処分の業務については、管理された線源である上下水汚泥や焼却灰等からの被ばくが大きいと見込まれるため、これら業務に対しては除染電離則及び本ガイドラインを適用せず、電離則を適用すること。

(5) 「特定汚染土壌等取扱業務」とは、汚染土壌等であって、当該土壌に含まれる事故由来放射性物質のうちセシウム134及びセシウム137の放射能濃度の値が1万Bq/kgを超えるもの（以下「特定汚染土壌等」という。）を取り扱う業務（土壌等の除染等の業務及び廃棄物収集等業務を除く。）をいうこと。

　なお、「特定汚染土壌等を取り扱う業務」には、除染特別地域等において、生活基盤の復旧等の作業での土工（準備工、掘削・運搬、盛土・締め固め、整地・整形、法面保護）及び基礎工、仮設工、道路工事、上下水道工事、用水・排水工事、ほ場整備工事における土工関連の作業が含まれるとともに、営農・営林等の作業での耕起、除草、土の掘り起こし等の土壌等を対象とした作業に加え、施肥（土中混和）、田植え、育苗、根菜類の収穫等の作業に付随して土壌等を取り扱う作業が含まれること。ただし、これら作業を短時間で終了する臨時の作業として行う場合はこの限りでないこと。

(6) 除染電離則の施行時点で電離則第3条第1項の管理区域（東京電力福島第一原子力発電所に属する原子炉施設及び蒸気タービンの付属施設又はその周辺で0.1mSv/hを超えるおそれのある場所（以下「特定施設等」という。）に限る。）において電離則を適用して行われている除染等業務

に該当する業務については、除染電離則及び本ガイドラインを適用せず、引き続き電離則を適用すること。この場合、特定施設等において非密封の放射性物質を取り扱う業務は、第5の3に定める汚染検査の対象となること。
（7） 除染等業務は年少者労働基準規則（昭和29年労働省令第13号）第8条第35号に定める業務に該当するため、満18歳に満たない者を就業させてはならないこと。
2 除染等事業者以外の事業者で自らの敷地や施設等において除染等の作業を行う事業者は、第3の被ばく線量管理、第5の汚染拡大防止、内部被ばく防止のための措置、第6の労働者教育等のうち、必要な事項を実施すること。除染等の作業を行う自営業者、住民、ボランティアについても同様とすることが望ましいこと。

第3 被ばく線量管理の対象及び被ばく線量管理の方法

1 基本原則
（1） 除染等事業者は、労働者が電離放射線を受けることをできるだけ少なくするように努めること。
（2） 特定汚染土壌等取扱業務を実施する際には、特定汚染土壌等取扱業務に従事する労働者（以下「特定汚染土壌等取扱業務従事者」という。）の被ばく低減を優先し、あらかじめ、作業場所における除染等の措置が実施されるように努めること。
　ア （1）は、国際放射線防護委員会（ICRP）の最適化の原則に基づき、事業者は、作業を実施する際、被ばくを合理的に達成できる限り低く保つべきであることを述べたものであること。
　イ （2）については、ICRPで定める正当化の原則（以下「正当化原則」という。）から、一定以上の被ばくが見込まれる作業については、被ばくによるデメリットを上回る公益性や必要性が求められることに基づき、特定汚染土壌等取扱業務従事者の被ばく低減を優先して、作業を実施する前にあらかじめ、除染等の措置を実施するよう努力する必要があること。
　ウ ただし、特定汚染土壌等取扱業務のうち、除染等の措置を実施するために最低限必要な水道や道路の復旧等については、除染や復旧を進めるために必要不可欠という高い公益性及び必要性に鑑み、あらかじめ除染等の措置を実施できない場合があること。また、覆土、舗装、農地における反転耕等、除染等の措置と同等以上の放射線量の低減効果が見込まれる作業については、除染等の措置を同時に実施しているとみなしても差し支えないこと。
　エ 正当化原則に照らし、営農等の事業を行う事業者は、労働時間が長いことに伴って被ばく線量が高くなる傾向があること、必ずしも緊急性が高いとはいえないことも踏まえ、あらかじめ、作業場所周辺の除染等の措置を実施し、可能な限り線量低減を図った上で、原則として、被ばく線量管理を行う必要がない空間線量率（2.5μSv/h以下）のもとで作業に就かせることが求められること。

2 線量の測定
（1） 除染等事業者は、除染特別地域等において除染等業務に従事する労働者（有期契約労働者及び派遣労働者を含む。除染等業務のうち労働者派遣が禁止される業務については、別紙2参照。

以下「除染等業務従事者」という。）に対して、以下のア及びイの場合ごとに、それぞれ定められた方法で除染等業務に係る作業（以下「除染等作業」という。）による被ばく実効線量を測定すること。

　ア　作業場所の平均空間線量率が2.5μSv/h（週40時間、52週換算で、5mSv/年相当）を超える場所において除染等作業を行わせる場合
　　・外部被ばく線量：個人線量計による測定
　　・内部被ばく線量測定：作業内容及び取り扱う汚染土壌等の放射性物質の濃度等に応じた測定
　イ　作業場所の平均空間線量率が2.5μSv/h以下の場所において除染等作業（特定汚染土壌等取扱業務に係る作業については、生活基盤の復旧作業等、事業の性質上、作業場所が限定することが困難であり、2.5μSv/hを超える場所において労働者を作業に従事させることが見込まれる作業に限る。）を行わせる場合
　　・個人線量計による外部被ばく線量測定によるほか、空間線量からの評価、除染等作業により受ける外部被ばくの線量が平均的な数値であると見込まれる代表者による測定のいずれかとすること

(2)　除染等事業者以外の事業者は、自らの敷地や施設などに対して土壌の除染等の業務を行う場合、作業による実効線量が1mSv/年を超えることのないよう、作業場所の平均空間線量率が2.5μSv/h以下の場所であって、かつ、年間数十回（日）の範囲内で除染等の作業を行わせること。土壌の除染等の業務を行う自営業者、住民、ボランティアについても、次の事項に留意の上、同様とすること。

　ア　住民、自営業者については、自らの住居、事業所、農地等の土壌の除染等の業務を実施するために必要がある場合は、2.5μSv/hを超える地域で、コミュニティ単位による除染等の作業を実施することが想定される。この場合、作業による実効線量が1mSv/年を超えることのないよう、作業頻度は年間数十回（日）よりも少なくすること。
　イ　除染特別地域等の外からボランティアを募集する場合、ボランティア組織者は、ICRPによる計画被ばく状況において放射線源が一般公衆に与える被ばくの限度が1mSv/年であることに留意すること。

(3)　特定汚染土壌等取扱業務を行う自営業者、個人事業者については、被ばく線量管理等を実施することが困難であることから、あらかじめ除染等の措置を適切に実施する等により、特定汚染土壌等取扱業務に該当する作業に就かないことが望ましいこと。

　ア　やむを得ず、特定汚染土壌等取扱業務を行う個人事業主、自営業者については、、特定汚染土壌等取扱業務を行う事業者とみなして、このガイドラインを適用すること。
　イ　ボランティアについては、作業による実効線量が1mSv/年を超えることのないよう、作業場所の平均空間線量率が2.5μSv/h（週40時間、52週換算で、5mSv/年相当）以下の場所であって、かつ、年間数十回（日）の範囲内で作業を行わせること。

(4)　(1)のアの内部被ばく測定については、除染等業務で取り扱う汚染土壌等の事故由来放射性物質の濃度及び作業中の粉じんの濃度に応じ、下表に定める方法で実施すること。なお、高濃度汚染土壌等を扱わず、かつ、高濃度粉じん作業でない場合は、スクリーニング検査は、突発的に高い粉じんにばく露された場合に実施すれば足りること。

	50万Bq/kgを超える汚染土壌等 （高濃度汚染土壌等）	高濃度汚染土壌等以外
粉じんの濃度が10 mg/m³を超える作業 （高濃度粉じん作業）	3月に1回の内部被ばく測定	スクリーニング検査
高濃度粉じん作業以外の作業	スクリーニング検査	スクリーニング検査 （突発的に高い粉じんにばく露された場合に限る）

(5) 高濃度粉じん作業に該当するかどうかの判断については、以下の事項に留意すること。
　ア　土壌等のはぎ取り、アスファルト・コンクリートの表面研削・はつり、除草作業、除去土壌等のかき集め・袋詰め、建築・工作物の解体等を乾燥した状態で行う場合は、10mg/m³を超えるとみなして2（4）、第5の5に定める措置を講ずること。
　イ　アにかかわらず、作業中に粉じん濃度の測定を行った場合は、その測定結果によって高濃度粉じん作業に該当するかどうか判断すること。測定による判断方法については、別紙3によること。
(6) 内部被ばく測定は、「東日本大震災により生じた放射性物質により汚染された土壌等を除染するための業務等に係る電離放射線障害防止規則第2条第7項等の規定に基づく厚生労働大臣が定める方法、基準及び区分」（平成23年厚生労働省告示第468号）第3条、第4条に定めるところ、スクリーニング検査の方法は、別紙4によること。

3　被ばく線量限度

(1) 除染等事業者は、2の（1）のア及びイの場合ごとに、それぞれ定められた方法で測定された除染等業務従事者の受ける実効線量の合計が、次に掲げる限度を超えないようにすること。
　ア　男性又は妊娠する可能性がないと診断された女性：5年間につき実効線量100mSv、かつ、1年間につき実効線量50mSv
　イ　女性（妊娠する可能性がないと診断されたものおよびウのものを除く。）：3月間につき実効線量5mSv
　ウ　妊娠と診断された女性：妊娠と診断されたときから出産までの間（以下「妊娠中」という。）につき内部被ばくによる実効線量が1mSv、腹部表面に受ける等価線量が2mSv
(2) 除染等事業者は、電離則第3条で定める管理区域内において放射線業務に従事した労働者又は特定線量下業務に従事した労働者を除染等業務に就かせるときは、当該労働者が放射線業務又は特定線量下業務で受けた実効線量と2の（1）により測定された実効線量の合計が（1）の限度を超えないようにすること。
(3) （1）のアの「5年間」については、異なる複数の事業場において除染等業務に従事する労働者の被ばく線量管理を適切に行うため、全ての除染等業務を事業として行う事業場において統一的に平成24年1月1日を始期とし、「平成24年1月1日から平成28年12月31日まで」とすること。平成24年1月1日から平成28年12月31日までの間に新たに除染等業務を事業として実施する事業者についても同様とし、この場合、事業を開始した日から平成28年12月31日までの残り年数

に20mSvを乗じた値を、平成28年12月31日までの被ばく線量限度とみなして関係規定を適用すること。
(4) (1)のアの「1年間」については、「5年間」の始期の日を始期とする1年間であり、「平成24年1月1日から平成24年12月31日まで」とすること。ただし、平成23年3月11日以降に受けた線量は、平成24年1月1日に受けた線量とみなして合算すること。

なお、特定汚染土壌等取扱業務については、平成24年1月1日以降、平成24年6月30日までに受けた線量を把握している場合は、それを平成24年7月1日以降に被ばくした線量に合算して被ばく管理すること。
(5) 除染等事業者は、「1年間」又は「5年間」の途中に新たに自らの事業場において除染等業務に従事することとなった労働者について、雇入れ時の特殊健康診断において、当該「1年間」又は「5年間」の始期より当該除染等業務に従事するまでの被ばく線量を当該労働者が前の事業者から交付された線量の記録（労働者がこれを有していない場合は前の事業場から再交付を受けさせること。）により確認すること。
(6) (3)及び(4)の規定に関わらず、放射線業務を主として行う事業者については、事業場で統一された別の始期により被ばく線量管理を行っても差し支えないこと。
(7) (3)及び(4)の始期を除染等業務従事者に周知させること。

4 線量の測定結果の記録等

(1) 除染等事業者は、2の測定又は計算の結果に基づき、次に掲げる除染等業務従事者の被ばく線量を算定し、これを記録し、これを30年間保存すること。ただし、5年間保存した後に当該記録を、又は当該除染等業務従事者が離職した後に当該除染等業務従事者に係る記録を、厚生労働大臣が指定する機関に引き渡すときはこの限りではないこと。この場合、記録の様式の例として、様式1があること。

なお、除染等業務従事者のうち電離則第4条第1項の放射線業務従事者であった者又は特定線量下業務に従事した労働者については、当該者が放射線業務又は特定線量下業務に従事する際に受けた線量を除染等業務で受ける線量に合算して記録し、保存すること。
　ア　男性又は妊娠する可能性がないと診断された女性の実効線量の3月ごと、1年ごと、及び5年ごとの合計（5年間において、実効線量が1年間につき20mSvを超えたことのない者にあっては、3月ごと及び1年ごとの合計）
　イ　医学的に妊娠可能な女性の実効線量の1月ごと、3月ごと及び1年ごとの合計（1月間受ける実効線量が1.7mSvを超えるおそれのないものにあっては、3月ごと及び1年ごとの合計）
　ウ　妊娠中の女性の内部被ばくによる実効線量及び腹部表面に受ける等価線量の1月ごと及び妊娠中の合計
(2) 除染等事業者は、(1)の記録を、遅滞なく除染等業務従事者に通知すること。
(3) 除染等事業者は、その事業を廃止しようとするときには、(1)の記録を厚生労働大臣が指定する機関に引き渡すこと。
(4) 除染等事業者は、除染等業務従事者が離職するとき又は事業を廃止しようとするときには、(1)の記録の写しを除染等業務従事者に交付すること。
(5) 除染等事業者は、有期契約労働者又は派遣労働者を使用する場合には、放射線管理を適切に

行うため、以下の事項に留意すること。
　ア　3月未満の期間を定めた労働契約又は派遣契約による労働者を使用する場合には、被ばく線量の算定は、1月ごとに行い、記録すること。
　イ　契約期間の満了時には、当該契約期間中に受けた実効線量を合計して被ばく線量を算定して記録し、その記録の写しを当該除染等業務従事者に交付すること。

第4　被ばく低減のための措置

1　事前調査
（1）　除染等事業者は、除染等業務を行うときは、あらかじめ、当該作業場所について次に掲げる項目を調査し、その結果を記録すること。
　　なお、特定汚染土壌等取扱業務を同一の場所で継続して行う場合は、当該場所について、継続して作業を行っている間2週間につき一度、次に掲げる項目を調査し、その結果を記録すること。ただし、測定結果が、平均空間線量率2.5μSv/h、放射性物質濃度1万Bq/kgを安定的に下回った場合は、それ以降の測定を行う必要はないこと。
　ア　除染等作業の場所の状況
　イ　除染等作業の場所の平均空間線量率（μSv/h）
　ウ　除染等作業の対象となる汚染土壌等又は除去土壌若しくは汚染廃棄物に含まれるセシウム134及びセシウム137の放射能濃度の値（Bq/kg）
（2）　除染等事業者は、あらかじめ、（1）の調査が終了した年月日、調査方法及びその結果の概要を除染等作業に従事させる労働者に書面の交付等により明示すること。
（3）　空間線量率の測定に当たっては、以下の事項に留意すること。
　ア　平均空間線量率の測定・評価の方法は別紙5によること。
　イ　事前調査は、作業場所が2.5μSv/hを超えて被ばく線量管理が必要か否かを判断するために行われるものであるため、文部科学省が公表している航空機モニタリング等の結果を踏まえ、事業者が、作業場所が明らかに2.5μSv/hを超えていると判断する場合、個別の作業場所での航空機モニタリング等の結果をもって平均空間線量率の測定に代えることができること。
（4）　放射性物質の濃度測定に当たっては、以下の事項に留意すること。
　ア　汚染土壌等又は除去土壌若しくは汚染廃棄物に含まれる事故由来放射性物質の濃度測定の方法については、別紙6によること。
　イ　2.5μSv/h以下の場所における特定汚染土壌等取扱業務の対象となる農地土壌及び森林の落葉層及び土壌の放射能濃度測定については、別紙6－2、6－3の平均空間線量率からの汚染土壌等の放射能濃度の推定によることができること。また、その推計値が1万Bq/kgを下回っている場合は、特定汚染土壌等取扱業務に該当しないとして取り扱って差し支えないこと。
　　　ただし、耕起されていない農地の地表近くの土壌のみを取り扱う作業や、落葉層や地表近くの土壌のみを取り扱う場合は、別紙6－1の簡易測定により、地表近くの土壌の濃度によって判断する必要があること。
　ウ　生活圏（建築物、工作物、道路等の周辺）における作業については、別紙6－1の簡易測定

により、作業で取り扱う土壌等の掘削深さまでの土壌等の放射能濃度が1万Bq/kgを下回る場合は、地表面近くでの土壌等の放射能濃度に関わらず、特定汚染土壌等取扱業務に該当しないとして取り扱って差し支えないこと。
　　　ただし、掘削等を行うことなく地表近くの土壌のみを取り扱う場合は、地表近くでの土壌等の放射能濃度によって判断する必要があること。
　エ　事前調査は、汚染土壌等の放射性物質の濃度測定は、取り扱う汚染土壌等の濃度が1万Bq/kg又は50万Bq/kgを超えているかどうかを判断するために行われるものであるため、文部科学省が公表している航空機モニタリング等の結果を踏まえ、除染等事業者が、取扱う汚染土壌等の放射性物質濃度が明らかに1万Bq/kgを超えていると判断する場合は、航空機モニタリング等の空間線量率からの推定結果をもって放射能濃度測定の結果に代えることができること。また、別紙6-2又は6-3の早見表その他の知見に基づき、土壌の掘削深さ及び作業場所の平均空間線量率等から、作業の対象となる汚染土壌等の放射能濃度が1万Bq/kgを明らかに下回り、特定汚染土壌等取扱業務に該当しないことを明確に判断できる場合にまで、放射能濃度測定を求める趣旨ではないこと。

2　作業計画の策定とそれに基づく作業
（1）　除染等事業者は、除染等業務（特定汚染土壌等取扱業務については、作業場所の平均空間線量率が2.5μSv/hを超える場合に限る。）を行うときは、あらかじめ、事前調査により知り得たところに適応する作業計画を定め、かつ、当該作業計画により作業を行うこと。
（2）　作業計画は、次の事項が示されているものとすること。
　ア　除染等作業の場所
　イ　除染等作業の方法
　ウ　除染等業務従事者の被ばく線量の測定の方法
　エ　除染等業務従事者の被ばくを低減させるための措置
　オ　除染等作業に使用する機械、器具その他の設備（以下「機械等」という。）の種類及び能力
　カ　労働災害が発生した場合の応急の措置
（3）　除染等事業者は、作業計画を定めたときは、その内容を関係労働者に周知すること。
（4）　除染等事業者は、作業計画を定める際に以下の事項に留意すること。
　ア　作業の場所には、次の事項を含むこと。
　　①　飲食・喫煙が可能な休憩場所
　　②　退去者及び持ち出し物品の汚染検査場所
　イ　作業の方法には、次の事項を含むこと。
　　　作業者の構成、機械等の使用方法、作業手順、作業環境等
　ウ　被ばく低減のための措置には、次の事項を含むこと。
　　①　平均空間線量測定の方法
　　②　作業短縮等被ばくを低減するための方法
　　③　被ばく線量の推定に基づく被ばく線量目標値の設定
（5）　飲食・喫煙が可能な休憩場所の設置基準
　ア　飲食場所は、原則として、車内等、外気から遮断された環境とすること。これが確保できな

い場合、以下の要件を満たす場所で飲食を行うこと。喫煙については、屋外であって、以下の要件を満たす場所で行うこと。
    ① 高濃度の土壌等が近傍にないこと。
    ② 粉じんの吸引を防止するため、休憩は一斉にとることとし、作業中断後、20分間程度、飲食・喫煙をしないこと。
    ③ 作業場所の風上であること。風上方向に移動できない場合、少なくとも風下方向に移動しないこと。
  イ 飲食・喫煙を行う前に、手袋、防じんマスク等、汚染された装具を外した上で、手を洗う等の除染措置を講ずること。高濃度汚染土壌等を取り扱った場合は、飲食前に身体等の汚染検査を行うこと。
  ウ 作業中に使用したマスクは、飲食・喫煙中に放射性微粒子が内面に付着しないように保管するか、廃棄する（スクリーニング検査を行う場合は、廃棄する前に、マスク表面の事故由来放射性物質の表面密度を測定する）こと。
  エ 作業中の水分補給については、熱中症予防等のためやむを得ない場合に限るものとし、作業場所の風上に移動した上で、手袋を脱ぐ等の汚染防止措置を行った上で行うこと。
(6) 汚染検査場所の設置基準
  ア 除染等事業者は、除染等業務の作業場所又はその近隣の場所に汚染検査場所を設けること。この場合、汚染検査場所は、除染等事業者が除染等業務を請け負った場所とそれ以外の場所の境界に設置することを原則とするが、地形等などのため、これが困難な場合は、境界の近傍に設置すること。
  イ 上記にかかわらず、一つの除染等事業者が複数の作業場所での除染等業務を請け負った場合、密閉された車両で移動する等、作業場所から汚染検査場所に移動する間に汚染された労働者や物品による汚染拡大を防ぐ措置が講じられている場合は、複数の作業場所を担当する集約汚染検査場所を任意の場所に設けることができること。複数の除染事業者が共同で集約汚染検査場所を設ける場合、発注者が設置した汚染検査場所を利用する場合も同様とすること。
  ウ 汚染検査場所には、汚染検査のための放射線測定機器を備え付けるほか、洗浄設備等除染のための設備、汚染土壌等又は除去土壌若しくは汚染廃棄物の一時保管のための設備を設けること。汚染検査場所は屋外であっても差し支えないが、汚染拡大防止のためテント等により覆われていること。

3 作業指揮者
(1) 除染等事業者は、除染等業務（特定汚染土壌等取扱業務については、作業場所の平均空間線量率が2.5μSv/hを超える場合に限る。）を行うときは、作業の指揮をするため必要な能力を有すると認める者のうちから作業指揮者を定め、作業計画に基づき作業の指揮を行わせるとともに、次の事項を行わせること。
  ア 作業計画に適応した作業手順及び除染等業務従事者の配置を決定すること
  イ 作業前に、除染等業務従事者と作業手順に関する打ち合わせを実施すること
  ウ 作業前に、使用する機械・器具を点検し、不良品を取り除くこと
  エ 放射線測定器及び保護具の使用状況を監視すること

オ　当該作業を行う箇所には、関係者以外の者を立ち入らせないこと
（2）　作業手順には、以下の事項が含まれること。
　　ア　作業手順ごとの作業の方法
　　イ　作業場所、待機場所、休憩場所
　　ウ　作業時間管理の方法

4　作業届の提出
（1）　除染等事業者であって、発注者から直接作業を受注した者（以下「元方事業者」という。）は、作業場所の平均空間線量率が2.5μSv/hを超える場所において土壌等の除染等の業務又は特定汚染土壌等取扱業務を実施する場合には、あらかじめ、「土壌等の除染等の業務・特定汚染土壌等取扱業務に係る作業届」（様式2）を事業場の所在地を所轄する労働基準監督署（以下「所轄労働基準監督署長」という。）に提出すること。
　　なお、作業届は、発注単位で提出することを原則とするが、発注が複数の離れた作業を含む場合は、作業場所ごとに提出すること。
（2）　作業届には、以下の項目を含むこと。
　　ア　作業件名（発注件名）
　　イ　作業の場所
　　ウ　元方事業者の名称及び所在地
　　エ　発注者の名称及び所在地
　　オ　作業の実施期間
　　カ　作業指揮者の氏名
　　キ　作業を行う場所の平均空間線量率
　　ク　関係請負人の一覧及び除染等業務従事者数の概数

5　医師による診察等
（1）除染等事業者は、除染等業務従事者が次のいずれかに該当する場合、速やかに医師の診察又は処置を受けさせること。
　　ア　被ばく線量限度を超えて実効線量を受けた場合
　　イ　事故由来放射性物質を誤って吸入摂取し、又は経口摂取した場合
　　ウ　事故由来放射性物質により汚染された後、洗身等によっても汚染を40Bq/cm2以下にすることができない場合
　　エ　創傷部が事故由来放射性物質により汚染された場合
（2）　（1）イについては、事故等で大量の土砂等に埋まった場合で鼻スミアテスト等を実施してその基準を超えた場合、大量の土砂や汚染水が口に入った場合等、一定程度の内部被ばくが見込まれるものに限るものであること。

第5 汚染拡大防止、内部被ばく防止のための措置

1 粉じんの発散の抑制
　　除染等事業者は、除染等業務（特定汚染土壌等取扱業務を除く。）において、土壌のはぎ取り等第3の2の（4）の表のうち、高濃度汚染土壌等を扱わず、かつ、高濃度粉じん作業でない場合を除き、あらかじめ、除去する土壌等を湿潤な状態とする等、粉じんの発生を抑制する措置を講ずること。
　　なお、湿潤にするためには、汚染水の発生を抑制するため、ホース等による散水ではなく、噴霧（霧状の水による湿潤）とすること。

2 廃棄物収集等業務を行う際の容器の使用、保管の場合措置
（1）　除染等事業者は、廃棄物収集等業務において、除去土壌又は汚染廃棄物を収集、運搬、保管するときは、除去土壌又は汚染廃棄物が飛散、流出しないよう、次に定める構造を具備した容器を用いるとともに、その容器に除去土壌又は汚染廃棄物が入っている旨を表示すること。
　　ただし、大型の機械、容器の大きさを超える伐木、解体物等のほか、非常に多量の汚染土壌等であって、容器に小分けして入れるために高い外部被ばくや粉じんばく露が見込まれる作業が必要となるもの等、容器に入れることが著しく困難なものについては、遮水シート等で覆うなど、除去土壌又は汚染廃棄物が飛散、流出することを防止するため必要な措置を講じたときはこの限りでないこと。
　　なお、「廃棄物収集等業務」には、土壌の除染等の業務又は特定汚染土壌等業務の一環として、作業場所において発生した土壌を、作業場所内において移動、埋め戻し、仮置き等を行うことは含まれないこと。
　ア　除去土壌又は汚染廃棄物の収集又は保管に用いる容器
　　①　除去土壌又は汚染廃棄物が飛散、流出するおそれがないものであること
　イ　除去土壌又は汚染廃棄物の運搬に用いる容器
　　①　除去土壌又は汚染廃棄物が飛散、流出するおそれがないものであること
　　②　容器の表面（容器を梱包するときは、その梱包の表面）から1mの距離での線量率（1cm線量当量）が0.1mSv/hを超えないもの
　　　ただし、容器を専用積載で運搬する場合に、運搬車の前面、後面、両側面（車両が開放型の場合は、一番外側のタイヤの表面）から1mの距離における線量率（1cm線量当量率）の最大値が0.1mSv/hを超えない車両を用いた場合はこの限りではないこと
（2）　除染等事業者は、除染等業務において、除去土壌又は汚染廃棄物を保管するときは、（1）の措置を講ずるとともに、次に掲げる措置を実施すること。
　ア　除去土壌又は汚染廃棄物を保管していることを標識により明示すること。
　イ　関係者以外の立入を禁止するため、カラーコーン等、簡易な囲い等を設けること。
（3）　除染等事業者は、特定汚染土壌等取扱業務を実施する際には、覆土、舗装、反転耕等、汚染土壌等の除去と同等以上の線量低減効果が見込まれる作業を実施する場合を除き、あらかじめ、当該業務を実施する場所の高濃度の汚染土壌等をできる限り除去するよう努めること。ただし、

水道、電気、道路の復旧等、除染等の措置を実施するために必要となる必要最低限の生活基盤の整備作業はこの限りではないこと。

3 汚染検査の実施
(1) 汚染限度
　　汚染限度は、40Bq/cm^2（GM計数管のカウント値としては、13,000cpm）とすること。周辺の空間線量が高いため、汚染検査のための放射線測定が困難な場合は、第4の2の(6)イの規定による集約汚染検査場所を空間線量が十分に低い場所に設置すること。
(2) 退出者の汚染検査
　ア　除染等事業者は、汚染検査場所において、除染等作業を行った除染等業務従事者が作業場所から退去するときに、その身体及び装具（衣服、履物、作業衣、保護具等身体に装着している物）の汚染の状態を検査すること。
　イ　除染等事業者は、この検査により、汚染限度を超えて汚染されていると認められるときは、次の措置を講じなければ、その除染等業務従事者を退出させないこと。
　　① 身体が汚染されているときは、汚染限度以下になるように洗身等をさせること
　　② 装具が汚染されているときは、その装具を脱がせ、又は取り外させること
(3) 持ち出し物品の汚染検査
　ア　除染等事業者は、汚染検査場所において、作業場所から持ち出す物品について、持ち出しの際に、その汚染の状況を検査すること。ただし、容器に入れる又はビニールシートで覆う等除去土壌又は汚染廃棄物が飛散、流出することを防止するため必要な措置を講じた上で、他の除染等作業を行う作業場所に運搬する場合は、その限りではないこと。
　イ　除染等事業者は、この検査において、当該物品が汚染限度を超えて汚染されていると認められるときは、その物品を持ち出してはならないこと。ただし、容器に入れる又はビニールシートで覆う等除去土壌又は汚染廃棄物が飛散、流出することを防止するため必要な措置を講じた上で、汚染除去施設、汚染廃棄物又は除去土壌を保管又は処分するための施設、若しくは他の除染等業務の作業場所まで運搬する場合はその限りではないこと。
　ウ　車両については、車両に付着した汚染土壌等を洗い流した後、次の事項に留意の上、汚染検査を行うこと。
　　① タイヤ等地面に直接触れる部分について、汚染検査場所で除染を行って汚染限度を下回っても、その後の運行経路で再度汚染される可能性があるため、タイヤ等地面に直接触れる部分については、汚染検査を行う必要はないこと。
　　② 車内、荷台等、タイヤ等以外の部分については、汚染限度を超えている部分について、除染措置を講ずる必要があること。
　　③ 除去土壌又は汚染廃棄物を運搬したトラック等については、荷下ろし場所において、荷台等の除染及び汚染検査を行うことが望ましいが、それが困難な場合、ビニールシートで包む等、荷台等から除去土壌又は汚染廃棄物が飛散、流出することを防止した上で再度汚染検査場所に戻り、そこで汚染検査及び除染を行うこと。

4 汚染を防止するための措置

(1) 除染等事業者は、身体、装具又は物品が汚染限度を超えることを防止するため、次に掲げる措置等、有効な措置を講ずること。
　ア　靴の交換、衣服・手袋、保護具の交換・廃棄
　イ　機械等の事前養生、事後除染
　ウ　除去土壌等の運搬時の養生の実施
　エ　作業場所の清潔の維持

5 身体・内部汚染の防止

(1) 除染等事業者は、除染等業務従事者に、次に掲げる作業の区分及び汚染土壌等の濃度の区分に応じた捕集効率を持つ防じんマスク又はそれと同等以上の有効な呼吸用保護具を備え、これらをその作業に従事する除染等業務従事者に使用させること。除染等業務従事者は、これら呼吸用保護具を使用すること。

	50万Bq/kgを超える汚染土壌等（高濃度汚染土壌等）	高濃度汚染土壌等以外
粉じんの濃度が10 mg/m³を超える作業（高濃度粉じん作業）	捕集効率95%以上	捕集効率80%以上
高濃度粉じん作業以外の作業	捕集効率80%以上	捕集効率80%以上

　なお、高濃度汚染土壌等を取り扱わず、かつ、高濃度粉じん作業を行わない場合であって、「粉じん障害防止規則」（昭和54年労働省令第18号）第27条（呼吸用保護具の使用）に該当しない作業（草木や腐葉土の取扱等）では、防じんマスクでなく、不織布製マスク（国家検定による防じんマスク以外のマスクであって、風邪予防、花粉症対策等で一般的に使用されている不織布でできたマスク。サージカルマスク、プリーツマスク、フェイスマスク等と呼ばれることもある。ガーゼ生地でできたマスクは含まれない。）を着用することとして差し支えないこと。

(2) 除染等事業者は、汚染限度を超えて汚染されるおそれのある除染等作業を行うときは、次に掲げる作業の区分及び取り扱う汚染土壌等の濃度の区分に応じて、次の事項に留意の上、有効な保護衣、手袋又は履物を備え、これらをその作業に従事する除染等業務従事者に使用させること。除染等業務従事者は、これら保護具を使用すること。
　ア　ゴム手袋の材質によってアレルギー症状が発生することがあるので、その際にはアレルギーの生じにくい材質の手袋を与えるなど配慮すること。
　イ　作業の性質上、ゴム長靴を使用することが困難な場合は、靴の上をビニールにより養生する等の措置が必要であること。
　ウ　高圧洗浄等により水を扱う場合は、必要に応じ、雨合羽等の防水具を着用させること。

	50万Bq/kgを超える汚染土壌等 （高濃度汚染土壌等）	高濃度汚染土壌等以外
粉じんの濃度が10 mg/m³を超える作業 （高濃度粉じん作業）	長袖の衣服の上に全身化学防護服（例：密閉型タイベックスーツ）、ゴム手袋（綿手袋と二重）、ゴム長靴	長袖の衣服、綿手袋、ゴム長靴
高濃度粉じん作業以外の作業	長袖の衣服、ゴム手袋（綿手袋と二重）、ゴム長靴	長袖の衣服、綿手袋、ゴム長靴

（3）　除染等事業者は、除染等業務従事者に使用させる保護具又は保護衣等が汚染限度（40Bq/cm²（GM計数管のカウント値としては、13,000cpm））を超えて汚染されていると認められるときは、あらかじめ、洗浄等により、汚染限度以下となるまで汚染を除去しなければ、除染等業務従事者に使用させないこと。

　　なお、使用した使い捨て式防じんマスク又は不織布製マスクは、1日の作業が終了した時点で廃棄すること。1日の中で作業が中断するためにマスクを外す場合は、マスクの内面が粉じんや土壌等で汚染されないように保管するか、廃棄すること。取替え式防じんマスクを使用するときは、使用したフィルタは、1日の作業が終了した時点で廃棄し、面体はメーカーが示す洗浄方法で洗浄し、埃や汗などが面体表面に残らないように手入れすると同時に、排気弁・吸気弁・しめひもなどの交換可能な部品によごれや変形などがないか観察し、もし交換が必要な場合には新しい部品と交換して次回の使用に備えること。

（4）　除染等事業者は、第4の2(5)で定める場所以外の場所において、労働者が喫煙し、又は飲食することを禁止し、あらかじめ、その旨を書面の交付、掲示等により労働者に明示すること。労働者は、当該場所で喫煙し、又は飲食しないこと。

第6　労働者に対する教育

1　作業指揮者に対する教育
（1）　除染等事業者は、除染等業務（特定汚染土壌等取扱業務については、作業場所の平均空間線量率が2.5μSv/hを超える場合に限る。）における作業の指揮をする者を定めるときは、当該者に対し、次の科目について、教育を行うこと。
　　ア　作業の方法の決定及び除染等業務従事者の配置に関すること
　　イ　除染等業務従事者に対する指揮の方法に関すること
　　ウ　異常時における措置に関すること
（2）　その他、教育の実施の詳細については、別紙7によること

2　除染等業務従事者に対する特別の教育
（1）　除染等事業者は、除染等業務に労働者を就かせるときは、当該労働者に対し、次の科目について、学科及び実技による特別の教育を行うこと。
　　ア　学科教育

① 電離放射線の生体に与える影響及び被ばく線量の管理の方法に関する知識
② 除染等作業の方法に関する知識
③ 除染等作業に使用する機械等の構造及び取扱いの方法に関する知識（特定汚染土壌等取扱業務を除く。）
④ 除染等作業に使用する機械等の名称及び用途に関する知識（特定汚染土壌等取扱業務に限る。）
⑤ 関係法令
イ　実技教育
① 除染等作業の方法及び使用する機械等の取扱い（特定汚染土壌等取扱業務を除く。）
② 除染等作業の方法（特定汚染土壌等取扱業務に限る。）
（2）その他、特別教育の実施の詳細については、別紙8によること。

3　その他必要な者に対する教育等

（1）除染等事業者以外の事業者で自らの敷地や施設等において除染等作業を行う事業者又は除染特別地域等でない場所で除染等作業を行う事業者は、労働者に対して、作業を実施する上で必要な項目について教育を実施すること。自営業者、個人事業者、ボランティア等、雇用されていない者に対しても同様とすることが望ましいこと。
（2）除染等業務の発注者は、教育を受けた作業指揮者及び労働者を、作業開始までに業務の遂行上必要な人数を確保できる体制が整っていることを確認した上で発注を行うことが望ましいこと。

第7　健康管理のための措置

1　特殊健康診断

（1）除染等事業者は、除染等業務（特定汚染土壌等取扱業務については、作業場所の平均空間線量率が2.5μSv/hを超える場合に限る。）に常時従事する除染等業務従事者に対し、雇入れ時又は当該業務に配置換えの際及びその後6月以内ごとに1回、定期に、次の項目について医師による健康診断を行うこと。
　なお、6月未満の期間の定めのある労働契約又は派遣契約を締結した労働者又は派遣労働者に対しても、被ばく歴の有無、健康状態の把握の必要があることから、雇入れ時に健康診断を実施すること。
ア　被ばく歴の有無（被ばく歴を有する者については、作業の場所、内容及び期間、放射線障害の有無、自覚症状の有無その他放射線による被ばくに関する事項）の調査及びその評価
イ　白血球数及び白血球百分率の検査
ウ　赤血球数の検査及び血色素量又はヘマトクリット値の検査
エ　白内障に関する眼の検査
オ　皮膚の検査
（2）（1）の規定にかかわらず、健康診断（定期に行われるもの）の前年の実効線量が5mSvを超えず、かつ、当年の実効線量が5mSvを超えるおそれのない者については、イからオの項目は、

医師が必要と認めないときには、行うことを要しないこと。
（3）　除染等事業者は、（1）の健康診断の結果に基づき、「除染等電離放射線健康診断個人票」（様式3）を作成し、これを30年間保存すること。ただし、5年間保存した後に当該記録を、又は当該除染等業務従事者が離職した後に当該除染等業務従事者に係る記録を、厚生労働大臣が指定する機関に引き渡すときはこの限りではないこと。

2　一般健康診断
（1）　除染等事業者（派遣労働者に対する一般健康診断にあっては、派遣元事業者。以下同じ。）は、除染等業務（特定汚染土壌等取扱業務については、作業場所の平均空間線量率が2.5μSv/hを超える場合に限る。）に常時従事する除染等業務従事者）に対し、雇入れ時又は当該業務に配置換えの際及びその後6月以内ごとに1回、定期に、次の項目について医師による健康診断を行うこと。
　　ア　既往歴及び業務歴の調査
　　イ　自覚症状及び他覚症状の有無の検査
　　ウ　身長、体重、腹囲、視力及び聴力の検査
　　エ　胸部エックス線検査及び喀痰検査
　　オ　血圧の測定
　　カ　貧血検査
　　キ　肝機能検査
　　ク　血中脂質検査
　　ケ　血糖検査
　　コ　尿検査
　　サ　心電図検査
（2）　除染等事業者は、（1）以外の特定汚染土壌等取扱業務に常時従事する労働者に対し、雇入れ時又は当該業務に配置換えの際及びその後1年以内ごとに1回、定期に、（1）のアからサまでの項目について医師による健康診断を行うこと。
（3）　（1）又は（2）の健康診断（定期のものに限る）は、前回の健康診断においてカ〜ケ及びサに掲げる項目については健康診断を受けた者については、医師が必要でないと認めるときは、当該項目の全部又は一部を省略することができること。また、ウ、エについても、厚生労働大臣が定める基準に基づき、医師が必要ないと認めるときは省略することができること。
（4）　除染等事業者は、（1）又は（2）の健康診断の結果に基づき、個人票を作成し、これを5年間保存すること。

3　健康診断の結果についての事後措置等
（1）　除染等事業者は、1又は2の健康診断の結果（当該健康診断の項目に異常の所見があると診断された労働者に係るものに限る。）に基づく医師からの意見聴取は、次に定めるところにより行うこと。
　　ア　健康診断が行われた日から3月以内に行うこと
　　イ　聴取した医師の意見を個人票に記載すること。
（2）　除染等事業者は、健康診断を受けた除染等業務従事者に対し、遅滞なく、健康診断の結果を

通知すること。
(3) 除染等事業者は、1の健康診断（定期のものに限る。）を行ったときは、遅滞なく、「除染等電離放射線健康診断結果報告書」を所轄労働基準監督署長に提出すること。
(4) 除染等事業者は、健康診断の結果、放射線による障害が生じており、若しくはその疑いがあり、又は放射線による障害が生ずるおそれがあると認められる者については、その障害、疑い又はおそれがなくなるまで、就業する場所又は業務の転換、被ばく時間の短縮、作業方法の変更等健康の保持に必要な措置を講ずること。

4 記録等の引渡等
(1) 除染等事業者は、事業を廃止しようとするときは、1の（3）の除染等電離放射線健康診断個人票を厚生労働大臣が指定する機関に引き渡すこと。
(2) 除染等事業者は、除染等業務従事者が離職するとき又は事業を廃止しようとするときは、当該除染等業務従事者に対し、1の（3）の除染等電離放射線健康診断個人票の写しを交付すること。

第8 安全衛生管理体制等

1 元方事業者による安全衛生管理体制の確立
(1) 安全衛生統括者の選任
　元方事業者は、除染等業務に係る安全衛生管理が適切に行われるよう、除染等業務の実施を統括管理する者から安全衛生統括者を選任し、同人に（2）から（4）の事項を実施させること。
(2) 関係請負人における安全衛生管理の職務を行う者の選任等
　関係請負人に対し、安全衛生管理の職務を行う者を選任させ、次に掲げる事項を実施させること。
　ア　安全衛生統括者との連絡
　イ　以下に掲げる事項のうち、当該関係請負人に係るものが円滑に行われるようにするための安全衛生統括者との調整
　ウ　当該関係請負人がその仕事の一部を他の請負人に請け負わせている場合における全ての関係請負人に対する作業間の連絡及び調整
(3) 全ての関係請負人による安全衛生協議組織の開催等
　ア　全ての関係請負人を含めた安全衛生協議組織を設置し、1月以内ごとに1回、定期に開催すること
　イ　安全衛生協議組織において協議すべき事項は、次のとおりとすること
　　① 新規に除染等業務に従事する者に対する特別教育等必要な安全衛生教育の実施に関すること
　　② 事前調査の実施、作業計画の作成又は改善に関すること
　　③ 汚染検査場所の設置、汚染検査の実施に関すること
　　④ 労働災害の発生等異常な事態が発生した場合の連絡、応急の措置に関すること
(4) 作業計画の作成等に関する指導又は援助

ア　関係請負人が実施する事前調査、作成する作業計画について、その内容が適切なものとなるよう必要に応じて関係請負人を指導し、又は援助すること。
　　イ　関係請負人が、関係労働者に、事前調査の結果及び作業計画の内容の周知を適切に実施できるよう、関係請負人を指導し、又は援助すること。

2　元方事業者による被ばく状況の一元管理
　元方事業者は、第3の2から4の被ばく線量管理が適切に実施されるよう、放射線管理者を選任し、1の（1）の安全衛生統括者の指揮のもと、次の事項を含む、関係請負人の労働者の被ばく管理も含めた一元管理を実施させること。
　なお、放射線管理者は、放射線関係の国家資格保持者又は専門教育機関等による放射線管理に関する講習等の受講者から選任することが望ましいこと。
　（1）　発注者と協議の上、汚染検査場所の設置及び汚染検査の適切な実施を図ること。
　（2）　関係請負人による第3の2から4及び第8の4に定める措置が適切に実施されるよう、関係請負人の放射線管理担当者を指導、又は援助すること。
　（3）　労働者の過去の累積被ばく線量の適切な把握、被ばく線量記録等の散逸の防止を図るため、「除染等業務従事者等被ばく線量登録管理制度」に参加すること。
　（4）　その他、放射線管理のために必要な事項を実施すること。

3　除染等事業者における安全衛生管理体制
　（1）　除染等事業者は、事業場の規模に応じ、衛生管理者又は安全衛生推進者を選任し、第3の2及び4の線量の測定及び結果の記録等の業務、第5の3の汚染検査等の業務、第5の4及び5の身体・内部汚染の防止、第6の労働者に対する教育、第7の健康管理のための措置に関する技術的事項を管理させること。
　　　なお、労働者数が10人未満の事業場にあっても、安全衛生推進者の選任が望ましいこと。
　（2）　除染等事業者は、事業場の規模に関わらず、放射線管理担当者を選任し、第3の2及び4の線量の測定及び結果の記録等の業務、第5の3の汚染検査等の業務、第5の4及び5の身体・内部汚染の防止に関する業務を行わせること。

4　東電福島第一原発緊急作業従事者に対する健康保持増進の措置等
　除染等事業者は、東京電力福島第一原子力発電所における緊急作業に従事した労働者を除染等業務に就かせる場合は、次に掲げる事項を実施すること。
　（1）　電離則第59条の2に基づく報告を厚生労働大臣（厚生労働省労働衛生課あて）に行うこと。
　　ア　第7の1（3）及び第7の2（4）の個人票の写しを、健康診断実施後、遅滞なく提出すること。
　　イ　3月ごとの月の末日に、「指定緊急作業従事者等に係る線量等管理実施状況報告書」（電離則様式第3号）を提出すること。
　（2）　「東京電力福島第一原子力発電所における緊急作業従事者等の健康の保持増進のための指針」（平成23年東京電力福島第一原子力発電所における緊急作業従事者等の健康の保持増進のための指針公示第5号）に基づき、保健指導等を実施するとともに、緊急作業従事期間中に50mSvを超える被ばくをした者に対して、必要な検査等を実施すること。

別紙1　除染特別地域等の一覧

1　除染特別地域
・指定対象

　警戒区域又は計画的避難区域の対象区域等

	市町村数	指定地域
福島県	11	楢葉町、富岡町、大熊町、双葉町、浪江町、葛尾村及び飯舘村の全域並びに田村市、南相馬市、川俣町及び川内村の区域のうち警戒区域又は計画的避難区域である区域

2　汚染状況重点調査地域
・指定対象

　放射線量が0.23μSv/h以上の地域

	市町村数	指定地域
岩手県	3	一関市、奥州市及び平泉町の全域
宮城県	8	白石市、角田市、栗原市、七ヶ宿町、大河原町、丸森町、山元町及び亘理町の全域
福島県	40	福島市、郡山市、いわき市、白河市、須賀川市、相馬市、二本松市、伊達市、本宮市、桑折町、国見町、大玉村、鏡石町、天栄村、会津坂下町、湯川村、三島町、会津美里町、西郷村、泉崎村、中島村、矢吹町、棚倉町、矢祭町、塙町、鮫川村、石川町、玉川村、平田村、浅川町、古殿町、三春町、小野町、広野町、新地町及び柳津町の全域並びに田村市、南相馬市、川俣町及び川内村の区域のうち警戒区域又は計画的避難区域である区域を除く区域
茨城県	20	日立市、土浦市、龍ケ崎市、常総市、常陸太田市、高萩市、北茨城市、取手市、牛久市、つくば市、ひたちなか市、鹿嶋市、守谷市、稲敷市、鉾田市、つくばみらい市、東海村、美浦村、阿見町及び利根町の全域
栃木県	8	佐野市、鹿沼市、日光市、大田原市、矢板市、那須塩原市、塩谷町及び那須町の全域
群馬県	10	桐生市、沼田市、渋川市、安中市、みどり市、下仁田町、中之条町、高山村、東吾妻町及び川場村の全域
埼玉県	2	三郷市及び吉川市の全域
千葉県	9	松戸市、野田市、佐倉市、柏市、流山市、我孫子市、鎌ケ谷市、印西市及び白井市の全域
計	100	

別紙2　除染等業務のうち労働者派遣が禁止される業務

　労働者派遣事業の適正な運営の確保及び派遣労働者の就業条件の整備等に関する法律第4条第1項において労働者派遣事業を行ってはならない業務として、建設業務（土木、建築その他工作物の建設、改造、保存、修理、変更、破壊若しくは解体の作業又はこれらの作業の準備の作業に係る業務をいう。以下同じ。）が規定されており、除染等業務に関する業務であっても建設業務に該当する場合は、労働者派遣が禁止されること。

　したがって、一般的には、派遣先が建設現場である場合、単独で実施すれば建設業務に当たらない業務であっても、それが土木・建築等の作業の準備作業に当たるものとみなされることがほとんどであることから、禁止業務に該当する場合が多いこと。

　また、参考として以下に例を示したが、当該除染等業務が建設業務に当たるか否かは実態に即して判断されること、また、個々の業務は土木・建築等の作業に当たらないが、土木・建築等の作業の準備作業となる場合は建設業務に該当するため禁止されることに留意が必要であること。

業務内容 （使用機械等）	可否の考え方
森林（落葉、枝葉等の除去、立木の枝打ち）の除染（電動のこぎり）	一般的には、左記の業務は可能と考えられるが、実態として土木・建築等の作業の準備作業として行われる場合には建設業務に当たり不可。
土壌等の散水（ホース等）	一般的には、左記の業務のみの単独で当該業務が終了するものであれば可能と考えられるが、実態として土木・建築等の作業の準備作業として行われる場合には建設業務に当たり不可。
草刈り、表土のはぎ取り、土砂・草・コケ・落枝・落葉・ゴミの除去（草刈り機、スコップ、ほうき、熊手、土嚢袋）	一般的には、草刈り、草・コケ・落枝・落葉・ゴミの除去の業務は可能と考えられるが、実態として土木・建築等の作業の準備作業として行われる場合には建設業務に当たり不可。また、表土のはぎ取りや土砂の除去はそれ自体が建設業務に当たる業務と考えられるため不可。
表土等のはぎ取り、土砂・草・コケ・落枝・落葉・ゴミの除去（バックホー等の重機、土嚢袋）	建設業務に当たる業務と考えられるため不可。
側溝等の汚泥の除去（スコップ、ほうき、熊手、土嚢袋）	一般的には、左記の業務のみの単独で当該業務が終了するものであれば可能と考えられるが、実態として土木・建築等の作業の準備作業として行われる場合には建設業務に当たり不可。
屋根・外壁・道路・側溝等の洗浄（高圧洗浄機、ブラシ、バケツ、雑巾）	一般的には、左記の業務のみの単独で当該業務が終了するものであれば可能と考えられるが、実態として土木・建築等の作業の準備作業として行われる場合には建設業務に当たり不可。

除去土壌等の仮置き、埋設（スコップ、土嚢、遮水シート、遮蔽物）	除去土壌等の埋設は建設業務に当たる業務と考えられるため不可。 また、除去土壌等の仮置きは一般的には、既に除去された土壌が集積され、単にそれを移動させるのみであれば可能と考えられるが、実態として土木・建築等の作業の準備作業として行われる場合が多く、そのような場合には建設業務に当たり不可。
除去土壌等の仮置き場等への移動（バックホー）	建設業務に当たる業務と考えられるため不可。
除去土壌等の運搬（運搬車両）	除去すべき土壌等の存在する場所から直接運搬する場合は、実態として土木・建築等の作業の準備作業として行われる場合が多く、そのような場合には建設業務に当たり不可。一方、仮置場からの2次的な運搬は可能。
建物の屋根瓦・側壁のはぎ取り（工具）	建設業務に当たる業務と考えられるため不可。
アスファルトのはぎ取り（電動カッター）	建設業務に当たる業務と考えられるため不可。
がれきの除去・撤去、運搬	土地に定着していないがれきを人力等で撤去する作業の業務や、家の中に流れ込んだ土砂や敷地・道路に残った土砂・がれきを人力等で撤去する業務については可能と考えられるが、重機を使用する場合や土木・建築等の作業の準備作業として行われる場合には建設業務に当たり不可。

別紙3　高濃度粉じん作業に該当するかの判断方法

1　目的

　高濃度粉じん作業の判断は、事業者が、作業中に高濃度粉じんの下限値である$10mg/m^3$を超える粉じん濃度が発生しているかどうかを知り、内部被ばくの線量管理のために必要となる測定方法を決定するためのものであること。

2　基本的考え方

（1）　高濃度粉じんの下限値である$10mg/m^3$を超えているかどうかを判断できればよく、厳密な測定ではなく、簡易な測定で足りること。
（2）　測定は、専門の測定業者に委託して実施することが望ましいこと。

3　測定の方法（並行測定を行う場合）

（1）　高濃度粉じん作業の判定は、作業中に、個人サンプラーを用いるか、作業者の近傍で、粉じん作業中に、原則としてデジタル粉じん計による相対濃度指示方法によること。
（2）　測定の方法は、以下によること。
　ア　粉じん作業を実施している間、粉じん作業に従事する労働者の作業に支障を来さない程度に近い所でデジタル粉じん計（例：LD-5）により、2～3分間程度、相対濃度（cpm）の測定を行うこと。

イ　アの相対濃度測定は、粉じん作業に従事する者の全員について行うことが望ましいが、同様の作業を数メートル以内で行う労働者が複数いる場合は、そのうちの代表者について行えば足りること。

ウ　アの簡易測定の結果、最も高い相対濃度（cpm）を示した労働者について、作業に支障を来さない程度に近い所（風下）において、デジタル粉じん計とインハラブル粉じん濃度測定器を並行に設置し、10分以上の継続した時間で測定を行い、質量濃度変換係数を求めること。

① 粉じん濃度測定の対象粒径は、気中から鼻孔又は口を通って吸引されるインハラブル粉じん（吸引性粉じん、粒径100μm、50% cut）を測定対象とすること。

② インハラブル粉じんは、オープンフェイス型サンプラーを用い、捕集ろ紙の面速を18（cm/s）で測定すること。

③ 分粒装置の粒径と、測定位置以外については、作業環境測定基準第2条によること。

(3)　ウの結果求められた質量濃度変換係数を用いて、アの相対濃度測定から粉じん濃度（mg/m³）を算定し、測定結果のうち最も高い値が10mg/m³を超えている場合は、同一の粉じん作業を行う労働者全員について、10mg/m³を超えていると判断すること。

4　測定の方法（所定の質量濃度変換係数を使用する場合）

(1)　適用条件

この測定方法は、主に土壌を取り扱う場合のみに適用すること。落葉落枝、稲わら、牧草、上下水汚泥など有機物を多く含むものや、ガレキ、建築廃材等の土壌以外の粉じんが多く含まれるものを取り扱う場合には、3に定める測定方法によること。

(2)　測定点の設定

ア　高濃度粉じん作業の測定は、粉じん作業中に作業者の近傍で、原則としてデジタル粉じん計による相対濃度指示方法によって行うこと。測定位置は、粉じん濃度が最大になると考えられる発じん源の風下で、重機等の排気ガス等の影響を受けにくい位置とする。測定は、粉じんの発生すると考えられる作業内容ごとに行うこと。

イ　同一作業を行う作業者が複数いる場合には、代表して1名について測定を行うこと。

ウ　作業の邪魔にならず、測定者の安全が確保される範囲で、作業者になるべく近い位置で測定を行うこと。可能であれば、測定者がデジタル粉じん計を携行し、作業者に近い位置で測定を行うことが望ましいこと。また、作業の安全上問題がない場合は、作業者自身がLD-6Nを装着して測定を行う方法もあること。

(3)　測定時間

ア　測定時間は、濃度が最大となると考えらえる作業中の継続した10分間以上とすること。作業の1サイクルが数分程度の短時間の作業が繰り返し行われる場合は、作業が行われている時間を含む10分間以上の測定を行うこと。

イ　作業の1サイクルが10分から1時間程度までであれば作業1サイクル分の測定を行い、それより長い連続作業であれば作業の途中で10分程度の測定を数回行い、その最大値を測定結果とすること。

(4) 評価

ア　デジタル粉じん計により測定された相対濃度指示値(1分間当たりのカウント数。ｃpm。)に

質量濃度換算係数を乗じて質量濃度を算出し、10mg/㎥を超えているかどうかを判断すること。
　イ　質量濃度換算係数について
　　　この測定方法で使用する質量濃度換算係数については、0.15mg/㎥/cpmとすること。ただし、この係数の使用に当たっては、次に掲げる事項に留意すること。
　　①　この係数は、限られた測定結果に基づき設定されたものであり、今後の研究の進展により、適宜見直しを行う必要があるものであること。
　　②　本係数は、光散乱方式のデジタル粉じん計であるLD-5及びLD-6に適用することが想定されていること。

別紙4　内部被ばくスクリーニング検査の方法

1　目的
　スクリーニング検査は、除染等事業者が、内部被ばく測定を実施する必要のある者を判断するために実施されるものであること。

2　基本的考え方
（1）　高濃度粉じん作業（10mg/m³）かつ高濃度汚染土壌（50万Bq/kg）の状態にあっては、防じんマスクが全く使用されない無防備な状況を想定した場合、内部被ばく実効線量が1mSv/年を超える可能性があることから、3月以内ごとに一度の内部被ばく測定を実施すること。
（2）　その他の場合にあっては、1日ごとに作業終了時にスクリーニング検査を実施し、その限度を超えたことがあった場合は、3月以内ごとに1回、内部被ばく測定を実施すること。
　　なお、高濃度粉じん作業（10mg/m³）でなく、かつ高濃度汚染土壌（50万Bq/kg）でない場合は、最大予測値の試算を行っても内部被ばくは0.153mSv/年を超えることはないため、突発的に高い濃度の粉じんにばく露された場合に実施すれば足りること。

3　スクリーニング検査の実施方法
（1）　スクリーニング検査は、次の方法によること。
　ア　1日の作業の終了時において、防じんマスクに付着した放射性物質の表面密度を放射線測定器を用いて測定すること。
　イ　1日の作業の終了時において、鼻腔内の放射性物質の表面密度を測定すること（鼻スミアテスト）。
（2）　スクリーニング検査の基準値は、防じんマスク又は鼻腔内に付着した放射性物質の表面密度について、除染等業務従事者が除染等作業により受ける内部被ばくによる線量の合計が、3月間につき1mSvを十分下回るものとなることを確認するに足る数値とすること。目安としては以下のものがあること。
　ア　スクリーニング検査の基準値の設定のための目安として、マスク表面については10,000cpm（通常、防護係数は3を期待できるところ2と厳しい仮定を置き、マスク表面に

50％の放射性物質が付着して残りの50％を吸入すると仮定して試算した場合で、0.01mSv相当）があること。
イ 鼻スミアテストは2次スクリーニング検査とすることを想定し、スクリーニング検査の基準値設定の目安としては、1,000cpm（内部被ばく実効線量約0.03mSv相当）、10,000cpm（内部被ばく実効線量約0.3mSv相当）があること。
(3) 測定後の措置
ア 防じんマスクによる検査結果が基準値を超えた場合は、鼻スミアテストを実施すること。
① 鼻スミアテストにより10,000cpmを超えた場合は、3月以内ごとに1回、内部被ばく測定を実施すること。なお、医学的に妊娠可能な女性にあっては、鼻スミアテストの基準値を超えた場合は、直ちに内部被ばく測定を実施すること。
② 鼻スミアテストにより、1,000cpmを超えて10,000cpm以下の場合は、その結果を記録し、1,000cpmを超えることが数回以上あった場合は、3月以内ごとに1回内部被ばく測定を実施すること。
イ （1）イの防じんマスクの表面線量率の検査にあたっては、防じんマスクの装着が悪い場合は表面密度が低くでる傾向があるため、同様の作業を行っていた労働者の中で特定の労働者の表面密度が他の労働者と比較して大幅に低い場合は、当該労働者に対し、マスクの装着方法を再指導すること。

別紙5 平均空間線量率の測定・評価の方法

1 目的
平均空間線量率の測定・評価は、事業者が、除染等業務に労働者を従事させる際、作業場所の平均空間線量が2.5μSv/hを超えるかどうかを測定・評価し、実施する線量管理の内容を判断するために実施するものであること。

2 基本的考え方
(1) 作業の開始前にあらかじめ測定を実施すること
(2) 特定汚染土壌等取扱業務を実施する場合で、同じ場所で作業を継続するときは、作業の開始前に加え、2週間につき1度、測定を実施すること。この場合、測定値2.5μSv/hを下回った場合でも、天候等による測定値の変動がありえるため、測定値が2.5μSv/hのおよそ9割（2.2μSv/h）を下回るまで、測定を継続する必要があること。また、台風や洪水、地滑り等、周辺環境に大きな変化があった場合は、測定を実施すること。
(3) 労働者の被ばくの実態を適切に反映できる測定とすること

3 平均空間線量率の測定・評価について
(1) 共通事項
ア 空間線量率の測定は、地上1mの高さで行うこと。
イ 測定器等については、作業環境測定基準第8条によること。

(2) 空間線量率のばらつきが少ないことが見込まれる場合（特定汚染土壌等取扱業務を除く。）
　ア　作業場の区域（当該作業場の面積が1000m²を超えるときは、当該作業場を1000m²以下の区域に区分したそれぞれの区域をいう。）の形状が、四角形である場合は、区域の四隅と2つの対角線の交点の計5点の空間線量率を測定し、その平均値を平均空間線量率とすること。
　イ　作業場所が四角形でない場合は、区域の外周をほぼ4等分した点及びこれらの点により構成される四角形の2つの対角線の交点の計5点を測定し、その平均値を平均空間線量とすること。
(3) 空間線量率のばらつきが少ないことが見込まれる場合（特定汚染土壌等取扱業務に限る。）
　ア　作業場の区域の中で、最も線量が高いと見込まれる点の空間線量率を少なくとも3点測定し、測定結果の平均を平均空間線量率とすること。
　イ　あらかじめ除染等作業を実施し、放射性物質の濃度が高い汚染土壌等を除去してある場合は、基本的に、空間線量のばらつきが少ないと見なすことができること。
(4) 空間線量率のばらつきが大きいことが見込まれる場合
　ア　作業場の特定の場所に放射性物質が集中している場合その他作業場における区間線量率に著しい差が生じていると見込まれる場合にあっては、(2)の規定にかかわらず、次の式により計算することにより、平均空間線量率を計算すること。
　イ　計算にあたっては、次の事項に留意すること。
　　①　空間線量率が高いと見込まれる場所の付近の地点（以下「特定測定点」という。）を1000m²ごとに数点測定すること。
　　②　最も被ばく線量が大きいと見込まれる代表的個人について計算すること。
　　③　同一場所での作業が複数日にわたる場合は、最も被ばく線量が大きい作業を実施する日を想定して算定すること。

$$R = \left(\sum_{i=1}^{n} (B^i \times WH^i) + A \times \left(WH - \sum_{i=1}^{n} (WH^i) \right) \right) \div WH$$

R：平均空間線量率（μSv/h）
n：特定測定点の数
A：(2)により計算された平均空間線量率（μSv/h）
B^i：各特定測定点における空間線量率の値とし、当該値を代入してRを計算するもの（μSv/h）
WH^i：各特定測定点の近隣の場所において除染等業務を行う除染等業務従事者のうち最も被ばく線量が多いと見込まれる者の当該場所における1日あたりの労働時間（h）
WH：当該除染等業務従事者の1日の労働時間（h）

別紙6　汚染土壌等の放射能濃度の測定方法

1　目的

除染等作業の対象となる汚染土壌等、除去土壌又は汚染廃棄物の放射能濃度の測定は、事業者が、除染等業務に労働者を従事させる際に、汚染土壌等が基準値（1万Bq/kg又は50万Bq/kg）を超える

かどうかを判定し、必要となる放射線防護措置を決定するために実施する。

2 基本的考え方
(1) 作業の開始前にあらかじめ測定を実施すること。
(2) 特定汚染土壌等取扱業務を実施する場合で、同一の場所で事業を継続するときは、事業開始前に加え、2週間に一度、測定を実施すること。なお、放射性物質濃度が1万Bq/kgを下回った場合、測定値の変動に備え、測定値が1万Bq/kgを明らかに下回る場合を除き、測定値が低位安定するまでの間（概ね10週間）は、測定を継続する必要があること。また、台風や洪水、地滑り等、周辺環境に大きな変化があった場合も、測定を実施すること。
(3) 測定は、専門の測定業者に委託して実施することが望ましいこと。
(4) 作業において実際に取り扱う土壌等を測定すること。
(5) 放射性物質の濃度はばらつきが激しいため、測定された最も高い濃度を代表値とすること。
(6) 作業開始前の測定は、別紙6-2及び6-3の早見表その他の知見に基づき、土壌の掘削深さ及び作業場所の平均空間線量率等から、事業者において作業の対象となる汚染土壌等の放射能濃度が1万Bq/kgを明らかに下回り、特定汚染土壌等取扱業務に該当しないことを明確に判断できる場合にまで、放射能濃度測定を求める趣旨ではないこと。

3 試料採取
(1) 試料採取の原則
　ア　試料は、以下のいずれかを採取すること。
　　① 作業場所の空間線量率の測定点のうち最も高い空間線量率が測定された地点における汚染土壌等、除去土壌又は汚染廃棄物
　　② 作業で取扱う汚染土壌等、除去土壌又は汚染廃棄物のうち、最も放射線濃度が高いと見込まれるもの
　イ　試料は、作業場所ごとに（1000m^{2}を上回る場合は1000m^{2}ごとに）数点採取すること。なお、作業場所が1000m^{2}を大きく上回る場合で、農地等、汚染土壌等、除去土壌又は汚染廃棄物の濃度が比較的均一であると見込まれる場合は、試料採取の数は1000m^{2}ごとに少なくとも1点とすることで差し支えない。
　ウ　地表から一定の深さまでの土壌等を採取する場合は、採取した土壌等の平均濃度を測定可能な試料とすること。
(2) 試料採取の箇所（特定汚染土壌等取扱業務を除く。）
　　放射性物質の濃度が高いと見込まれる除染等対象物は以下のとおりであること。
　ア　農地
　　深さ5cm程度の土壌
　イ　森林
　　① 樹木の葉、表皮、落葉、落枝の代表的な部分
　　② 落葉層（腐葉土）の場合は、深さ3cm程度の腐葉土
　ウ　生活圏（建物など工作物、道路の周辺）
　　雨水が集まるところ及びその出口、植物及びその根元、雨水・泥・土がたまりやすいとこ

ろ、微粒子が付着しやすい構造物の近傍にある汚泥等除去対象物
(3) 試料採取の箇所(特定汚染土壌等取扱業務に限る。)
放射能濃度が高いと見込まれる汚染土壌等は以下のとおりであること。
　ア　農地
　　地表から深さ15cm程度までの土壌
　イ　森林
　　樹木の葉、表皮、落葉、落枝のうち、最も濃度が高いと見込まれるもの(落葉層(腐葉土)を測定する場合、その下の土壌を含めた地表から深さ15cm程度までの土壌等)
　ウ　生活圏(建物など工作物、道路の周辺)
　　作業により取扱う土壌等のうち、雨水が集まるところ及びその出口、植物及びその根元、雨水・泥・土がたまりやすいところ、微粒子が付着しやすい構造物の近傍にある土壌等(地表面から実際に取り扱う土壌等の深さまでの土壌等。深さは、作業で実際に掘削等を行う深さに応じるものとする。)

4 分析方法

分析方法は、以下のいずれかによること。
(1) 作業環境測定基準第9条第1項第2号に定める、全ガンマ放射能計測方法又はガンマ線スペクトル分析方法
(2) 簡易な方法
　ア　試料の表面の線量率とセシウム134とセシウム137の放射能濃度の合計の相関関係が明らかになっている場合は、次の方法で放射能濃度を算定することができること。(詳細については、別紙6-1参照)
　　① 採取した試料を容器等に入れ、その重量を測定すること。
　　② 容器等の表面の線量率の最大値を測定すること。
　　③ 測定した重量及び線量率から、容器内の試料のセシウム134とセシウム137の濃度の合計を算定すること。
　イ　一般のNaIシンチレーターによるサーベイメーターの測定上限値は30μSv/h程度であるため、簡易測定では、V5容器を使用しても、30万Bq/kg以上の測定は困難である。このため、サーベイメーターの指示値が30μSv/hを振り切った場合には、測定対象物の濃度が50万Bq/kgを超えるとして関連規定を適用するか、(1)の方法による分析を行うかいずれかとすること。
　ウ　1万Bq/kg前後と見込まれる試料を測定する場合は、測定される表面線量率が周囲の空間線量率を下回る可能性があるため、土のう袋を使用した測定を行うとともに、空間線量率が十分に低い場所で表面線量率の測定を行うこと。
(3) 空間線量率と放射性物質濃度の関係に基づく簡易測定
　ア　平均空間線量率が2.5μSv/hを下回る地域において、地表から1mにおける空間線量率と土壌中のセシウム134とセシウム137の放射能濃度(地表から15cmまでの平均)の合計との間に相関関係が明らかになっている場合は、次の方法で放射能濃度を算定することができること。(詳細については、別紙6-2及び6-3を参照。)
　　ただし、地表1cmまでの範囲に放射性物質の約5割(耕起していない農地土壌)、又は約6割

（学校の運動場）が集中し、森林についても落葉層に放射性物質が集中しているというデータがあることから、耕起されていない農地の地表近くの土壌のみを取扱う作業又は、落葉層若しくは地表近くの土壌のみを取扱う作業には、この簡易測定は適用しないこと。

イ　生活圏（建築物、工作物、道路等の周辺）の汚染土壌等については、建築物、工作物、道路、河川等、土壌等の態様が多様であることから、農地土壌のように、一律の推定結果を適用することは実態に即していないため、作業において実際に取り扱う土壌等について、(2)の簡易測定を実施すること。

ウ　測定方法

① 農地土壌について
- 地表から1mの平均空間線量率を測定する。（別紙5による）
- 農地の種類及び土の種類により、推定式を選択し、換算係数を選択する。
- 推定式により、土壌中のセシウム134とセシウム137の放射能濃度の合計を推定

② 森林の落葉層等について
- 地表から1mの平均空間線量率を測定する。（別紙5による）
- 推定式により、土壌中のセシウム134とセシウム137の放射能濃度の合計を推定

別紙6-1　放射能濃度の簡易測定手順

1　使用可能な容器の種類
(1)　丸型V式容器（128mmφ×56mmHのプラスチック容器。以下「V5容器」という。）
(2)　土のう袋
(3)　フレキシブルコンテナ
(4)　200Lドラム缶
(5)　2Lポリビン

2　事故由来廃棄物等を収納した容器の放射能濃度が1万Bq/kg、50万Bq/kg又は200万Bq/kgを下回っているかどうかの判別方法は、次のとおり。

1) 事故由来廃棄物等を収納した容器の表面の放射線量率を測定し、最も大きい値をA（μSv/h）とする。

2) 事故由来廃棄物等を収納した容器の放射能量B（Bq）を、下記式に測定日に応じた係数Xと測定した放射線量率A（μSv/h）を代入して求める。測定日及び容器の種類に応じた係数Xを表1に示す。

$$\boxed{A} \times \boxed{係数X} = B$$

3) 事故由来廃棄物等を収納した容器の重量を測定する。これをC（kg）とする。

4) 事故由来廃棄物等を収納した容器の放射能濃度D（Bq/kg）を、下記式に事故由来廃棄物等を収納した袋等の放射能量B（Bq）と重量C（kg）とを代入して求める。

$$\boxed{B} \div \boxed{C} = D$$

これより、事故由来廃棄物等を収納した容器の放射能濃度Dが1万Bq/kg、50万Bq/kg又は200万Bq/kgを下回っているかどうかが確認できる。

表1　除去物収納物の種類および測定日に応じた係数X

測定日	係数X				
	V5容器	土のう袋	フレキシブルコンテナ	200リットルドラム缶	2Lポリビン
平成26年10月　以内	3.7E+04	8.3E+05	1.1E+07	2.9E+06	1.1E+05
平成27年01月　以内	3.8E+04	8.5E+05	1.1E+07	2.9E+06	1.1E+05
平成27年04月　以内	3.8E+04	8.6E+05	1.1E+07	3.0E+06	1.1E+05
平成27年07月　以内	3.9E+04	8.8E+05	1.2E+07	3.0E+06	1.1E+05
平成27年10月　以内	3.9E+04	8.9E+05	1.2E+07	3.1E+06	1.1E+05
平成28年01月　以内	4.0E+04	9.0E+05	1.2E+07	3.1E+06	1.2E+05
平成28年04月　以内	4.0E+04	9.1E+05	1.2E+07	3.2E+06	1.2E+05
平成28年07月　以内	4.1E+04	9.3E+05	1.2E+07	3.2E+06	1.2E+05
平成28年10月　以内	4.2E+04	9.4E+05	1.2E+07	3.3E+06	1.2E+05
平成29年01月　以内	4.2E+04	9.5E+05	1.3E+07	3.3E+06	1.2E+05
平成29年04月　以内	4.3E+04	9.6E+05	1.3E+07	3.3E+06	1.2E+05
平成29年07月　以内	4.3E+04	9.7E+05	1.3E+07	3.4E+06	1.2E+05
平成29年10月　以内	4.3E+04	9.8E+05	1.3E+07	3.4E+06	1.3E+05
平成30年01月　以内	4.4E+04	9.9E+05	1.3E+07	3.5E+06	1.3E+05

別紙6-1　農地土壌の放射能濃度の簡易測定手順

1　地表面から1mの高さの平均空間線量率から、農地土壌におけるセシウム134及びセシウム137の放射能濃度の合計が1万Bq/kgを下回っていることの判別方法

1) 作業の開始前にあらかじめ作業場所の平均空間線量率 $\boxed{A}$ （μSv/h）を測定する。（測定方法は別紙5による。）
2) 農地の種類、土の種類（※1）から、以下の表により推定式を選択する。
3) 測定された値 $\boxed{A}$ （μSv/h）を2)で選択した推定式に代入して農地土壌（15cm深）における放射性セシウム濃度を推定する。

$$\text{平均空間線量率}\ \boxed{A}\ (\mu Sv/h) \times\ 係数\ \boxed{X}\ -\ 係数\ \boxed{Y}$$
$$= \text{Cs-137 及び Cs-134 の放射能濃度の合計 (Bq/kg)}$$

（例）「その他の地域」の「田（黒ボク土）」で平均空間線量率0.2μSv/hの場合の放射性セシウム濃度(推定式Cを使用)（※2）

$$0.2 \times 6,260 - 327 = 925 \text{ Bq/kg} \text{ （推定値）（表1）}$$

（表1）推定式の選択表

地域	農地の種類		土の種類	推定式	係数X	係数Y
避難指示区域	未除染農地			A	4,010	0
	除染農地(※3)			B	3,590	0
その他の地域	田		黒ボク土	C	6,260	327
			非黒ボク土	D	5,040	148
	畑		黒ボク土	E	4,720	185
			非黒ボク土	F	3,960	135
	樹園地・牧草地			G	3,060	0

（※1）農地の土壌が黒ボク土かどうかは(独)農業環境技術研究所の土壌情報閲覧システムHP中の土壌図で確認できる。
【URL:http://agrimesh.dc.affrc.go.jp/soil_db/】
（※2）時間の経過に伴い、減衰による換算係数の変動が生じるため、今後この変動が無視できないほど大きくなる前に推定式を見直す予定。
（※3）深耕、表土はぎ取りを行った農地

（表2）避難指示区域の未除染農地における放射性セシウム濃度と平均空間線量率の早見表

平均空間線量率 （μSv/h）	Cs濃度 (Bq/kg)	平均空間線量率 （μSv/h）	Cs濃度 (Bq/kg)	平均空間線量率 （μSv/h）	Cs濃度 (Bq/kg)
0.1	401	1.1	4,411	2.1	8,421
0.2	802	1.2	4,812	2.2	8,822
0.3	1,203	1.3	5,213	2.3	9,223
0.4	1,604	1.4	5,614	2.4	9,624
0.5	2,005	1.5	6,015	2.5	10,025
0.6	2,406	1.6	6,416	2.6	10,426
0.7	2,807	1.7	6,817	2.7	10,827
0.8	3,208	1.8	7,218	2.8	11,228
0.9	3,609	1.9	7,619	2.9	11,629
1.0	4,010	2.0	8,020	3.0	12,030

別紙6-3 森林土壌等の放射能濃度の簡易測定手順

1　地表面から1mの高さの平均空間線量率から、森林の落葉層及び土壌(以下「森林土壌等」という。)におけるセシウム134及びセシウム137の放射能濃度の合計が1万Bq/kgを下回っていることの判別方法

1) 作業の開始前にあらかじめ作業場所の平均空間線量率 $\boxed{A}$ （μSv/h）を測定する。（測定方法は別紙5による。）

2) 測定された値 $\boxed{A}$ （μSv/h）を代入して森林土壌等（15cm深）における放射性セシウム濃度を推定する。

$$\boxed{A}\ (\mu Sv/h) \times 3,380 - 190 = Cs\text{-}134 \text{及び} Cs\text{-}137 \text{の放射能濃度の合計（Bq/kg）}$$

（例）空間線量率2.5μSv/hにおける放射性セシウム濃度
　　2.5μSv/h × 3,380 － 190 ＝ 8,260 ≒ 8250（Bq/kg）

早見表

空間線量率 （μSv/h）	Cs濃度 （Bq/kg）	空間線量率 （μSv/h）	Cs濃度 （Bq/kg）	空間線量率 （μSv/h）	Cs濃度 （Bq/kg）
0.1	150	1.1	3,500	2.1	6,900
0.2	500	1.2	3,900	2.2	7,250
0.3	800	1.3	4,200	2.3	7,600
0.4	1,200	1.4	4,550	2.4	7,900
0.5	1,500	1.5	4,900	2.5	8,250
0.6	1,800	1.6	5,200	2.6	8,600
0.7	2,200	1.7	5,550	2.7	8,950
0.8	2,500	1.8	5,900	2.8	9,250
0.9	2,850	1.9	6,250	2.9	9,600
1.0	3,200	2.0	6,550	3.0	9,950

（※）時間の経過に伴い、減衰による換算係数の変動が生じるため、今後この変動が無視できないほど大きくなる前に推定式を見直す予定。

別紙7　作業指揮者に対する教育

除染等業務（特定汚染土壌等取扱業務については、作業場所の平均空間線量率が2.5μSv/hを超える場合に限る。）の作業指揮者に対する教育は、学科教育により行うものとし、次の表の左欄に掲げる科目に応じ、それぞれ、中欄に定める範囲について、右欄に定める時間以上実施すること。

科目	範囲	時間
作業の方法の決定及び除染等業務従事者の配置に関すること	①放射線測定機器の構造及び取扱方法 ②事前調査の方法 ③作業計画の策定 ④作業手順の作成	2時間 30分

除染等業務従事者に対する指揮の方法に関すること	①作業前点検、作業前打ち合わせ等の指揮及び教育の方法 ②作業中における指示の方法 ③保護具の適切な使用に係る指導方法	2時間
異常時における措置に関すること	①労働災害が発生した場合の応急の措置 ②病院への搬送等の方法	1時間

別紙8　労働者に対する特別教育

　除染等業務に従事する労働者に対する特別の教育は、学科教育及び実技教育により行うこと。
　学科教育は、次の表の左欄に掲げる科目に応じ、それぞれ、中欄に定める範囲について、右欄に定める時間以上実施すること。

科目	範囲	時間
電離放射線の生体に与える影響及び被ばく線量の管理の方法に関する知識	除染等業務(平均空間線量率が2.5μSv/h以下の場所においてのみ特定汚染土壌等を取り扱う業務を除く。)を行う者にあっては、次に掲げるもの ①電離放射線の種類及び性質 ②電離放射線が生体の細胞、組織、器官及び全身に与える影響 ③被ばく限度及び被ばく線量測定の方法 ④被ばく線量測定の結果の確認及び記録等の方法	1時間
	平均空間線量率が2.5μSv/h以下の場所においてのみ特定汚染土壌等取扱業務を行う者にあっては、次に掲げるもの ①電離放射線の種類及び性質 ②電離放射線が生体の細胞、組織、器官及び全身に与える影響 ③被ばく限度	1時間
除染等作業の方法に関する知識	土壌等の除染等の業務を行う者 ①土壌等の除染等の業務に係る作業の方法及び順序 ②放射線測定の方法 ③外部放射線による線量当量率の監視の方法 ④汚染防止措置の方法 ⑤身体等の汚染の状態の検査及び汚染の除去の方法 ⑥保護具の性能及び使用方法 ⑦異常な事態が発生した場合における応急の措置の方法	1時間
	除去土壌の収集、運搬又は保管に係る業務(以下「除去土壌の収集等に係る業務」という。)を行う者 ①除去土壌の収集等に係る業務に係る作業の方法及び順序 ②放射線測定の方法 ③外部放射線による線量当量率の監視の方法 ④汚染防止措置の方法 ⑤身体等の汚染の状態の検査及び汚染の除去の方法 ⑥保護具の性能及び使用方法 ⑦異常な事態が発生した場合における応急の措置の方法	1時間

除染等作業の方法に関する知識	汚染廃棄物の収集、運搬又は保管に係る業務(以下「汚染廃棄物の収集等に係る業務」という。)を行う者 ①汚染廃棄物の収集等に係る業務に係る作業の方法及び順序 ②放射線測定の方法 ③外部放射線による線量当量率の監視の方法 ④汚染防止措置の方法 ⑤身体等の汚染の状態の検査及び汚染の除去の方法 ⑥保護具の性能及び使用方法 ⑦異常な事態が発生した場合における応急の措置の方法		1時間
	平均空間線量率が2.5μSv/hを超える場所において特定汚染土壌等を取り扱う業務を行う者 ①特定汚染土壌等を取り扱う業務(以下「特定汚染土壌等取扱業務」という。)に係る作業の方法及び順序 ②放射線測定の方法 ③外部放射線による線量当量率の監視の方法 ④汚染防止措置の方法 ⑤身体等の汚染の状態の検査及び汚染の除去の方法 ⑥保護具の性能及び使用方法 ⑦異常な事態が発生した場合における応急の措置の方法		1時間
	平均空間線量率が2.5μSv/h以下の場所においてのみ特定汚染土壌等取扱業務を行う者 ① 特定汚染土壌等取扱業務に係る作業の方法及び順序 ② 放射線測定の方法 ③ 汚染防止措置の方法 ④ 身体等の汚染の状態の検査及び汚染の除去の方法 ⑤ 保護具の性能及び使用方法 ⑥ 異常な事態が発生した場合における応急の措置の方法		1時間
除染等作業に使用する機械等の構造及び取扱いの方法に関する知識(特定汚染土壌等取扱業務に労働者を就かせるときは、機械等の名称及び用途に関する知識に限る。)	土壌等の除染等の業務を行う者 土壌等の除染等の業務に係る作業に使用する機械等の構造及び取扱いの方法		1時間
	除去土壌の収集等に係る業務を行う者 除去土壌の収集等に係る業務に係る作業に使用する機械等の構造及び取扱いの方法		1時間
	汚染廃棄物の収集等に係る業務を行う者 汚染廃棄物の収集等に係る業務に係る作業に使用する機械等の構造及び取扱いの方法		1時間
	特定汚染土壌等取扱業務を行う者にあっては、当該業務に係る作業に使用する機械等の名称及び用途		30分
関係法令	労働安全衛生法、労働安全衛生法施行令、労働安全衛生規則及び除染電離則中の関係条項		1時間

　実技教育は、次の表の左欄に掲げる科目に応じ、それぞれ、中欄に定める範囲について、右欄に定める時間以上実施すること。

除染等作業の方法及び使用する機械等の取扱い（特定汚染土壌等取扱業務に労働者を就かせるときは、除染等作業の方法に限る。）	土壌等の除染等の業務を行う者 ①土壌等の除染等の業務に係る作業 ②放射線測定器の取扱い ③外部放射線による線量当量率の監視 ④汚染防止措置 ⑤身体等の汚染の状態の検査及び汚染の除去 ⑥保護具の取扱い ⑦土壌等の除染等の業務に係る作業に使用する機械等の取扱い	1時間30分
	除去土壌の収集等に係る業務を行う者 ①除去土壌の収集等に係る業務に係る作業 ②放射線測定器の取扱い ③外部放射線による線量当量率の監視 ④汚染防止措置 ⑤身体等の汚染の状態の検査及び汚染の除去 ⑥保護具の取扱い ⑦除去土壌の収集等に係る業務に係る作業に使用する機械等の取扱い	1時間30分
	汚染廃棄物の収集等に係る業務を行う者 ①汚染廃棄物の収集等に係る業務に係る作業 ②放射線測定器の取扱い ③外部放射線による線量当量率の監視 ④汚染防止措置 ⑤身体等の汚染の状態の検査及び汚染の除去 ⑥保護具の取扱い ⑦汚染廃棄物の収集等に係る業務に係る作業に使用する機械等の取扱い	1時間30分
	平均空間線量率が2.5μSv/hを超える場所において特定汚染土壌等取扱業務を行う者	1時間30分
	① 特定汚染土壌等取扱業務に係る作業 ② 放射線測定器の取扱い ③ 外部放射線による線量当量率の監視 ④ 汚染防止措置 ⑤ 身体等の汚染の状態の検査及び汚染の除去 ⑥ 保護具の取扱い	1時間
	平均空間線量率が2.5μSv/h以下の場所においてのみ特定汚染土壌等取扱業務を行う者 ① 特定汚染土壌等取扱業務に係る作業 ② 放射線測定器の取扱い ③ 汚染防止措置 ④ 身体等の汚染の状態の検査及び汚染の除去 ⑤ 保護具の取扱い	1時間

様式1

除染等業務に従事する労働者の被ばく線量管理（様式）

1. 個人識別項目

（フリガナ） 氏　名		男 女	生年月日	大正 昭和 平成　　　年　　月　　日

2. 個人識別項目の変更

年　月　日	変　更　前	変　更　後

3. 個人異動履歴

事　業　場　名	入社年月日	退社年月日

4. 被ばく前歴

期　　間	業　務　内　容	実　効　線　量
．．．～．．．		
．．．～．．．		
．．．～．．．		
．．．～．．．		
．．．～．．．		

5. 被ばく歴

①測　定　期　間	実　効　線　量		③等価線量	作業場名 （作業内容）
	外部線量	②内部線量		
．．．～．．．				
．．．～．．．				
．．．～．．．				
．．．～．．．				
．．．～．．．				
．．．～．．．				
．．．～．．．				
．．．～．．．				

①は3か月ごと（女性（妊娠する可能性がないと診断されたものを除く。）は1か月ごと）とすること。
　ただし、これに満たず契約期間が満了した場合は当該満了日までの期間とすること。
②は内部被ばくの測定を要する場合に記載すること。
③は妊娠中の女性の腹部表面に受ける等価線量について記載すること。

6. 教育歴

年　月　日	実　施　者	教　育　内　容（業務・科目）

様式2(除染電離則様式第1号(第10条関係))

土壌等の除染等の業務
特定汚染土壌等取扱業務 作業届

作 業 件 名	
作 業 の 場 所	
事業者の名称 所　在　地	(〒　-　)
発注者の名称 所　在　地	(〒　-　)
作業の実施期間	年　月　日～　年　月　日	作業指揮者 氏　　　名	
作業を行う場所の 平均空間線量率	
関係請負人一覧 及　　　　び 労働者数の概数		人		人
		人		人
		人		人
		人		人
		人		人

　　年　　月　　日

事業者職氏名　　　　　　　印

＿＿＿＿＿＿＿＿＿労働基準監督署長　殿

〔備考〕
1. 標題の「土壌等の除染等の業務」及び「特定汚染土壌等取扱業務」のうち、該当しない文字を抹消すること。
2. 本届は、発注単位で届け出ることを原則とするが、発注が複数の離れた作業を含む場合には、作業場所ごとに提出すること。
3. 「作業の場所」の欄には、作業を行う範囲を具体的に記載すること。地図等を用いる場合には別添として添付すること。
4. 「作業を行う場所の平均空間線量率」の欄には、事前調査により把握した除染等作業の場所の平均空間線量率を記載すること。欄が不足する場合には、別添として添付すること。
5. 「関係請負人一覧及び労働者数の概数」の欄には、関係請負人ごとの名称と、当該作業に従事する労働者数を記載すること。欄が不足する場合には、別添として添付すること。
6. 氏名を記載し、押印することに代えて、署名することができること。

様式3（除染電離則様式第2号（第21条関係））

除染等電離放射線健康診断個人票

氏　　　名			性　　別	男・女	生年月日	年　月　日	雇入年月日	年　月　日
除染等業務の経歴 （放射線業務及び特定線量下業務を含む。）	期　　　間		年　月　日から 年　月　日まで		年　月　日から 年　月　日まで		年　月　日から 年　月　日まで	①前回の健康診断までの実効線量 　　　　mSv （　　　mSv）
	業　務　名							
②　被　ば　く　歴　の　有　無								
③　判　　定　　と　　処　　置								
健　康　診　断　年　月　日								
現　　在　　の　　業　　務　　名								
前回の健康診断後に受けた線量	実効線量	外部被ばくによるもの（事故等によるものを除く。）（mSv）						
		内部被ばくによるもの（事故等によるものを除く。）（mSv）						
		④事故等によるもの（mSv）						
		計　　　　　　　　　（mSv）						
血液	白　血　球　数（個/mm³）							
	白血球百分率	リ　ン　パ　球（％）						
		単　　　　　球（％）						
		異　型　リ　ン　パ（％）						
		好中球	桿状核（％）					
			分葉核（％）					
		好　　酸　　球（％）						
		好　塩　基　球（％）						
	赤　血　球　数（万個/mm³）							
	血　色　素　量（g/dl）							
	ヘマトクリット値（％）							
	そ　　の　　他							
眼	水　晶　体　の　混　濁（有無）							
皮膚	発　　赤（有無）							
	乾燥又は縦じわ（有無）							
	潰　　　瘍（有無）							
	爪　の　異　常（有無）							
そ　の　他　の　検　査								
全　身　的　所　見								
自　覚　的　訴　え								
参　考　事　項								
⑤　医　　師　　の　　診　　断								
健康診断を実施した医師の氏名印								
⑥　医　　師　　の　　意　　見								
意見を述べた医師の氏名印								

備考
1 ①の欄は、平成24年1月1日以降の実効線量の合計を記入すること。また、同欄の（　）内には平成23年12月31日以前の集積線量を記入すること。
2 ②の欄は、被ばく歴を有する者については、作業の場所、内容及び期間、放射線障害の有無その他放射線による被ばくに関する事項を記入すること。
3 ③の欄は、本票記載の健康診断又は検査までの期間に採られた放射線に関する医学的処置及び就業上の措置について記入すること。
4 ④の欄は、(1)事故、(2)緊急作業への従事、(3)放射性物質の摂取、(4)傷創部の汚染及び(5)身体の汚染によって受けた実効線量又は推定量（受けた実効線量を推定することも困難な場合には、被ばくの原因）を記入すること。
5 ⑤の欄は、異常なし、要精密検査、要治療等の医師の診断を記入すること。
6 ⑥の欄は、健康診断の結果、異常の所見があると診断された場合に、就業上の措置について医師の意見を記入すること。

参考資料 ④
特定線量下業務に従事する労働者の放射線障害防止のためのガイドライン

平成24年6月15日付け基発0615第6号
最終改正：平成26年11月18日付け基発1118第6号

第1　趣旨

　平成23年3月11日に発生した東日本大震災に伴う東京電力福島第一原子力発電所の事故により放出された放射性物質に汚染された土壌等の除染等の業務又は廃棄物収集等業務に従事する労働者の放射線障害防止については、「東日本大震災により生じた放射性物質により汚染された土壌等を除染するための業務等に係る電離放射線障害防止規則」（平成23年厚生労働省令第152号。以下「除染電離則」という。）を平成23年12月22日に公布し、平成24年1月1日より施行するとともに、「除染等業務に従事する労働者の放射線障害防止のためのガイドライン」（平成23年12月22日付け基発第1222第6号。以下「除染等業務ガイドライン」という。）を定めたところである。

　今般、避難区域の線引きの変更に伴い、「平成二十三年三月十一日に発生した東北地方太平洋沖地震に伴う原子力発電所の事故により放出された放射性物質による環境の汚染への対処に関する特別措置法」（平成23年法律第110号。以下「汚染対処特措法」という。）第25条第1項に規定する除染特別地域又は同法第32条第1項に規定する汚染状況重点調査地域（以下「除染特別地域等」という。）において、生活基盤の復旧、製造業等の事業、病院・福祉施設等の事業、営農・営林、廃棄物の中間処理、保守修繕、運送業務等が順次開始される見込みとなっており、これら業務に従事する労働者の放射線障害防止対策が必要となっている。

　この点に関し、改正前の除染電離則の適用を受ける事業者は、除染特別地域等において、「土壌等の除染等の業務又は廃棄物収集等業務を行う事業の事業者」と定められており、それ以外の復旧・復興作業を行う事業者は、除染電離則の適用がなかったため、これら復旧・復興作業の作業形態に応じ、適切に労働者の放射線による健康障害を防止するための措置を規定するため、除染電離則の一部を改正し、平成24年7月1日より施行することとしている。

　このガイドラインは、改正除染電離則と相まって、復旧・復興作業における放射線障害防止のより一層的確な推進を図るため、改正除染電離則に規定された事項のほか、事業者が実施する事項及び従来の労働安全衛生法（昭和47年法律第57号）及び関係法令において規定されている事項のうち、重要なものを一体的に示すことを目的とするものである。

　なお、このガイドラインは、労働者の放射線障害防止を目的とするものであるが、同時に、自営業、個人事業者、ボランティア等に対しても活用できることを意図している。

　事業者は、本ガイドラインに記載された事項を的確に実施することに加え、より現場の実態に即した放射線障害防止対策を講ずるよう努めるものとする。

第2 適用等

このガイドラインは、汚染対処特措法に規定する除染特別地域等において、原発事故により放出された放射性物質（電離放射線障害防止規則（昭和47年労働省令第41号。以下「電離則」という。）第2条第2項の放射性物質に限る。以下「事故由来放射性物質」という。）により平均空間線量率が2.5μSv/hを超える場所で行う除染等業務以外の業務（以下「特定線量下業務」という。）を行う事業の事業者（以下「特定線量事業者」という。）を対象とすること。適用に当たっては、次に掲げる事項に留意すること。

なお、東電福島第一原発の周辺海域での潜水作業等はこのガイドラインの対象とはしないが、潜水作業等を行う事業者は、潜水作業等の従事者に対し、外部被ばく線量の測定及びその結果の記録等の措置を実施すること。

(1) 「除染等業務」とは、土壌等の除染等の業務、廃棄物収集等業務又は特定汚染土壌等取扱業務をいうこと。除染等業務を行う場合は、除染電離則の関係規定及び除染等業務ガイドラインが適用されること。

(2) 「特定線量下業務」についての留意事項

ア 製造業等屋内作業については、屋内作業場所の平均空間線量率が2.5μSv/h以下の場合は、屋外の平均空間線量が2.5μSv/hを超えていても特定線量下業務には該当しないこと。

イ 自動車運転作業及びそれに付帯する荷役作業等については、①荷の搬出又は搬入先（生活基盤の復旧作業に付随するものを除く。）が平均空間線量率2.5μSv/hを超える場所にあり、2.5μSv/hを超える場所に1月あたり40時間以上滞在することが見込まれる作業に従事する場合、又は②2.5μSv/hを超える場所における生活基盤の復旧作業に付随する荷（建設機械、建設資材、土壌、砂利等）の運搬の作業に従事する場合に限り、特定線量下業務に該当するものとすること。

なお、平均空間線量率2.5μSv/hを超える地域を単に通過する場合については、滞在時間が限られることから、特定線量下業務には該当しないこと。

ウ エックス線装置等の管理された放射線源により2.5μSv/hを超えるおそれのある場所については、「特定線量下業務」が事故由来放射性物質により2.5μSv/hを超える場所における業務に限られることから、引き続き電離則第3条第1項の管理区域として取り扱うこと。

第3 被ばく線量管理の対象及び方法

1 基本原則

(1) 特定線量事業者は、特定線量下業務に従事する労働者（以下「特定線量下業務従事者」という。）又はその他の労働者が電離放射線を受けることをできるだけ少なくするように努めること。

(2) 特定線量下業務を実施する際には、特定線量下業務従事者の被ばく低減を優先し、あらかじめ、作業場所における除染等の措置が実施されるように努めること。

ア (1) は、国際放射線防護委員会（ICRP）の最適化の原則に基づき、事業者は、作業を実施

する際、被ばくを合理的に達成できる限り低く保つべきであることを述べたものであること。
イ （2）については、ICRPで定める正当化の原則（以下「正当化原則」という。）から、一定以上の被ばくが見込まれる作業については、被ばくによるデメリットを上回る公益性や必要性が求められることに基づき、特定線量業務従事者の被ばく低減を優先して、作業を実施する前にあらかじめ、除染等の措置を実施するよう努力する必要があること。
ウ 正当化原則に照らし、製造業、商業等の事業を行う事業者は、労働時間が長いことに伴って被ばく線量が高くなる傾向があること、必ずしも緊急性が高いとはいえないことも踏まえ、あらかじめ、作業場所周辺の除染等の措置を実施し、可能な限り線量低減を図った上で、原則として、被ばく線量管理を行う必要がない空間線量率（2.5μSv/h以下）のもとで作業に就かせることが求められること。

　なお、原子力災害対策本部が製造業等の再開を管理する平均空間線量率が3.8μSv/h以下の地域では、屋内の空間線量率は建物の遮へい効果によりその約4割の約1.5μSv/h以下であると想定されることから、作業開始前に除染等の措置を適切に実施すれば、製造業等の屋内作業が特定線量下業務に該当することはないと見込まれること。

2　線量の測定
（1）　特定線量事業者は、作業場所の平均空間線量率が2.5μSv/hを超える場所において労働者を特定線量下業務に就かせる場合は、個人線量計により外部被ばく線量を測定すること。
（2）　自営業者、個人事業者については、被ばく線量管理等を実施することが困難であることから、あらかじめ除染等の措置を適切に実施する等により、特定線量下業務に該当する作業に就かないことが望ましいこと。
ア　やむをえず、特定線量下業務を行う個人事業主、自営業者については、特定線量下業務を行う事業者とみなして、このガイドラインを適用すること。
イ　ボランティアについては、作業による実効線量が1mSv/年を超えることのないよう、作業場所の平均空間線量率が2.5μSv/h（週40時間、52週換算で、5mSv/年相当）以下の場所であって、かつ、年間数十回（日）の範囲内で作業を行わせること。

3　被ばく線量限度
（1）　特定線量事業者は、2の（1）で測定された労働者の受ける実効線量の合計が、次のアからウまでに掲げる限度を超えないようにすること。
ア　男性及び妊娠する可能性がないと診断された女性は、5年間につき100mSv、かつ、1年間に50mSv
イ　女性（妊娠する可能性がないと診断されたものおよびウのものを除く。）は、3月間につき5mSv
ウ　妊娠と診断された女性は、妊娠中に腹部表面に受ける等価線量が2mSv
（2）　特定線量事業者は、電離則第3条で定める管理区域内において放射線業務に従事した労働者、除染等業務に従事した労働者を特定線量下業務に就かせるときは、当該労働者が放射線業務又は除染等業務で受けた実効線量と2の（1）により測定された実効線量の合計が（1）の限度を超えないようにすること。

(3) 特定線量事業者は、(1)及び(2)に規定する被ばく線量管理を行うため、特定線量下業務従事者に対し、雇い入れ又は特定線量下業務への配置換えの際、被ばく歴の有無（被ばく歴を有する者については、作業の場所、内容及び期間その他放射線による被ばくに関する事項）を当該労働者が前の事業者から交付された線量の記録（労働者がこれを有していない場合は前の事業場から再交付を受けさせること。）により調査すること。

(4) (1)のアの「5年間」については、異なる複数の事業場において特定線量下業務に従事する労働者の被ばく線量管理を適切に行うため、全ての特定線量下業務を事業として行う事業場において統一的に平成24年1月1日を始期とし、「平成24年1月1日から平成28年12月31日まで」とすること。平成24年1月1日から平成28年12月31日までの間に新たに特定線量下業務を事業として実施する事業者についても同様とし、この場合、事業を開始した日から平成28年12月31日までの残り年数に20mSvを乗じた値を、平成28年12月31日までの被ばく線量限度とみなして関係規定を適用すること。

(5) (1)のアの「1年間」については、「5年間」の始期の日を始期とする1年間であり、「平成24年1月1日から平成24年12月31日まで」とすること。なお、平成24年1月1日以降、平成24年6月30日までに受けた線量を把握している場合は、それを平成24年7月1日以降に被ばくした線量に合算して被ばく管理すること。

(6) 特定線量事業者は、「1年間」又は「5年間」の途中に新たに自らの事業場において特定線量下業務に従事することとなった労働者について、特定線量下業務の開始前に、当該「1年間」又は「5年間」の始期より当該特定線量下業務に従事するまでの被ばく線量を当該労働者が前の事業者から交付された線量の記録（労働者がこれを有していない場合は前の事業場から再交付を受けさせること。）により確認すること。

(7) (3)及び(4)の規定に関わらず、放射線業務を主として行う事業者については、事業場で統一された別の始期により被ばく線量管理を行っても差し支えないこと。

(8) 特定線量事業者は、(4)及び(5)の始期を特定線量下業務従事者に周知させること。

4 線量の測定結果の記録等

(1) 特定線量事業者は、2の測定又は計算の結果に基づき、次に掲げる特定線量下業務従事者の被ばく線量を算定し、これを記録し、これを30年間保存すること。また、3の(3)の調査の結果についても同様とすること。ただし、5年間保存した後に当該記録を、又は当該特定線量下業務従事者が離職した後に当該特定線量下業務従事者に係る記録を、厚生労働大臣が指定する機関に引き渡すときはこの限りではないこと。この場合、記録の様式の例として、様式1があること。

なお、特定線量下業務従事者のうち電離則第4条第1項の放射線業務従事者であった者、除染特別地域等において除染等業務に従事する労働者であった者については、当該従事者が放射線業務又は除染等業務に従事する際に受けた線量を特定線量下業務で受ける線量に合算して記録し、保存すること。

ア 男性又は妊娠する可能性がないと診断された女性の実効線量の3月ごと、1年ごと、及び5年ごとの合計（5年間において、実効線量が1年間につき20mSvを超えたことのない者にあっては、3月ごと及び1年ごとの合計）

イ 医学的に妊娠可能な女性の実効線量の1月ごと、3月ごと及び1年ごとの合計（1月間受ける実効線量が1.7mSvを超えるおそれのないものにあっては、3月ごと及び1年ごとの合計）
ウ 妊娠中の女性の内部被ばくによる実効線量及び腹部表面に受ける等価線量の1月ごと及び妊娠中の合計
(2) 特定線量事業者は、(1)の記録を、遅滞なく特定線量下業務従事者に通知すること。
(3) 特定線量事業者は、その事業を廃止しようとするときには、(1)の記録を厚生労働大臣が指定する機関に引き渡すこと。
(4) 特定線量事業者は、特定線量下業務従事者が離職するとき又は事業を廃止しようとするときには、(1)の記録の写しを特定線量下業務従事者に交付すること。
(5) 特定線量事業者は、有期契約労働者又は派遣労働者を使用する場合、被ばく線量線管理を適切に行うため、以下の事項に留意すること。
ア 3月未満の期間を定めた労働契約又は派遣契約による労働者を使用する場合には、被ばく線量の算定は、1月ごとに行い、記録すること。
イ 契約期間の満了時には、当該契約期間中に受けた実効線量を合計して被ばく線量を算定して記録し、その記録の写しを当該特定線量下業務従事者に交付すること。

第4 被ばく低減のための措置

1 事前調査等
(1) 特定線量事業者は、特定線量下業務を行うときに、作業場所について、当該作業の開始前及び同一の場所で継続して作業を行っている間2週間につき一度、作業場所における平均空間線量率（μSv/h）を調査し、その結果を記録すること。
ただし、測定結果が、平均空間線量率2.5μSv/hを安定的に下回った場合は、それ以降の測定を行う必要はないこと。
(2) 平均空間線量率の測定・評価の方法は別紙2によること。なお、事前調査は、作業場所が2.5μSv/hを超えて被ばく線量管理が必要か否かを判断するために行われるものであるため、文部科学省が公表している航空機モニタリング等の結果を踏まえ、事業者が、作業場所が2.5μSv/hを超えていると判断する場合は、個別の作業場所での航空機モニタリング等の結果をもって平均空間線量率の測定に代えることができるものであるとともに、作業の対象となる場所での平均空間線量率が2.5μSv/hを明らかに下回り、特定線量下業務に該当しないことを明確に判断できる場合にまで、測定を求める趣旨ではないこと。
(3) 特定線量事業者は、あらかじめ、(1)又は(2)の調査が終了した年月日、調査方法及びその結果の概要を特定線量下業務従事者に書面の交付等により明示すること。

2 医師による診察等
(1) 特定線量事業者は、特定線量下業務従事者が次のいずれかに該当する場合、速やかに医師の診察又は処置を受けさせること。
ア 被ばく線量限度を超えて実効線量を受けた場合

イ 事故由来放射性物質を誤って吸入摂取し、又は経口摂取した場合
ウ 事故由来放射性物質により汚染された後、洗身等によっても汚染を40Bq/cm²以下にすることができない場合
エ 創傷部が事故由来放射性物質により汚染された場合
(2) (1) イについては、事故等で大量の土砂等に埋まった場合で鼻スミアテスト等を実施してその基準を超えた場合、大量の土砂や汚染水が口に入った場合等、一定程度の内部被ばくが見込まれるものに限るものであること。

第5 労働者教育

1 特定線量下業務従事者に対する特別の教育
(1) 特定線量事業者は、特定線量下業務に労働者を就かせるときは、当該労働者に対し、次の科目について、学科による特別の教育を行う。
ア 電離放射線の生体に与える影響及び被ばく線量の管理の方法に関する知識
イ 放射線測定の方法等に関する知識
ウ 関係法令
(2) その他、特別教育の実施の詳細については、別紙3によること。

2 その他必要な者に対する教育等
(1) 自営業者、個人事業者等、雇用されていない者に対しても同様の教育を行うことが望ましいこと。
(2) 特定線量下業務の発注者は、教育を受けた労働者を、作業開始までに業務の遂行上必要な人数を確保できる体制が整っていることを確認した上で発注を行うことが望ましいこと。

第6 健康管理のための措置

1 健康診断
(1) 特定線量事業者(派遣労働者に対する健康診断にあっては、派遣元事業者。以下同じ。)は、常時使用する特定線量下業務従事者に対し、雇入れ時及びその後1年以内ごとに1回、定期に、次の項目について医師による健康診断を行うこと。
ア 既往歴及び業務歴の調査
イ 自覚症状及び他覚症状の有無の検査
ウ 身長、体重、腹囲、視力及び聴力の検査
エ 胸部エックス線検査及び喀痰検査
オ 血圧の測定
カ 貧血検査
キ 肝機能検査

ク 血中脂質検査
ケ 血糖検査
コ 尿検査
サ 心電図検査
(2) (1)の健康診断（定期のものに限る）は、前回の健康診断においてカからケ及びサに掲げる項目については健康診断を受けた者については、医師が必要でないと認めるときは、当該項目の全部又は一部を省略することができること。また、ウ及びエについても、厚生労働大臣が定める基準に基づき、医師が必要ないと認めるときは省略することができること。
(3) 特定線量事業者は、(1)の健康診断の結果に基づき、個人票を作成し、これを5年間保存すること。

2　健康診断の結果についての事後措置等

(1) 特定線量事業者は、1の健康診断の結果（当該健康診断の項目に異常の所見があると診断された労働者に係るものに限る。）に基づく医師からの意見聴取を、次に定めるところにより行うこと。
　ア　健康診断が行われた日から3月以内に行うこと
　イ　聴取した医師の意見を個人票に記載すること。
(2) 特定線量事業者は、1の健康診断を受けた特定線量下業務従事者に対し、遅滞なく、健康診断の結果を通知すること。
(3) 特定線量事業者は、1の健康診断の結果、放射線による障害が生じており、若しくはその疑いがあり、又は放射線による障害が生ずるおそれがあると認められる者については、その障害、疑い又はおそれがなくなるまで、就業する場所又は業務の転換、被ばく時間の短縮、作業方法の変更等健康の保持に必要な措置を講ずること。

第7　安全衛生管理体制等

1　元方事業者による被ばく状況の一元管理

特定線量下業務を行う元方事業者は、放射線管理者を選任し、次の事項を含む、関係請負人の労働者の被ばく管理も含めた一元管理を実施させること。なお、放射線管理者は、放射線関係の国家資格保持者又は専門教育機関等による放射線管理に関する講習等の受講者から選任することが望ましいこと。
(1) 労働者の過去の累積被ばく線量の適切な把握、被ばく線量記録等の散逸の防止を図るため、「除染等業務従事者等被ばく線量登録管理制度」に参加すること。
(2) 関係請負人による第7の3に定める措置が適切に実施されるよう、必要な指導・援助を実施すること。

2　事業者における安全衛生管理体制

(1) 特定線量事業者は、事業場の規模に応じ、衛生管理者又は安全衛生推進者を選任し、線量の測定及び結果の記録等の業務の措置に関する技術的事項を管理させること。
　　なお、労働者数が10人未満の事業場にあっても、安全衛生推進者の選任が望ましいこと。

(2) 特定線量事業者は、事業場の規模に関わらず、放射線管理担当者を選任し、線量の測定及び結果の記録等の業務に関する業務を行わせること。

3 東電福島第一原発緊急作業従事者対する健康保持増進の措置等

特定線量事業者は、東京電力福島第一原子力発電所における緊急作業に従事した労働者を特定線量下業務に就かせる場合は、次に掲げる事項を実施すること。

(1) 電離則第59条の2に基づき、3月ごとの月の末日に、「指定緊急作業従事者等に係る線量等管理実施状況報告書」（電離則様式第3号）を厚生労働大臣（厚生労働省労働衛生課あて）に提出すること。

(2) 「東京電力福島第一原子力発電所における緊急作業従事者等の健康の保持増進のための指針」（平成23年東京電力福島第一原子力発電所における緊急作業従事者等の健康の保持増進のための指針公示第5号）に基づき、保健指導等を実施するとともに、緊急作業従事期間中に50mSvを超える被ばくをした者に対して、必要な検査等を実施すること。

別紙1　除染特別地域等の一覧

1　除染特別地域

・指定対象

警戒区域又は計画的避難区域の対象区域等

	市町村数	指定地域
福島県	11	楢葉町、富岡町、大熊町、双葉町、浪江町、葛尾村及び飯舘村の全域並びに田村市、南相馬市、川俣町及び川内村の区域のうち警戒区域又は計画的避難区域である区域

2　汚染状況重点調査地域

・指定対象

放射線量が1時間当たり0.23マイクロシーベルト以上の地域

	市町村数	指定地域
岩手県	3	一関市、奥州市及び平泉町の全域
宮城県	8	白石市、角田市、栗原市、七ヶ宿町、大河原町、丸森町、山元町及び亘理町の全域
福島県	40	福島市、郡山市、いわき市、白河市、須賀川市、相馬市、二本松市、伊達市、本宮市、桑折町、国見町、大玉村、鏡石町、天栄村、会津坂下町、湯川村、三島町、会津美里町、西郷村、泉崎村、中島村、矢吹町、棚倉町、矢祭町、塙町、鮫川村、石川町、玉川村、平田村、浅川町、古殿町、三春町、小野町、広野町、新地町及び柳津町の全域並びに田村市、南相馬市、川俣町及び川内村の区域のうち警戒区域又は計画的避難区域である区域を除く区域
茨城県	20	日立市、土浦市、龍ケ崎市、常総市、常陸太田市、高萩市、北茨城市、取手市、牛久市、つくば市、ひたちなか市、鹿嶋市、守谷市、稲敷市、鉾田市、つくばみらい市、東海村、美浦村、阿見町及び利根町の全域

栃木県	8	佐野市、鹿沼市、日光市、大田原市、矢板市、那須塩原市、塩谷町及び那須町の全域
群馬県	10	桐生市、沼田市、渋川市、安中市、みどり市、下仁田町、中之条町、高山村、東吾妻町及び川場村の全域
埼玉県	2	三郷市及び吉川市の全域
千葉県	9	松戸市、野田市、佐倉市、柏市、流山市、我孫子市、鎌ケ谷市、印西市及び白井市の全域
計	100	

別紙2　平均空間線量率の測定・評価の方法

1　目的

平均空間線量率の測定・評価は、事業者が、特定線量下業務に労働者を従事させる際、作業場所の平均空間線量が2.5μSv/hを超えるかどうかを測定・評価し、実施する線量管理の内容を判断するために実施するものであること。

2　基本的考え方

(1) 作業の開始前にあらかじめ測定を実施すること

(2) 同じ場所で作業を継続する場合は、2週間につき1度、測定を実施すること。なお、測定値2.5μSv/hを下回った場合でも、天候等による測定値の変動がありえるため、測定値2.5μSv/hのおよそ9割（2.2μSv/h）を下回るまで、測定を継続する必要があること。また、台風や洪水、地滑り等、周辺環境に大きな変化があった場合も、測定を実施すること。

(3) 労働者の被ばくの実態を適切に反映できる測定とすること。

(4) 作業開始前の測定は、文部科学省が公表している空間線量率及び作業内容等から、作業の対象となる場所での平均空間線量率が2.5μSv/hを明らかに下回り、特定線量下業務に該当しないことを明確に判断できる場合にまで、測定を求める趣旨ではないこと。

3　平均空間線量率の測定・評価について

(1) 共通事項

ア　空間線量率の測定は、地上1mの高さで行うこと

イ　測定器等については、作業環境測定基準第8条によること

(2) 測定方法

業務を実施する作業場の区域（当該作業場の面積が1,000㎡を超えるときは、当該作業場を1,000㎡以下の区域に区分したそれぞれの区域をいう。）の中で、最も線量が高いと見込まれる点の空間線量率を少なくとも3点測定し、測定結果の平均を平均空間線量率とすること。

別紙3 労働者に対する特別教育

特定線量下業務に従事する労働者に対する特別の教育は、学科教育により行うこと。
学科教育は、次の表の左欄に掲げる科目に応じ、それぞれ、中欄に定める範囲について、右欄に定める時間以上実施すること。

科目	範囲	時間
電離放射線の生体に与える影響及び被ばく線量の管理の方法に関する知識	① 電離放射線の種類及び性質 ② 電離放射線が生体の細胞、組織、器官及び全身に与える影響 ③ 被ばく限度及び被ばく線量測定の方法 ④ 被ばく線量測定の結果の確認及び記録等の方法	1時間
放射線測定等の方法に関する知識	① 放射線測定の方法 ② 外部放射線による線量当量率の監視の方法 ③ 異常な事態が発生した場合における応急の措置の方法	30分
関係法令	労働安全衛生法、労働安全衛生法施行令、労働安全衛生規則及び除染電離則中の関係条項	1時間

様式1

<h1 style="text-align:center">特定線量下業務に従事する労働者の被ばく線量管理様式</h1>

1. 個人識別項目

（フリガナ） 氏　　名		男 女	生年月日	大正 昭和　　年　月　日 平成

2. 個人識別項目の変更

年　月　日	変　更　前	変　更　後

3. 個人異動履歴

事　業　場　名	入社年月日	退社年月日

4. 被ばく前歴

期　　間	業　務　内　容	実　効　線　量
．．．～．．．		
．．．～．．．		
．．．～．．．		
．．．～．．．		
．．．～．．．		

5. 被ばく歴

①測　定　期　間	実　効　線　量 （外部線量）	②等価線量	作業場名 （作業内容）
．．．～．．．			（　　　　　）
．．．～．．．			（　　　　　）
．．．～．．．			（　　　　　）
．．．～．．．			（　　　　　）
．．．～．．．			（　　　　　）
．．．～．．．			（　　　　　）
．．．～．．．			（　　　　　）
．．．～．．．			（　　　　　）
．．．～．．．			（　　　　　）
．．．～．．．			（　　　　　）

①は3か月ごと（女性（妊娠する可能性がないと診断されたものを除く。）は1か月ごと）とすること。
　ただし、これに満たず契約期間が満了した場合は当該満了日までの期間とすること。
②は妊娠中の女性の腹部表面に受ける等価線量について記載すること。

6. 教育歴

年　月　日	実　施　者	教　育　内　容（業務・科目）

防じんマスクの選択、使用等について

(平成17年2月7日付け基発第0207006号)

　防じんマスクは、空気中に浮遊する粒子状物質（以下「粉じん等」という。）の吸入により生じるじん肺等の疾病を予防するために使用されるものであり、その規格については、防じんマスクの規格（昭和63年労働省告示第19号）において定められているが、その適正な使用等を図るため、平成8年8月6日付け基発第505号「防じんマスクの選択、使用等について」により、その適正な選択、使用等について指示してきたところである。

　防じんマスクの規格については、その後、平成12年9月11日に公示され、同年11月15日から適用された「防じんマスクの規格及び防毒マスクの規格の一部を改正する告示（平成12年労働省告示第88号）」において一部が改正されたが、改正前の防じんマスクの規格（以下「旧規格」という。）に基づく型式検定に合格した防じんマスクであって、当該型式の型式検定合格証の有効期間（5年）が満了する日までに製造されたものについては、改正後の防じんマスクの規格（以下「新規格」という。）に基づく型式検定に合格したものとみなすこととしていたことから、改正後も引き続き、新規格に基づく防じんマスクと併せて、旧規格に基づく防じんマスクが使用されていたところである。

　しかしながら、最近、新規格に基づく防じんマスクが大部分を占めることとなってきた現状にかんがみ、今般、新規格に基づく防じんマスクの選択、使用等の留意事項について下記のとおり定めたので、了知の上、今後の防じんマスクの選択、使用等の適正化を図るための指導等に当たって遺憾なきを期されたい。

　なお、平成8年8月6日付け基発第505号「防じんマスクの選択、使用等について」は、本通達をもって廃止する。

　おって、日本呼吸用保護具工業会会長あてに別添（略）のとおり通知済であるので申し添える。

記

第1　事業者が留意する事項

1　全体的な留意事項

　事業者は、防じんマスクの選択、使用等に当たって、次に掲げる事項について特に留意すること。

（1）　事業者は、衛生管理者、作業主任者等の労働衛生に関する知識及び経験を有する者のうちから、各作業場ごとに防じんマスクを管理する保護具着用管理責任者を指名し、防じんマスクの適正な選択、着用及び取扱方法について必要な指導を行わせるとともに、防じんマスクの適正な保守管理に当たらせること。

（2）　事業者は、作業に適した防じんマスクを選択し、防じんマスクを着用する労働者に対し、当該防じんマスクの取扱説明書、ガイドブック、パンフレット等（以下「取扱説明書等」とい

う。）に基づき、防じんマスクの適正な装着方法、使用方法及び顔面と面体の密着性の確認方法について十分な教育や訓練を行うこと。

2 防じんマスクの選択に当たっての留意事項

防じんマスクの選択に当たっては、次の事項に留意すること。

(1) 防じんマスクは、機械等検定規則（昭和47年労働省令第45号）第14条の規定に基づき面体及びろ過材ごと（使い捨て式防じんマスクにあっては面体ごと）に付されている型式検定合格標章により型式検定合格品であることを確認すること。

(2) 労働安全衛生規則（昭和47年労働省令第32号。以下「安衛則」という。）第592条の5、鉛中毒予防規則（昭和47年労働省令第37号。以下「鉛則」という。）第58条、特定化学物質等障害予防規則（昭和47年労働省令第39号。以下「特化則」という。）第43条、電離放射線障害防止規則（昭和47年労働省令第41号。以下「電離則」という。）第38条及び粉じん障害防止規則（昭和54年労働省令第18号。以下「粉じん則」という。）第27条のほか労働安全衛生法令に定める呼吸用保護具のうち防じんマスクについては、粉じん等の種類及び作業内容に応じ、別紙の表に示す防じんマスクの規格第1条第3項に定める性能を有するものであること。

(3) 次の事項について留意の上、防じんマスクの性能が記載されている取扱説明書等を参考に、それぞれの作業に適した防じんマスクを選ぶこと。

　ア　粉じん等の種類及び作業内容の区分並びにオイルミスト等の混在の有無の区分のうち、複数の性能の防じんマスクを使用させることが可能な区分であっても、作業環境中の粉じん等の種類、作業内容、粉じん等の発散状況、作業時のばく露の危険性の程度等を考慮した上で、適切な区分の防じんマスクを選ぶこと。高濃度ばく露のおそれがあると認められるときは、できるだけ粉じん捕集効率が高く、かつ、排気弁の動的漏れ率が低いものを選ぶこと。さらに、顔面とマスクの面体の高い密着性が要求される有害性の高い物質を取り扱う作業については、取替え式の防じんマスクを選ぶこと。

　イ　粉じん等の種類及び作業内容の区分並びにオイルミスト等の混在の有無の区分のうち、複数の性能の防じんマスクを使用させることが可能な区分については、作業内容、作業強度等を考慮し、防じんマスクの重量、吸気抵抗、排気抵抗等が当該作業に適したものを選ぶこと。具体的には、吸気抵抗及び排気抵抗が低いほど呼吸が楽にできることから、作業強度が強い場合にあっては、吸気抵抗及び排気抵抗ができるだけ低いものを選ぶこと。

　ウ　ろ過材を有効に使用することのできる時間は、作業環境中の粉じん等の種類、粒径、発散状況及び濃度に影響を受けるため、これらの要因を考慮して選択すること。

　　吸気抵抗上昇値が高いものほど目詰まりが早く、より短時間で息苦しくなることから、有効に使用することのできる時間は短くなること。

　　また、防じんマスクは一般に粉じん等を捕集するに従って吸気抵抗が高くなるが、RS1、RS2、RS3、DS1、DS2又はDS3の防じんマスクでは、オイルミスト等が堆積した場合に吸気抵抗が変化せずに急激に粒子捕集効率が低下するもの、また、RL1、RL2、RL3、DL1、

DL2又はDL3の防じんマスクでも多量のオイルミスト等の堆積により粒子捕集効率が低下するものがあるので、吸気抵抗の上昇のみを使用限度の判断基準にしないこと。

(4) 防じんマスクの顔面への密着性の確認

　粒子捕集効率の高い防じんマスクであっても、着用者の顔面と防じんマスクの面体との密着が十分でなく漏れがあると、粉じんの吸入を防ぐ効果が低下するため、防じんマスクの面体は、着用者の顔面に合った形状及び寸法の接顔部を有するものを選択すること。特に、ろ過材の粒子捕集効率が高くなるほど、粉じんの吸入を防ぐ効果を上げるためには、密着性を確保する必要があること。そのため、以下の方法又はこれと同等以上の方法により、各着用者に顔面への密着性の良否を確認させること。

　なお、大気中の粉じん、塩化ナトリウムエアロゾル、サッカリンエアロゾル等を用いて密着性の良否を確認する機器もあるので、これらを可能な限り利用し、良好な密着性を確保すること。

　ア　取替え式防じんマスクの場合

　　作業時に着用する場合と同じように、防じんマスクを着用させる。なお、保護帽、保護眼鏡等の着用が必要な作業にあっては、保護帽、保護眼鏡等も同時に着用させる。その後、いずれかの方法により密着性を確認させること。

　　(ア)　陰圧法

　　　防じんマスクの面体を顔面に押しつけないように、フィットチェッカー等を用いて吸気口をふさぐ。息を吸って、防じんマスクの面体と顔面との隙間から空気が面体内に漏れ込まず、面体が顔面に吸いつけられるかどうかを確認する。

　　(イ)　陽圧法

　　　防じんマスクの面体を顔面に押しつけないように、フィットチェッカー等を用いて排気口をふさぐ。息を吐いて、空気が面体内から流出せず、面体内に呼気が滞留することによって面体が膨張するかどうかを確認する。

　イ　使い捨て式防じんマスクの場合

　　使い捨て式防じんマスクの取扱説明書等に記載されている漏れ率のデータを参考とし、個々の着用者に合った大きさ、形状のものを選択すること。

3　防じんマスクの使用に当たっての留意事項

　防じんマスクの使用に当たっては、次の事項に留意すること。

(1) 防じんマスクは、酸素濃度18％未満の場所では使用してはならないこと。このような場所では給気式呼吸用保護具を使用させること。

　また、防じんマスク（防臭の機能を有しているものを含む。）は、有害なガスが存在する場所においては使用させてはならないこと。このような場所では防毒マスク又は給気式呼吸用保護具を使用させること。

(2) 防じんマスクを適正に使用するため、防じんマスクを着用する前には、その都度、着用者

に次の事項について点検を行わせること。
　ア　吸気弁、面体、排気弁、しめひも等に破損、き裂又は著しい変形がないこと。
　イ　吸気弁、排気弁及び弁座に粉じん等が付着していないこと。
　　　なお、排気弁に粉じん等が付着している場合には、相当の漏れ込みが考えられるので、陰圧法により密着性、排気弁の気密性等を十分に確認すること。
　ウ　吸気弁及び排気弁が弁座に適切に固定され、排気弁の気密性が保たれていること。
　エ　ろ過材が適切に取り付けられていること。
　オ　ろ過材が破損したり、穴が開いていないこと。
　カ　ろ過材から異臭が出ていないこと。
　キ　予備の防じんマスク及びろ過材を用意していること。

（3）　防じんマスクを適正に使用させるため、顔面と面体の接顔部の位置、しめひもの位置及び締め方等を適切にさせること。また、しめひもについては、耳にかけることなく、後頭部において固定させること。

（4）　着用後、防じんマスクの内部への空気の漏れ込みがないことをフィットチェッカー等を用いて確認させること。
　　なお、取替え式防じんマスクに係る密着性の確認方法は、上記2の（4）のアに記載したいずれかの方法によること。

（5）　次のような防じんマスクの着用は、粉じん等が面体の接顔部から面体内へ漏れ込むおそれがあるため、行わせないこと。
　ア　タオル等を当てた上から防じんマスクを使用すること。
　イ　面体の接顔部に「接顔メリヤス」等を使用すること。ただし、防じんマスクの着用により皮膚に湿しん等を起こすおそれがある場合で、かつ、面体と顔面との密着性が良好であるときは、この限りでないこと。
　ウ　着用者のひげ、もみあげ、前髪等が面体の接顔部と顔面の間に入り込んだり、排気弁の作動を妨害するような状態で防じんマスクを使用すること。

（6）　防じんマスクの使用中に息苦しさを感じた場合には、ろ過材を交換すること。
　　なお、使い捨て式防じんマスクにあっては、当該マスクに表示されている使用限度時間に達した場合又は使用限度時間内であっても、息苦しさを感じたり、著しい型くずれを生じた場合には廃棄すること。

4　防じんマスクの保守管理上の留意事項
　　防じんマスクの保守管理に当たっては、次の事項に留意すること。
（1）　予備の防じんマスク、ろ過材その他の部品を常時備え付け、適時交換して使用できるようにすること。

(2) 防じんマスクを常に有効かつ清潔に保持するため、使用後は粉じん等及び湿気の少ない場所で、吸気弁、面体、排気弁、しめひも等の破損、き裂、変形等の状況及びろ過材の固定不良、破損等の状況を点検するとともに、防じんマスクの各部について次の方法により手入れを行うこと。ただし、取扱説明書等に特別な手入れ方法が記載されている場合は、その方法に従うこと。

　ア　吸気弁、面体、排気弁、しめひも等については、乾燥した布片又は軽く水で湿らせた布片で、付着した粉じん、汗等を取り除くこと。

　　また、汚れの著しいときは、ろ過材を取り外した上で面体を中性洗剤等により水洗すること。

　イ　ろ過材については、よく乾燥させ、ろ過材上に付着した粉じん等が飛散しない程度に軽くたたいて粉じん等を払い落すこと。

　　ただし、ひ素、クロム等の有害性が高い粉じん等に対して使用したろ過材については、1回使用するごとに廃棄すること。

　　なお、ろ過材上に付着した粉じん等を圧搾空気等で吹き飛ばしたり、ろ過材を強くたたくなどの方法によるろ過材の手入れは、ろ過材を破損させるほか、粉じん等を再飛散させることとなるので行わないこと。

　　また、ろ過材には水洗して再使用できるものと、水洗すると性能が低下したり破損したりするものがあるので、取扱説明書等の記載内容を確認し、水洗が可能な旨の記載のあるもの以外は水洗してはならないこと。

　ウ　取扱説明書等に記載されている防じんマスクの性能は、ろ過材が新品の場合のものであり、一度使用したろ過材を手入れして再使用（水洗して再使用することを含む。）する場合は、新品時より粒子捕集効率が低下していないこと及び吸気抵抗が上昇していないことを確認して使用すること。

(3) 次のいずれかに該当する場合には、防じんマスクの部品を交換し、又は防じんマスクを廃棄すること。

　ア　ろ過材について、破損した場合、穴が開いた場合又は著しい変形を生じた場合
　イ　吸気弁、面体、排気弁等について、破損、き裂若しくは著しい変形を生じた場合又は粘着性が認められた場合
　ウ　しめひもについて、破損した場合又は弾性が失われ、伸縮不良の状態が認められた場合
　エ　使い捨て式防じんマスクにあっては、使用限度時間に達した場合又は使用限度時間内であっても、作業に支障をきたすような息苦しさを感じたり著しい型くずれを生じた場合

(4) 点検後、直射日光の当たらない、湿気の少ない清潔な場所に専用の保管場所を設け、管理状況が容易に確認できるように保管すること。なお、保管に当たっては、積み重ね、折り曲げ等により面体、連結管、しめひも等について、き裂、変形等の異常を生じないようにすること。

(5) 使用済みのろ過材及び使い捨て式防じんマスクは、付着した粉じん等が再飛散しないように容器又は袋に詰めた状態で廃棄すること。

第2 製造者等が留意する事項

防じんマスクの製造者等は、次の事項を実施するよう努めること。

1 防じんマスクの販売に際し、事業者等に対し、防じんマスクの選択、使用等に関する情報の提供及びその具体的な指導をすること。

2 防じんマスクの選択、使用等について、不適切な状態を把握した場合には、これを是正するように、事業者等に対し、指導すること。

別紙

粉じん等の種類及び作業内容	防じんマスクの性能の区分
○ 安衛則第592条の5 廃棄物の焼却施設に係る作業で、ダイオキシン類の粉じんのばく露のおそれのある作業において使用する防じんマスク	
・オイルミスト等が混在しない場合	RS3、RL3
・オイルミスト等が混在する場合	RL3
○ 電離則第38条 放射性物質がこぼれたとき等による汚染のおそれがある区域内の作業又は緊急作業において使用する防じんマスク	
・オイルミスト等が混在しない場合	RS3、RL3
・オイルミスト等が混在する場合	RL3
○ 鉛則第58条、特化則第43条及び粉じん則第27条 金属のヒューム(溶接ヒュームを含む。)を発散する場所における作業において使用する防じんマスク	
・オイルミスト等が混在しない場合	RS2、RS3、DS2、DS3 RL2、RL3、DL2、DL3
・オイルミスト等が混在する場合	RL2、RL3、DL2、DL3
○ 鉛則第58条及び特化則第43条 管理濃度が0.1mg/m^{3}以下の物質の粉じんを発散する場所における作業において使用する防じんマスク	
・オイルミスト等が混在しない場合	RS2、RS3、DS2、DS3 RL2、RL3、DL2、DL3
・オイルミスト等が混在する場合	RL2、RL3、DL2、DL3
○ 上記以外の粉じん作業	
・オイルミスト等が混在しない場合	RS1、RS2、RS3 DS1、DS2、DS3 RL1、RL2、RL3 DL1、DL2、DL3
・オイルミスト等が混在する場合	RL1、RL2、RL3 DL1、DL2、DL3

参考資料❻
職場における熱中症の予防について

(平成21年6月19日付け基発第0619001号)

　職場における熱中症については、死亡者数が年間約20名を数え、休業4日以上の業務上疾病者数も年間約300名にも上っているところである。
　さらに、糖尿病、高血圧症等が一般に熱中症の発症リスクを高める中、健康診断等に基づく措置の一層の徹底が必要な状況であること等から、下記のとおり、職場における熱中症の予防に関する事業者の実施事項を示すこととしたところである。

記

第1　WBGT値（暑さ指数）の活用

1　WBGT値等

　WBGT（Wet-Bulb Globe Temperature：湿球黒球温度（単位：℃））の値は、暑熱環境による熱ストレスの評価を行う暑さ指数（式［1］又は［2］により算出）であり、作業場所に、WBGT測定器を設置するなどにより、WBGT値を求めることが望ましいこと。特に、WBGT予報値、熱中症情報等により、事前にWBGT値が表1－1のWBGT基準値（以下単に「WBGT基準値」という。）を超えることが予想される場合は、WBGT値を作業中に測定するよう努めること。
　ア　屋内の場合及び屋外で太陽照射のない場合
　　　WBGT値＝0.7×自然湿球温度＋0.3×黒球温度　式［1］
　イ　屋外で太陽照射のある場合
　　　WBGT値＝0.7×自然湿球温度＋0.2×黒球温度＋0.1×乾球温度　式［2］
　また、WBGT値の測定が行われていない場合においても、気温（乾球温度）及び相対湿度を熱ストレスの評価を行う際の参考にすること。

2　WBGT値に係る留意事項

　表1－2に掲げる衣類を着用して作業を行う場合にあっては、式［1］又は［2］により算出されたWBGT値に、それぞれ表1－2に掲げる補正値を加える必要があること。
　また、WBGT基準値は、既往症がない健康な成年男性を基準に、ばく露されてもほとんどの者が有害な影響を受けないレベルに相当するものとして設定されていることに留意すること。

3　WBGT基準値に基づく評価等

　WBGT値が、WBGT基準値を超え、又は超えるおそれのある場合には、冷房等により当該作業場所のWBGT値の低減を図ること、身体作業強度（代謝率レベル）の低い作業に変更すること、WBGT基準値より低いWBGT値である作業場所での作業に変更することなどの熱中症予防対策を作業の状況等に応じて実施するよう努めること。それでもなお、WBGT基準値を超え、又は超え

るおそれのある場合には、第2の熱中症予防対策の徹底を図り、熱中症の発生リスクの低減を図ること。ただし、WBGT基準値を超えない場合であっても、WBGT基準値が前提としている条件に当てはまらないとき又は補正値を考慮したWBGT基準値を算出することができないときは、実際の条件により、WBGT基準値を超え、又は超えるおそれのある場合と同様に、第2の熱中症予防対策の徹底を図らなければならない場合があることに留意すること。

上記のほか、熱中症を発症するリスクがあるときは、必要に応じて第2の熱中症予防対策を実施することが望ましいこと。

第2 熱中症予防対策

1 作業環境管理
  (1) WBGT値の低減等
     次に掲げる措置を講ずることなどにより当該作業場所のWBGT値の低減に努めること。
   ア WBGT基準値を超え、又は超えるおそれのある作業場所(以下単に「高温多湿作業場所」という。)においては、発熱体と労働者の間に熱を遮ることのできる遮へい物等を設けること。
   イ 屋外の高温多湿作業場所においては、直射日光並びに周囲の壁面及び地面からの照り返しを遮ることができる簡易な屋根等を設けること。
   ウ 高温多湿作業場所に適度な通風又は冷房を行うための設備を設けること。また、屋内の高温多湿作業場所における当該設備は、除湿機能があることが望ましいこと。
     なお、通風が悪い高温多湿作業場所での散水については、散水後の湿度の上昇に注意すること。
  (2) 休憩場所の整備等
     労働者の休憩場所の整備等について、次に掲げる措置を講ずるよう努めること。
   ア 高温多湿作業場所の近隣に冷房を備えた休憩場所又は日陰等の涼しい休憩場所を設けること。
     また、当該休憩場所は臥床することのできる広さを確保すること。
   イ 高温多湿作業場所又はその近隣に氷、冷たいおしぼり、水風呂、シャワー等の身体を適度に冷やすことのできる物品及び設備を設けること。
   ウ 水分及び塩分の補給を定期的かつ容易に行えることができるよう高温多湿作業場所に飲料水の備付け等を行うこと。

2 作業管理
   (1) 作業時間の短縮等
      作業の休止時間及び休憩時間を確保し、高温多湿作業場所の作業を連続して行う時間を短縮すること、身体作業強度（代謝率レベル）が高い作業を避けること、作業場所を変更することなどの熱中症予防対策を、作業の状況等に応じて実施するよう努めること。
   (2) 熱への順化
      高温多湿作業場所において労働者を作業に従事させる場合には、熱への順化（熱に慣れ当該環境に適応すること）の有無が、熱中症の発生リスクに大きく影響することを踏まえて、計画的に、熱への順化期間を設けることが望ましいこと。特に、梅雨から夏季になる時期において、気温等が急に上昇した高温多湿作業場所で作業を行う場合、新たに当該作業を行う場合、また、長期間、当該作業場所での作業から離れ、その後再び当該作業を行う場合等においては、通常、労働者は熱に順化していないことに留意が必要であること。
   (3) 水分及び塩分の摂取
      自覚症状以上に脱水状態が進行していることがあること等に留意の上、自覚症状の有無にかかわらず、水分及び塩分の作業前後の摂取及び作業中の定期的な摂取を指導するとともに、労働者の水分及び塩分の摂取を確認するための表の作成、作業中の巡視における確認などにより、定期的な水分及び塩分の摂取の徹底を図ること。特に、加齢や疾患によって脱水状態であっても自覚症状に乏しい場合があることに留意すること。
      なお、塩分等の摂取が制限される疾患を有する労働者については、主治医、産業医等に相談させること。
   (4) 服装等
      熱を吸収し、又は保熱しやすい服装は避け、透湿性及び通気性の良い服装を着用させること。また、これらの機能を持つ身体を冷却する服の着用も望ましいこと。
      なお、直射日光下では通気性の良い帽子等を着用させること。
   (5) 作業中の巡視
      定期的な水分及び塩分の摂取に係る確認を行うとともに、労働者の健康状態を確認し、熱中症を疑わせる兆候が表れた場合において速やかな作業の中断その他必要な措置を講ずること等を目的に、高温多湿作業場所の作業中は巡視を頻繁に行うこと。

3 健康管理
   (1) 健康診断結果に基づく対応等
      労働安全衛生規則（昭和47年労働省令第32号）第43条、第44条及び第45条に基づく健康診断の項目には、糖尿病、高血圧症、心疾患、腎不全等の熱中症の発症に影響を与えるおそれのある疾患と密接に関係した血糖検査、尿検査、血圧の測定、既往歴の調査等が含まれていること及び労働安全衛生法（昭和47年法律第57号）第66条の4及び第66条の5に基づき、異常所見があると診断された場合には医師等の意見を聴き、当該意見を勘案して、必要があると認めるときは、事業者は、就業場所の変更、作業の転換等の適切な措置を講ずることが義務付けられていることに留意の上、これらの徹底を図ること。

また、熱中症の発症に影響を与えるおそれのある疾患の治療中等の労働者については、事業者は、高温多湿作業場所における作業の可否、当該作業を行う場合の留意事項等について産業医、主治医等の意見を勘案して、必要に応じて、就業場所の変更、作業の転換等の適切な措置を講ずること。

(2) 日常の健康管理等

高温多湿作業場所で作業を行う労働者については、睡眠不足、体調不良、前日等の飲酒、朝食の未摂取等が熱中症の発症に影響を与えるおそれがあることに留意の上、日常の健康管理について指導を行うとともに、必要に応じ健康相談を行うこと。これを含め、労働安全衛生法第69条に基づき健康の保持増進のための措置に取り組むよう努めること。

さらに、熱中症の発症に影響を与えるおそれのある疾患の治療中等である場合は、熱中症を予防するための対応が必要であることを労働者に対して教示するとともに、労働者が主治医等から熱中症を予防するための対応が必要とされた場合又は労働者が熱中症を予防するための対応が必要となる可能性があると判断した場合は、事業者に申し出るよう指導すること。

(3) 労働者の健康状態の確認

作業開始前に労働者の健康状態を確認すること。

作業中は巡視を頻繁に行い、声をかけるなどして労働者の健康状態を確認すること。

また、複数の労働者による作業においては、労働者にお互いの健康状態について留意させること。

(4) 身体の状況の確認

休憩場所等に体温計、体重計等を備え、必要に応じて、体温、体重その他の身体の状況を確認できるようにすることが望ましいこと。

4 労働衛生教育

労働者を高温多湿作業場所において作業に従事させる場合には、適切な作業管理、労働者自身による健康管理等が重要であることから、作業を管理する者及び労働者に対して、あらかじめ次の事項について労働衛生教育を行うこと。

(1) 熱中症の症状
(2) 熱中症の予防方法
(3) 緊急時の救急処置
(4) 熱中症の事例

なお、(2)の事項には、1から4までの熱中症予防対策が含まれること。

5 救急処置

(1) 緊急連絡網の作成及び周知

労働者を高温多湿作業場所において作業に従事させる場合には、労働者の熱中症の発症に備え、あらかじめ、病院、診療所等の所在地及び連絡先を把握するとともに、緊急連絡網を作成し、関係者に周知すること。

(2) 救急措置

　熱中症を疑わせる症状が現われた場合は、救急処置として涼しい場所で身体を冷し、水分及び塩分の摂取等を行うこと。また、必要に応じ、救急隊を要請し、又は医師の診察を受けさせること。

(解説)

　本解説は、職場における熱中症予防対策を推進する上での留意事項を解説したものである。

1　熱中症について

　熱中症は、高温多湿な環境下において、体内の水分及び塩分（ナトリウム等）のバランスが崩れたり、体内の調整機能が破綻するなどして、発症する障害の総称であり、めまい・失神、筋肉痛・筋肉の硬直、大量の発汗、頭痛・気分の不快・吐き気・嘔吐・倦怠感・虚脱感、意識障害・痙攣・手足の運動障害、高体温等の症状が現れる。

2　WBGT値（暑さ指数）の活用について

（1）WBGT値の測定方法等は、平成17年7月29日付け基安発第0729001号「熱中症の予防対策におけるWBGTの活用について」によること。

（2）WBGT値の測定が行われていない場合には、表2の「WBGT値と気温、相対湿度との関係」などが熱ストレス評価を行う際の参考になること。

3　作業管理について

（1）熱への順化の例としては、次に掲げる事項等があること。

　ア　作業を行う者が順化していない状態から7日以上かけて熱へのばく露時間を次第に長くすること。

　イ　熱へのばく露が中断すると4日後には順化の顕著な喪失が始まり3～4週間後には完全に失われること。

（2）作業中における定期的な水分及び塩分の摂取については、身体作業強度等に応じて必要な摂取量等は異なるが、作業場所のWBGT値がWBGT基準値を超える場合には、少なくとも、0.1～0.2％の食塩水、ナトリウム40～80mg/100mlのスポーツドリンク又は経口補水液等を、20～30分ごとにカップ1～2杯程度を摂取することが望ましいこと。

4　健康管理について

（1）糖尿病については、血糖値が高い場合に尿に糖が漏れ出すことにより尿で失う水分が増加し脱水状態を生じやすくなること、高血圧症及び心疾患については、水分及び塩分を尿中に出す作用のある薬を内服する場合に脱水状態を生じやすくなること、腎不全については、塩分摂取を制限される場合に塩分不足になりやすいこと、精神・神経関係の疾患については、自律神経に影響のある薬（パーキンソン病治療薬、抗てんかん薬、抗うつ薬、抗不安薬、睡眠薬等）を内服する場合に発汗及び体温調整が阻害されやすくなること、広範囲の皮膚疾患については、発汗が不十分となる場合があること等から、これらの疾患等については

熱中症の発症に影響を与えるおそれがあること。
(2) 感冒等による発熱、下痢等による脱水等は、熱中症の発症に影響を与えるおそれがあること。また、皮下脂肪の厚い者も熱中症の発症に影響を与えるおそれがあることから、留意が必要であること。
(3) 心機能が正常な労働者については1分間の心拍数が数分間継続して180から年齢を引いた値を超える場合、作業強度のピークの1分後の心拍数が120を超える場合、休憩中等の体温が作業開始前の体温に戻らない場合、作業開始前より1.5％を超えて体重が減少している場合、急激で激しい疲労感、悪心、めまい、意識喪失等の症状が発現した場合等は、熱へのばく露を止めることが必要とされている兆候であること。

5 救急処置について
　熱中症を疑わせる具体的な症状については表3の「熱中症の症状と分類」を、具体的な救急処置については図の「熱中症の救急処置（現場での応急処置）」を参考にすること。

表1-1　（略）
表1-2　（略）
表2　　（略）

表3　熱中症の症状と分類

分類	症　　状	重症度
Ⅰ度	めまい・失神 　（「立ちくらみ」という状態で、脳への血流が瞬間的に不十分になったことを示し、"熱失神"と呼ぶこともある。） 筋肉痛・筋肉の硬直 　（筋肉の「こむら返り」のことで、その部分の痛みを伴う。発汗に伴う塩分（ナトリウム等）の欠乏により生じる。これを"熱痙攣"と呼ぶこともある。） 大量の発汗	小　↓　大
Ⅱ度	頭痛・気分の不快・吐き気・嘔吐・倦怠感・虚脱感 　（体がぐったりする、力が入らないなどがあり、従来から"熱疲労"と言われていた状態である。）	
Ⅲ度	意識障害・痙攣・手足の運動障害 　（呼びかけや刺激への反応がおかしい、体がガクガクと引きつけがある、真直ぐに走れない・歩けないなど。） 高体温 　（体に触ると熱いという感触がある。従来から"熱射病"や"重度の日射病"と言われていたものがこれに相当する。）	

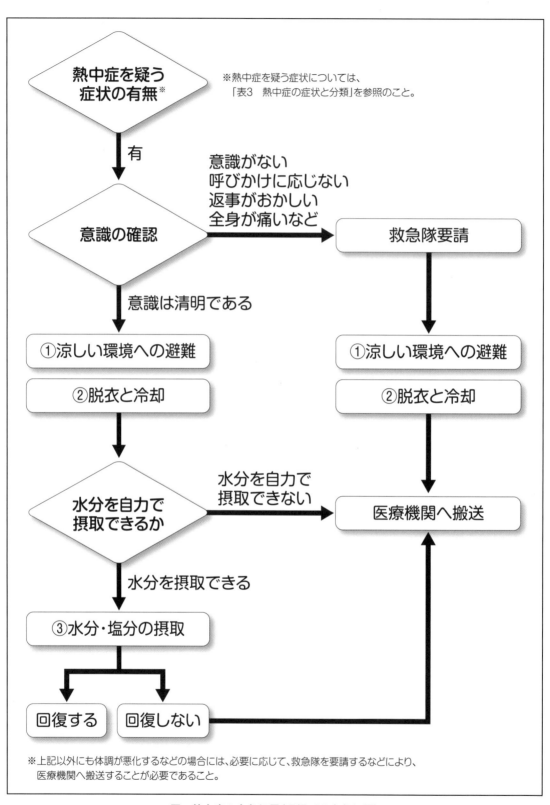

図 熱中症の応急処置（現場での応急処置）

【主な引用・参考文献】

全編
「除染等業務特別教育テキスト」厚生労働省2011年
「除染関係ガイドライン」環境省2011年
「除染等業務従事者特別教育テキスト」中央労働災害防止協会 2012年

第2章
「電離放射線障害防止規則の解説」中央労働災害防止協会 2011年
「職長の安全衛生テキスト」中央労働災害防止協会 2011年

第3章
「産業洗浄（高圧洗浄作業）安全対策マニュアル（高圧洗浄作業監督者教育用）」
　社団法人 日本洗浄技能開発協会 2011年

第5章
「衛生管理(上)第1種用」中央労働災害防止協会 2012年
　日本救急医療財団心肺蘇生法委員会監修「改訂4版 救急蘇生法の指針2010（市民用）」
へるす出版 2011年
　日本救急医療財団心肺蘇生法委員会監修「改訂4版 救急蘇生法の指針2010（市民用・解説編）」
へるす出版 2011年

除染等業務の作業指揮者テキスト

平成24年3月12日	第1版第1刷発行
平成24年7月26日	第2版第1刷発行
平成26年3月3日	第3版第1刷発行
平成27年5月28日	第4版第1刷発行
平成28年8月22日	第2刷発行

編　者	中央労働災害防止協会
発　行　者	阿　部　研　二
発　行　所	中央労働災害防止協会
	〒108-0023
	東京都港区芝浦3-17-12
	吾妻ビル9階
	電話　販売　03(3452)6401
	編集　03(3452)6209
印刷・製本	㈱丸井工文社
デザイン	㈱ジェイアイ

落丁・乱丁本はお取り替えいたします　　©JISHA 2015
ISBN978-4-8059-1618-6　C3043
中災防ホームページ　http://www.jisha.or.jp/

本書の内容は著作権法によって保護されています。本書の全部または、一部を複写（コピー）、複製、転載すること（電子媒体への加工を含む）を禁じます。

中災防の除染関係図書

除染等業務従事者 特別教育テキスト

中央労働災害防止協会　編
B5判　248ページ
定価　（本体1,400円＋税）

コードNo.23296
ISBN 978-4-8059-1669-8 C3043

平成24年1月に施行された「除染電離則」によって義務づけられた除染等業務従事者のための特別教育用テキスト。一部文章の通加等を行い再編集。平成28年3月改訂。

除染等業務従事者のための 安全衛生のてびき

中央労働災害防止協会　編
B6判　24ページ　4色刷
定価　（本体380円＋税）

コードNo.21551
ISBN 978-4-8059-1437-3 C3060

除染等業務の際、作業者自身が安全衛生のポイントを確認できるように、わかりやすく、コンパクトにまとめたもの。

安全衛生図書のお申込み・お問合せは

中央労働災害防止協会 出版事業部

〒108-0023　東京都港区芝浦3-17-12 吾妻ビル9階
TEL 03-3452-6401　FAX 03-3452-2480（共に受注専用）
中災防HP http://www.jisha.or.jp/